普通高等教育**新形态**教材

普通高等教育一流本科专业建设成果教材

无机化学
教学设计

李冰　主编

U0300896

化学工业出版社

·北京·

内 容 简 介

《无机化学教学设计》是宁夏大学李冰主编《无机化学》的配套教材，本书立足于普通高等院校的教学特色和生源基础，涵盖 20 个教学设计，包括课程及章节名称、教学目标、教学思想、教学分析、教学方法和策略、教学设计思路、教学安排、教学特色及评价、思维导图等内容。配套的教学课件、教学视频等课程资源以二维码形式融入教材，读者扫描书中二维码即可获取，实现教材新形态。

本书可供高等学校化学、化工、应用化学、制药工程、材料化学等专业的无机化学课程教学使用，亦可供学科教学（化学）、化学（师范）等专业的教学设计课程参考。

图书在版编目（CIP）数据

无机化学教学设计 /李冰主编 . —北京：化学工业出版
社，2023.8（2025.5 重印）
ISBN 978-7-122-43596-5

Ⅰ.①无…　Ⅱ.①李…　Ⅲ.①无机化学 - 教学设计 - 高等
学校　Ⅳ.①O61

中国国家版本馆 CIP 数据核字（2023）第 099150 号

责任编辑：旷英姿　提　岩　　　　　　文字编辑：张瑞霞
责任校对：李　爽　　　　　　　　　　装帧设计：王晓宇

出版发行：化学工业出版社（北京市东城区青年湖南街 13 号　邮政编码 100011）
印　　装：涿州市般润文化传播有限公司
787mm×1092mm　1/16　印张 15¾　字数 380 千字　2025 年 5 月北京第 1 版第 2 次印刷

购书咨询：010-64518888　　　　　　　售后服务：010-64518899
网　　址：http://www.cip.com.cn
凡购买本书，如有缺损质量问题，本社销售中心负责调换。

定　　价：88.00 元

前言
PREFACE

无机化学是化学及其相关专业必修的一门专业基础课，也是分析化学、有机化学、物理化学等后续课程的基础，是高中和大学衔接的重要课程，起着承前启后的作用。

随着新时代高等教育的变革，教学设计也应与时俱进，在符合专业认证和新时代高校化学教学大纲要求的基础上，充分融入课程思政、学科前沿内容，加强与高中教材及与本科后续课程的联系。在注重实用性的同时保持课程本身的系统性，重点突出基础理论知识的应用和实践能力的培养。本教材在编写过程中力求突出学生的学习主体地位，叙述循序渐进、深入浅出、通俗易懂。

《无机化学教学设计》一书精心组织了20个教学设计，包括化学反应基础理论及物质结构与性质等内容，每个教学设计均突出知识、能力、素养及思政育人等教学目标，归纳教学思想，分析教材结构、内容、学情及重难点，设计教学方法和策略、凝练教学设计思路、合理安排教学过程，总结教学特色与评价，并设计教学课件等课程资源，有助于青年教师快速理解无机化学知识脉络与授课方法。

本书融入了宁夏大学多年来在无机化学教学科研一线的经验及教学改革成果，力求加强本科生创新精神的培养，注重化学基础理论的系统性理解和讲授，适用于化学、化工、应用化学、材料化学、制药工程等专业无机化学课程及师范类专业的教学设计课程。

本书由李冰主编并统稿，倪刚、马景新等参与编写。化学教育专业研究生苗春雨、高敏、尚李静、艾秋琼、马芸、王雪明、常硕、王莲、张艳龙、杨斯越等参与了校对工作，宁夏大学化学化工学院无机化学教研组全体老师提出了宝贵的修改建议，在此表示深深的感谢。

在编写过程中，编者参考了大量无机化学参考书和文献，获得了宁夏大学化

学化工学院（省部共建煤炭高效利用与绿色化工国家重点实验室）、化学国家级实验教学示范中心（宁夏大学）、化学工业出版社等单位的大力支持和帮助，在此致以诚挚的谢意。

由于编者水平有限，书中不足之处在所难免，恳请广大专家和读者给予批评和指正。

编者

2023年2月于宁夏大学

目 录
CONTENTS

第1讲　化学反应的自发过程及影响因素

一、课程及章节名称

课程名称	无机化学	适用专业	化学工程与工艺、应用化学、材料化学、制药工程等专业	年级	大学一年级

教材及章节：

　　李冰主编《无机化学》，化学工业出版社2021年出版。选自第2章化学热力学中2.4吉布斯自由能。

二、教学目标

1.　知识目标

（1）了解化学反应的自发过程及其影响因素；

（2）理解 ΔH、ΔS 是判断反应方向的因素，但都不是决定性因素；

（3）掌握 ΔG 及 ΔS 的计算方法，并能用 ΔG 判断反应的方向；

（4）掌握 ΔH、ΔS、T 对 ΔG 及反应自发性的影响。

2.　能力目标

（1）能运用化学反应自发进行的判据 ΔG 判断反应的方向；

（2）能从化学反应的焓变、熵变及温度对反应方向的影响，深化理解吉布斯自由能变的判据，提高学生分析问题、归纳推理的能力。

3.　素养目标

（1）通过本次课程内容的学习，初步掌握归纳分析的科学研究方法；

（2）学会用矛盾论的思想解决问题，使学生体会事物的变化发展受多种因素的制约，学会客观地、全面地分析问题。

4.　思政育人目标

（1）通过设计各种问题，为学生理性思维活动起到引领作用，揭示实际生活现象的内在本质，培养学生现象与本质的联系观；

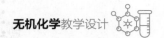

（2）介绍一生致力于科学研究的热力学大师吉布斯的生平，提高学生的国际视野，激发学生对无机化学的学习热情，树立为中华民族伟大复兴而奋斗拼搏的理想信念。

三、教学思想

教师在教学过程中，不但要考虑教师主导作用的发挥，更要注重学生认知主体作用的体现。本节采用以学生为中心的教学方法，使学生能够在课堂教学过程中发挥积极性、主动性。通过对化学反应自发性判据的探寻，引导学生了解研究化学反应的思路。通过对 ΔH、ΔS 的学习，使学生体会事物的发展、变化受多种因素的制约，对待问题要客观全面地分析。同时通过本次课程的讲解，加深学生对化学学科的了解，增强兴趣，强化专业思想。

四、教学分析

1. **教材结构分析**

本节课内容选自第2章"化学热力学"中第4节"吉布斯自由能"。通过高中阶段化学课程的学习，学生已经掌握了化学反应中的能量关系等知识，为本节课的探究奠定了一定的知识基础。

具体教材结构如图1-1所示。

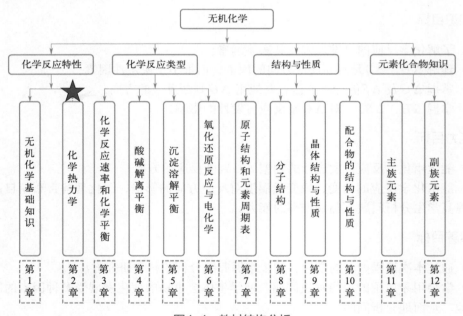

图1-1　教材结构分析

2. **内容分析**

教材从学生已有的知识和生活经验出发，分四个层次就化学反应的方向及其影响因素进

行了阐述。第一，以学生熟悉的自发进行的放热反应为例，介绍化学反应有向能量降低的方向自发进行的倾向——焓判据；以生活现象为例，说明混乱度（熵）增加是自然界的普遍规律，也是化学反应自发进行的一种倾向——熵判据。第二，用实例说明单独运用上述判据中的任一种，都可能会出现错误。第三，运用实例说明要正确地判断化学反应的方向，需要综合考虑焓变和熵变的复合判据。第四，综合以上推论，给出了吉布斯自由能的判定式，即化学反应方向的判据 ΔG。

3. 学情分析

学生通过高中阶段无机化合物知识的学习，已掌握化学反应的吸、放热情况，进而引导学生学习焓判据。由于熵及"熵增原理"内容较抽象，学生学习时有一定难度，在教学中通过引入实际生活中相应的现象，为学生提供感性的认知材料，有利于学生对熵变和熵增原理进行探讨，用环环相扣的问题引导方式，使学生学会运用比较、归纳、概括等方法对信息进行加工，构建新知识。这种以学生的"学"为中心的教学方式有利于学生掌握和理解本节知识。

4. 重点难点（包括突出重点、突破难点的方法）

教学重点

（1）ΔH、ΔS 对化学反应自发性的影响

通过学生已掌握的有关化学反应吸放热的知识、日常生活中的见闻，推演"焓判据""熵增原理"及"熵判据"仅是影响反应自发方向的因素，$\Delta H < 0$，$\Delta S > 0$ 均不能独立作为反应自发进行方向的判据。

（2）恒温恒压下化学反应自发性的判据吉布斯自由能变 ΔG

利用学生熟知的一些受温度影响的反应实例，说明有些反应是否自发，温度 T 起决定性作用，最后综合得到影响化学反应自发性的因素有焓变 ΔH、熵变 ΔS 及温度 T，引导学生构建化学反应方向的判据吉布斯自由能变——ΔG。

教学难点

（1）熵的概念

在分析"焓判据"时，用冰在室温融化以及"NH_4Cl、Ag_2O"的分解是吸热反应，但能够自发进行引出矛盾，为提出熵判据做铺垫。利用日常生活中的现象及已有的知识如气体的扩散，晶体在水中的溶解等，说明趋于无序（混乱度增大）的反应是自发的，引出熵的概念、意义及"熵判据"。

（2）恒温恒压下化学反应自发性的判据吉布斯自由能变 ΔG

根据熟悉的熵减反应"SO_2 氧化生成 SO_3"等例子，明确熵减的化学反应也是可以自发进行的，进而引导学生分析温度也是影响化学反应方向的因素之一。通过引发矛盾，得出熵变只是影响化学反应方向的因素之一，并不能单独作为化学反应方向的判据。通过回顾自发过程的特征，引出恒温恒压下体系做有用功的能——自由能 G，从而对影响化学反应方向的因素有全面的认识，领悟恒温、恒压下化学反应的自发性判据 ΔG。

五、教学方法和策略

1. 问题导向教学法

整节课的教学始终围绕着要解决的中心问题"化学反应自发进行的判据"展开。回顾所学的化学反应的能量表示方法，引出"焓判据"，通过吸热反应自发进行的例子，得出焓变只是影响化学反应方向的因素之一，不是决定因素。用生活实例抛出"无序"与"有序"的问题，引出"熵判据"；在问题的一步步引导下，剖析出影响化学反应方向的第三个因素——温度T，这样循序渐进地引导学生探索，能够吸引学生注意力，激发学生求知欲。

2. 启发式教学法

整节课的教学注重从学生的已有经验入手，启发学生思考与讨论。通过列举一些学生熟知的"水往低处流"和"铁生锈"等自然现象及化学反应等实例来激发学生学习反应自发进行的兴趣。通过对不同案例进行讲解与讨论，启发学生在已有知识及日常生活经验上构建新知识，从而引导学生学习各类判据，让学生体会到抽象的化学理论知识在实际生活中也有重要的应用价值。

六、教学设计思路

本节课的教学设计以问题探究为主线，注重课堂导向问题的设置，发散思维。从学生已有的知识出发，层层设问，引发学生思考、讨论，让学生亲身经历从现实生活中发现和提出问题并解决问题的过程，从而感受知识进阶是怎样形成的。本节课列举了大量生活中的例子和学生熟知的化学反应，启发学生运用矛盾论的思想解决焓变、熵变、温度对自发过程影响的问题。通过对学生进行循序渐进的启发，让学生跟随教师的思路一步一步进行自主探究。

教学过程以学生为主体，充分调动学生的积极性。课程内容紧密联系实际，兼顾教材内容，拓宽学生的视野。总设计思路如图1-2所示。

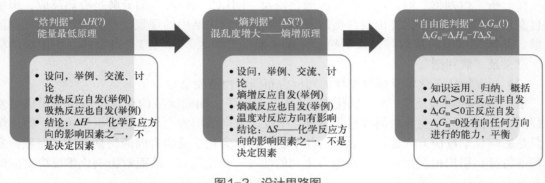

图1-2 设计思路图

七、教学安排

教学环节	教师活动/学生活动设计	设计意图
导入新课	【知识关联导入】化学的特点是创造新的物质，化学离不开反应，利用化学反应可创造新的物质。 【提问】如何解决以下两个问题？ 1.CO_2能否自发转化为C？ 2.通过以下反应来处理汽车尾气： $2NO(g)+2CO(g) \rightleftharpoons N_2(g)+2CO_2(g)$，此方案是否可行？ 【发散思维】以上两个问题是否必须通过实验来解决呢？有无更简单的办法？ 【讲解】通过热力学计算可以解决！一个非常实用的方法！ 【导入新课】今天课程要解决的问题——探寻化学反应自发进行的判据	由关联问题导入，为学生理性思维活动起到引领作用，有利于激发学生的求知欲，探索新的科学问题，引出新课，为后续内容留伏笔。
引入新知	【举例】生动、形象的图片展示 图片一：水自高向低流 图片二：铁生锈 【分析】自然界中能量降低的过程是自发过程 【知识延伸】引出"自发"的定义 　在一定温度、压力下无需借助外力即能进行的化学或物理变化过程。 【讲解】自发的特征 【归纳概括】 1.单向性（水自高向低流动）； 2.自发过程可用以做功（推动水轮机做机械功）；	针对枯燥、理论性较强的内容，穿插一些与生活有关的情境，增强学生的学习兴趣，丰富学生的认知。

引入新知	3.有限度，达到平衡（无水位差时）； 4.自发不考虑速率。	
探索新知	【提问】化学反应的能量高低用什么衡量？ 【回顾旧知】化学反应的能量 　化学反应的能量高低用焓变表示，$\Delta H < 0$ 即放热反应，能量降低；$\Delta H > 0$ 即吸热反应，能量升高。 【举例】给出放热反应的相关实例： 　1.燃烧反应（煤炭、石油、天然气）。 　2.铁在潮湿的空气中会锈蚀。 　3.锌片放入硫酸铜溶液析出棕红色的铜⋯⋯ 【分析】以上均为放热过程，反应是自发的。考虑用 $\Delta H < 0$ 作为化学反应自发性的判据——"焓判据"。 【设问】以下反应能否自发进行？ $$NH_4Cl(s) == NH_3(g)+HCl(g) \qquad \Delta H > 0$$ $$2Ag_2O(s) == 4Ag(s)+O_2(g) \qquad \Delta H > 0$$ $$KNO_3(s) == K^+(aq)+NO_3^-(aq) \qquad \Delta H > 0$$ 【分析】一些吸热反应也可以自发进行！ 【结论】$\Delta H < 0$ 不能作为化学反应自发性的判据。 【思考】将一瓶氨气的瓶塞打开，教室里放一块冰，在一盆水中滴入一滴红墨水，发生了什么情况？ 【分析】混乱度增大的过程是自发的！ 【知识延伸】引出熵的概念，归纳讲解熵的性质。指出熵是状态函数，得出化学反应熵变的计算公式： $$\Delta_r S_m^\ominus = \sum v_i S_m^\ominus(生成物) + \sum v_i S_m^\ominus(反应物)$$ 【分析】上面的吸热反应能自发进行，分析其熵变，$\Delta S > 0$ 均为熵增反应，考虑用 $\Delta S > 0$ 作为反应自发性的判据——"熵判据"。 【提问】下列反应能说明什么问题？ $$CaCO_3(s) == CaO(s) + CO_2(g)$$ $$SO_2(g)+1/2O_2(g) == SO_3(g)$$ $$H_2(g)+1/2O_2(g) == H_2O(l)$$ 【归纳概括】 （1）$\Delta S < 0$ 的反应也是可以自发的；	应用板书+PPT，结合学生已有化学反应吸热、放热的知识，推演能量最低原理"焓判据"，将图像作为本节课的第二语言，对抽象内容进行形象的解释与直观概括，有效降低学生的学习难度。 回顾旧知，提出问题，引发思考，激发兴趣，获取新知。 引出矛盾，推翻片面性结论，引发思考，获取新知。 引入日常生活中的基本现象，激发学生的求知欲，通过揭示其中的本质，培养学生现象与本质的联系观。

（2）温度会影响化学反应的方向；

（3）$\Delta S > 0$ 熵增是化学反应方向的影响因素之一，但不能作为化学反应自发性的判据。

【设问】水在低于273.15K时会不会自发变成冰？

【归纳概括】水变成冰是 $\Delta S < 0$ 的过程，但当 $T < 273.15K$ 时，反应自发进行。说明反应自发进行的方向不仅与焓变、熵变有关，还与温度有关。

【结论】考虑 H、S、T 三个影响因素，提出化学反应进行方向的判据——吉布斯自由能 ΔG。

【知识延伸】著名化学家吉布斯一生热爱科学研究，淡泊名利，他曾经为了科学研究在耶鲁大学免费工作9年，当霍普金斯大学高薪相邀时，吉布斯仍选择留在耶鲁大学工作。

【讲解】ΔG 定义：体系在定温定压条件下对外做有用功的能力称为体系的自由能。

$$G = H - TS$$

回顾自发过程的特征，自发过程可用以做功，得到如下公式：

$$\Delta_r G_m = \Delta_r H_m - T\Delta_r S_m$$

【结论】恒温、恒压且不做体积功的条件下，化学反应自发方向的判据是 ΔG！

$\Delta_r G_m > 0$ 正反应非自发，逆反应自发。

$\Delta_r G_m < 0$ 正反应自发。

$\Delta_r G_m = 0$ 平衡。

【设问】课程导入的两个问题答案是？

1.CO_2 能否自发转化为C？不能。

2.通过以下反应来处理汽车尾气：

$2NO(g) + 2CO(g) \longrightarrow N_2(g) + 2CO_2(g)$，方案是否可行？可行。

【提问】温度在何种情况下能对反应方向起到决定性作用？它又是如何影响化学反应方向的？

【分析】通过公式 $\Delta_r G_m = \Delta_r H_m - T\Delta_r S_m$ 分析讨论。

【归纳概括】

（1）$\Delta_r H_m < 0$，$\Delta_r S_m > 0$

任何温度下反应正向自发，与温度无关；

（2）$\Delta_r H_m > 0$，$\Delta_r S_m < 0$

任何温度下反应正向非自发，与温度无关；

（3）$\Delta_r H_m > 0$，$\Delta_r S_m > 0$

反应高温正向自发，低温非自发；

（4）$\Delta_r H_m < 0$，$\Delta_r S_m < 0$

反应高温正向非自发，低温自发。

探索新知

引出矛盾，推翻片面性结论，引发思考，获取新知。

正是这样一个淡泊名利的人却赢得了伟大的科学声誉，以此引导学生树立正确的价值观。

运用新知，归纳概况，获得结论。

以提出问题为首，以解决问题为尾，首尾呼应，强烈激发学生学习的积极性。

体现知识的延续性，探究的深入性，为下次课作铺垫。

探索新知	【思考】ΔG的绝对值可否得到？如何计算化学反应的ΔG？（留给学生课下进行，下次上课交流结果） 【发散思维】获得焓变ΔH值有哪些方法？	
小结	恒温恒压下化学反应方向的判据ΔG： 1.反应体系必须是封闭体系。 2.反应不做非体积功。 3.只从热力学角度说明反应的方向，但能自发，未必一定能进行。没有考虑反应速率！ 4.不能自发，不意味着不能进行！	帮助学生在教师构建的最优化的知识结构中迅速建立起思维路线图，形成系统化的知识网络体系，并以此为线索，全面理解所学知识。
课堂练习	以下说法是否恰当，为什么？ （1）放热反应均是自发反应。 （2）$\Delta_r S_m$为负值的反应均不能自发进行。 （3）冰在室温下自动融化成水是熵增起了主要作用。 思考：C(石墨)$\rightarrow$C(金刚石)为焓增、熵减的反应，那此反应任何温度都不能自发进行吗？但在超高压、高温下可以进行，查阅资料，了解极端条件对化学反应的影响。	精选的课堂练习有利于加深学生对知识内容的理解，合理的习题设置有利于学生对所学知识的巩固与灵活应用。
预习新课	化学反应速率的影响因素，查阅资料，相互交流。	引出下节课要学习的内容。

八、教学特色及评价

　　本节内容主要讲述了焓判据、熵判据及自由能（$\Delta G=\Delta H-T\Delta S$）。课程设计采用问题导向教学与启发式教学法。在教学过程中，以提出问题为线索，以问题解决为脉络，深入分析焓判据、熵判据及自由能知识，启发、引导学生多方面、全面化地分析问题，循序渐进地解决问题，激发学生学习探究的欲望，并结合$NH_4Cl(s) \rightleftharpoons NH_3(g)+HCl(g)$等案例启发学生在已有知识及日常生活的经验上构建新知识，从而引导学生学习新内容。这种以学生的"学"为中心的教学方式有利于学生掌握和理解本节知识，充分地发挥教师的主导性和学生的主体性。

在自主探究形成感性认识的基础上，沿着由感性到理性、由定性到定量的认知发展规律设计问题，通过列举大量的实例，为学生理性思维活动起到引导作用，充分发挥学生的主观能动性，把主动建构理论的思维过程与学生的认识发展联系起来，加深学生对化学反应方向判断理论根据的理解。

九、思维导图

本节课的思维导图如图1-3所示。

图1-3　思维导图

十、教学课件

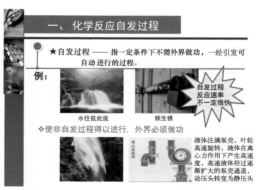

二、影响化学反应方向的因素

1.化学反应的焓变

自发过程
- 一般朝能量降低方向进行
- 能量越低，体系状态越稳定

化学反应
- 很多为放热反应
- 298.15K，标准态下自发进行

例如：$CH_4(g) + 2O_2(g)== CO_2(g) + 2H_2O(l)$

$\Delta_r H_m^{\ominus} = -890.36 \ kJ \cdot mol^{-1}$

二、影响化学反应方向的因素

若 反应焓变 $\Delta_r H_m$ 作为反应自发性唯一判据
- $\Delta_r H_m < 0$时：自发进行
- $\Delta_r H_m > 0$时：不能自发进行

不准确、不全面

但实践表明：某些吸热过程($\Delta_r H_m > 0$)亦能自发进行。

例如：1.$NH_4Cl(s) == NH_4^+(aq) + Cl^-(aq)$

$\Delta_r H_m^{\ominus} = 14.7 \ kJ \cdot mol^{-1}$

2.$Ag_2O(s) == 2Ag(s) + \frac{1}{2}O_2(g)$

$\Delta_r H_m^{\ominus} = 31.05 \ kJ \cdot mol^{-1}$

二、影响化学反应方向的因素

 为什么有些吸热过程能自发进行呢？

例如：1. $NH_4Cl(s) == NH_4^+(aq) + Cl^-(aq)$

$\Delta_r H_m^{\ominus} = 14.7 \ kJ \cdot mol^{-1}$

NH_4Cl晶体 —溶解于水→ NH_4Cl溶液

★分布混乱程度加大

NH_4^+ 和 Cl^- 排列整齐有序

形成$NH_4^+(aq)$、$Cl^-(aq)$ 发生扩散

二、影响化学反应方向的因素

 为什么有些吸热过程能自发进行呢？

2.$Ag_2O(s) == 2Ag(s) + \frac{1}{2}O_2(g)$

$\Delta_r H_m^{\ominus} = 31.05 \ kJ \cdot mol^{-1}$

前：一种物质 — 化学反应 — 后：两种物质

固态 固态 +气态

物质总量：1 物质总量：2.5

整个物质体系的混乱程度增大

二、影响化学反应方向的因素

2.化学反应的熵变

★熵 == 描述物质混乱度大小的物理量。
物质(或体系)混乱度越大，对应的熵值越大。

❖符号：S ❖单位：$J \cdot K^{-1}$

❖ $T=0K$ 完美晶体 完全有序排列 混乱度最小 熵值最小

Pt表面STM图像

❖ $T>0K$ 原子热振动 原子离位 混乱度增加 熵值增大

任何纯物质的完美晶体在0K时的熵值规定为零($S_0=0$)。

二、影响化学反应方向的因素

2.化学反应的熵变

熵
- 性质：状态函数
- T升高，体系或物质的熵值增大

可求在其他温度下的熵值(S_T)

 纯晶体物质

测量此过程的熵变量(ΔS) 则该纯物质在 T K时的熵

$\Delta S = S_T - S_0 = S_T - 0 = S_T$

二、影响化学反应方向的因素

★标准摩尔熵——某单位物质的量的纯物质在标准态下的熵值。

❖符号：$S_m^{\ominus}$ ❖单位：$J \cdot mol^{-1} \cdot K^{-1}$

注意!
- ① 纯净单质在298.15K时$S_m^{\ominus} \neq 0$；
- ② 物质的聚集状态不同其熵值不同；同种物质 $S_m(g) > S_m(l) > S_m(s)$
- ③ 物质的熵值随温度的升高而增大；
- ④ 气态物质的熵值随压力的增大而减小。

二、影响化学反应方向的因素

熵
- 一种状态函数
- 化学反应的标准摩尔反应熵变($\Delta_r S_m^{\ominus}$)

★只与反应的始态和终态有关，与变化途径无关。

标准摩尔反应熵变

$$\Delta_r S_m^{\ominus} = \Sigma \nu_i S_m^{\ominus}(\text{生成物}) + \Sigma \nu_i S_m^{\ominus}(\text{反应物})$$

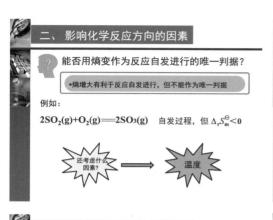

二、 影响化学反应方向的因素

能否用熵变作为反应自发进行的唯一判据？

• 熵增大有利于反应自发进行，但不能作为唯一判据

例如：

$2SO_2(g) + O_2(g) \Longrightarrow 2SO_3(g)$　自发过程，但 $\Delta_r S_m^{\ominus} < 0$

还考虑什么因素？ $\Longrightarrow$ 温度

二、 影响化学反应方向的因素

水　　　凝固　　　冰

❖ 凝固时，其 $\Delta_r S_m < 0$，但 $T < 273.15K$，反应自发进行

说明：反应自发不仅与焓变有关，还与熵变、温度有关。

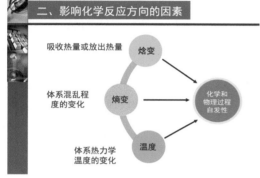

二、 影响化学反应方向的因素

吸收热量或放出热量 —— 焓变

体系混乱程度的变化 —— 熵变

体系热力学温度的变化 —— 温度

化学和物理过程自发性

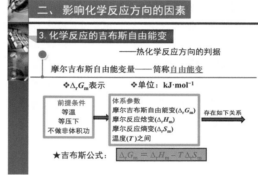

二、 影响化学反应方向的因素

3. 化学反应的吉布斯自由能变

—— 热化学反应方向的判据

摩尔吉布斯自由能变量 —— 简称自由能变

❖ $\Delta_r G_m$ 表示　　❖ 单位：$kJ \cdot mol^{-1}$

前提条件
等温
等压下
不做非体积功

体系参数
摩尔吉布斯自由能变$(\Delta_r G_m)$
摩尔反应焓变$(\Delta_r H_m)$
摩尔反应熵变$(\Delta_r S_m)$
温度(T)之间

存在如下关系

★吉布斯公式：$\Delta_r G_m = \Delta_r H_m - T \Delta_r S_m$

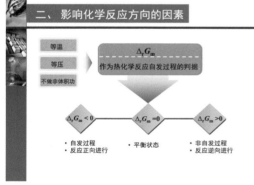

二、 影响化学反应方向的因素

等温
等压
不做非体积功
$\Longrightarrow$
$\Delta_r G_m$
作为热化学反应自发过程的判据

$\Delta_r G_m < 0$　　$\Delta_r G_m = 0$　　$\Delta_r G_m > 0$

• 自发过程　　　• 平衡状态　　　• 非自发过程
• 反应正向进行　　　　　　　　　• 反应逆向进行

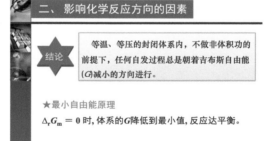

二、 影响化学反应方向的因素

结论　　等温、等压的封闭体系内，不做非体积功的前提下，任何自发过程总是朝着吉布斯自由能(G)减小的方向进行。

★最小自由能原理

$\Delta_r G_m = 0$ 时，体系的 G 降低到最小值，反应达平衡。

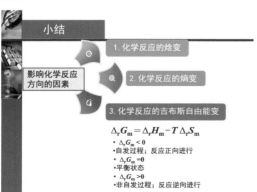

小结

影响化学反应方向的因素

1. 化学反应的焓变

2. 化学反应的熵变

3. 化学反应的吉布斯自由能变

$\Delta_r G_m = \Delta_r H_m - T \Delta_r S_m$

• $\Delta_r G_m < 0$
• 自发过程；反应正向进行
• $\Delta_r G_m = 0$
• 平衡状态
• $\Delta_r G_m > 0$
• 非自发过程；反应逆向进行

谢谢！

十一、课程资源

［1］李冰.无机化学［M］.北京：化学工业出版社，2021.

［2］天津大学无机化学教研室.无机化学［M］.北京：高等教育出版社，2010.

［3］宋天佑.简明无机化学［M］.北京：高等教育出版社，2013.

［4］周祖新.无机化学［M］.北京：化学工业出版社，2013.

［5］王元兰.无机化学［M］.北京：化学工业出版社，2011.

［6］宋其圣.无机化学［M］.北京：化学工业出版社，2008.

［7］韩晓霞，杨文远，倪刚.无机化学实验［M］.天津：天津大学出版社，2017.

［8］吴风琴.基于培养学生"批判性思维"的课例研究——以"化学反应的方向"教学为例［J］.化学教与
学，2021(18): 43-46.

［9］刘利，姚思童，张进，等.基于BOPPPS模式的普通化学课程教学设计与实践——以"化学反应方向"
的教学为例［J］.化工高等教育，2021, 38(4): 147-151.

［10］王云生.浅析"化学能""焓变""熵变"的教学要求［J］.化学教学，2020(12): 3-7.

［11］http://www.icourses.cn/sCourse/course_3396.html.吉林大学《无机化学》精品在线课程网.

［12］张扣林.化学师范专业无机化学课程思政教学案例的设计——以"化学反应方向的判断"教学为例
［J］.广东化工，2022, 49(5): 207-209.

第2讲 温度对化学反应速率的影响

一、课程及章节名称

课程名称	无机化学	适用专业	化学工程与工艺、应用化学、材料化学、制药工程等专业	年级	大学一年级

教材及章节：

　　李冰主编《无机化学》，化学工业出版社2021年出版。选自第3章化学反应速率和化学平衡中3.3.1温度对反应速率的影响。

二、教学目标

1. 知识目标

（1）从定性和定量角度掌握温度对化学反应历程及反应速率的影响；

（2）掌握van't Hoff（范特霍夫）经验规则和Arrhenius（阿仑尼乌斯）公式；

（3）理解活化能的意义并掌握活化能相关的定量计算。

2. 能力目标

（1）引导学生将理论中的反应速率延伸到工业实际，培养学生理论结合实际的能力；

（2）通过从不同角度认识活化能，培养学生科学思维。

3. 素养目标

（1）从无机化学视角观察生活、生产中有关反应速率的问题，学会客观、全面地分析问题；

（2）通过实际工业反应的例子，使学生能直观地感到所学知识的实用性，培养学生的识迁移能力。

4. 思政育人目标

（1）通过实验证明温度改变反应历程的客观事实，树立实事求是的唯物主义观点；

（2）以生活实例和化工生产实际为依托，使学生树立为我国化学工业发展、社会主义强国建设而努力奋斗的使命感和责任感，培养具有家国情怀的社会主义事业建设者和接班人。

三、教学思想

　　化学是一门与生产生活紧密结合的学科，是对生活经验、规律的总结和升华，同时学习化学需要科学的操作方法和学术思维。本次课程将以生活中常见的化学反应和工业生产实际为例，引导学生从定性、半定量和定量等不同角度对温度对反应速率的影响进行分析，使学生学会过程对比、经验总结、分析研究、结果评价、策略研究等步骤，彻底转变原来单调的直线分析思维，在引导学生分析问题的过程中，引入过渡态理论和阿仑尼乌斯方程等新理论以解答学生的问题和疑惑。另外，引导学生提前感受创新实验的乐趣，以身边本科生发表的论文为例，激发学生投身科研的热情，引导学生学会通过观察等方法收集证据，并且通过比较、分类、归纳、概括等方法，对实验事实和获得的证据进行加工整理进而得出结论，指导学生对实验过程的各方面进行有意义的反思评价。

四、教学分析

1. 教材结构分析

　　本节课内容选自第3章"化学反应速率和化学平衡"第3节"影响反应速率的因素"。《无机化学》是一门研究无机物质的组成、结构、性质及变化规律的科学，包括无机化学中涉及的几大平衡和应用，本课程将较好地把中学化学和大学化学进行衔接。学生在高中阶段初步学习了影响化学反应的因素，但对其本质原因并不了解。通过深入分析温度对反应速率的影响，提高学生对化学反应的认识，通过引导学生对化学现象由定性分析上升到定量分析，加深学生的理解和认识，重新补充建构知识框架。

　　具体教材结构如图2-1所示。

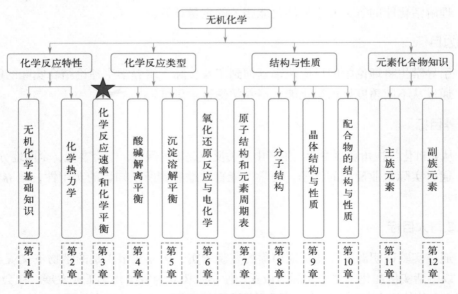

图2-1　教材结构分析

2. 内容分析

学生已定性掌握了碰撞理论和过渡态理论，为本节课的探究奠定了一定的知识基础。本节课教学内容从碰撞理论的角度分析温度影响速率的定性原因，强调"量"的概念，从半定量和定量的角度分析温度对速率的具体影响，强调从实验中总结结论的科学思想，最终激发学生进行科学探究的热情。

本节内容分析如图 2-2 所示。

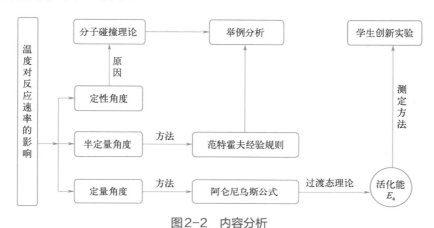

图 2-2　内容分析

3. 学情分析

（1）知识基础

在知识方面，学生已定性掌握了浓度、压力、催化剂、温度等对化学反应速率的影响，本节课将从定性、半定量和定量等多角度对温度如何影响化学反应速率进行深层次的探究。深化高中认知，全面分析影响反应速率的原因，也为后续的学习打好基础。

（2）能力基础

大一的学生已具备一定逆向思维和举一反三的能力，初步具备一定的化学学科素养。通过设置丝丝入扣的结构性问题链，引导学生不断深入思考，逐步深化学生化学思维；另外，该阶段学生具有较强的好奇心，对创新实验有较大兴趣，通过本节课的学习将初步锻炼学习者设计实验的能力。

4. 重点难点（包括突出重点、突破难点的方法）

教学重点

（1）从定性和定量的角度理解温度对反应历程及速率的影响

在讲授过程中，借助化学反应过程的分解、图例以及碰撞理论，使学生能深入地从多方面理解温度对反应历程及速率的影响。

（2）理解活化能的概念及测定方法

以创新实验为例，解释活化能的计算方法和测定过程，使学生初步了解科研内涵，激发学生对科研的兴趣。

教学难点

（1）温度对反应历程及速率的定性影响

以工业制硫酸中二氧化硫的催化氧化反应为例，进行温度影响速率的定性原因的剖析，从数据的角度说明温度对反应历程的影响，加深对温度影响速率概念的理解。

（2）阿仑尼乌斯公式中的活化能的理解

以微量热仪测定活化能以及创新实验为例，说明活化能可以通过实验测定出来，激发学生的科研创新能力。

五、教学方法和策略

1. 案例教学法

整节课的教学都始终围绕着案例展开，通过对"CO和NO_2的反应""铁的氧化反应""氢气在氧气中的反应"等不同案例进行讲解与讨论，深入学习温度对化学反应速率的影响。

2. 旧知导入法

以学生为中心，教师扮演帮助者的角色，通过回顾高中学习的影响化学反应速率的内因，包括化学键的强弱、空间构型的差异等引出外因——温度，通过实验探究、小组合作等方式完成定性、半定量、定量的探究实验，充分体现学生核心素养在化学课堂的培育，激发学生求知欲望。

3. PBL（Problem-Based Learning）问题教学法

在课堂上，通过提出一系列相互关联的问题，如"一旦反应物确定后，还有无办法改变化学反应速率？为什么温度升高，速率加快，反之，速率减慢？"激发学生兴趣，引导学生进行探索思考，然后通过小组合作，对问题进行讨论，在此基础上分析解决问题，提高教学效果，促进学生理解相关知识。

六、教学设计思路

教学设计以能引发学生积极思考的高质量问题为导向，发展学生的高阶思维。从实际化学反应入手，在学生对化学反应影响因素有定性认识的基础上，强化"量"的概念。从定性、半定量和定量的角度强化温度对反应速率的影响，最后强调活化能的测定方法，激发学生进行创新实验的兴趣。

本节课注重引导学生从多角度思考问题。对学生进行循序渐进的启发，让学生跟随教师的思路一步一步进行自主探究。以学生为主体，充分调动学生的积极性。教学设计紧密联系科研，兼顾教材内容，拓宽视野。总设计思路见图2-3。

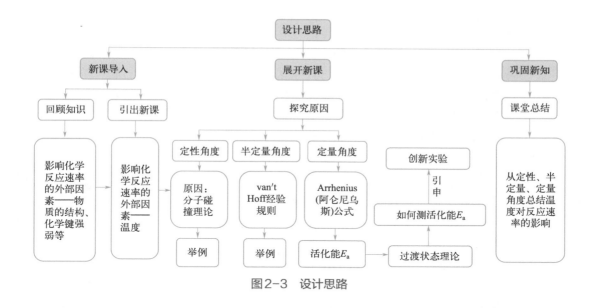

图2-3　设计思路

七、教学安排

教学环节	教师活动/学生活动设计	设计意图
回顾旧知 导入新课	【回顾旧知】 影响化学反应速率的内因——物质的结构 ★ 化学键的强弱对反应速率的影响 ★ 价电子得失的难易对反应速率的影响 ★ 物质空间构型的差异对反应速率的影响 【提问】一旦反应物确定了以后，还有没有办法改变化学反应速率？ 【分析】内因是决定反应速率的关键因素，但通过控制外因，也是可以改变化学反应速率的。 【知识关联导入】复习高中所学影响化学反应速率的外因：浓度、压力、温度、催化剂等。 【回顾复习】影响化学反应速率的因素1——浓度和压力 增大浓度和压力，加快化学反应速率。 影响化学反应速率的因素2——催化剂 加入正催化剂，加快化学反应速率。 影响化学反应速率的因素3——温度 升高温度，加快化学反应速率。	回顾旧知，通过对问题的解答引入新知，以问题解决展开教学，激发学生继续探究和问题解决的欲望。
探索新知	【问题引导】为什么温度升高，速率加快？反之温度降低，速率减慢呢？ 【举例】以CO和NO_2的反应为例：	

【分析】分子碰撞理论认为：反应物分子（或原子、离子）之间必须相互碰撞，才有可能发生化学反应。温度升高，分子获得了能量，有效碰撞次数增多，增大了活化分子的百分数！

【举例】以氢气在氧气中的反应为例：

$$2H_2+O_2 \xrightarrow{\quad\quad} 2H_2O$$

常温下时，几乎不反应

873K时，反应瞬间发生，爆炸

【举例】以铁的氧化反应为例：

常温下时，反应生成 Fe_2O_3，非常慢

点燃时，反应生成 Fe_3O_4，非常快

【归纳概括】定性角度：由分子碰撞理论可知，升高温度，反应速率加快；降低温度，反应速率减慢。

【问题引导】温度和反应速率间有没有"量"的关系呢？

【知识延伸】大学与高中学习的最大区别就是"量"的概念！由范特霍夫经验规则引出温度和反应速率的半定量关系式：

$$\frac{v_{(T+10K)}}{v_T}=\frac{k_{(T+10K)}}{k_T}=2\sim 4$$

【归纳概括】半定量角度：反应温度每升高10K，反应速率或反应速率常数一般增大2~4倍。

【问题引导】引导学生关注关键词"每"，"每"的概念是什么？

【发散思维】通过学生讨论，理解范特霍夫经验规则并不是简单乘法的关系，而是 $(2\sim 4)^n$ 的关系。

【巩固提高】工业制硫酸中有一个关键步骤为 SO_2 的催化氧化，假设在20℃时，其反应速率为 $2mol\cdot L^{-1}\cdot s^{-1}$，温度每升高10℃，速率变为原来的2倍，那么反应温度升高到50℃，其反应速率应该为多少？

【问题引导】既然温度和反应速率间存在"量的关系"，那么温度升高 n 倍，速率也加快 n 倍吗？

【分析】根据阿仑尼乌斯公式，得出温度与反应速率的定量关系式：

$$k=Ae^{-\frac{E_a}{RT}}$$

式中　A——指前因子，它是一个只由反应本性决定而与反应温度及系统中物质浓度无关的常数；

探索新知

应用板书+PPT，并结合耳熟能详的化学反应实例，从定性及半定量的角度揭示了温度对化学反应速率的影响，使学生实现从定性到半定量，从现象到本质的思维跨越。并帮助学生学会建立起现象与本质之间的联系。

以经验式说明"每"的概念，加深学生对定义的理解和掌握。提升分析推理形成结论的能力。

E_a——活化能；

T——热力学温度。

【知识延伸】为了深入分析活化能，引出新的理论——过渡状态理论。

【举例】以CO和NO_2的反应为例：

$$NO_2+CO\longrightarrow[ONOCO]\longrightarrow NO+CO_2$$

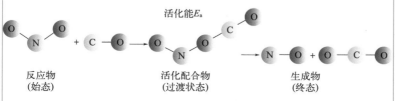

反应物　　　　　　　　活化配合物　　　　　　　生成物
（始态）　　　　　　　（过渡状态）　　　　　　（终态）

【分析】化学反应不是通过反应物分子之间简单碰撞就能完成的，在碰撞后先要经过一个中间的过渡状态，即首先形成一种活性基团（活化配合物），然后再分解为产物。

【归纳概括】活化能是反映一个反应容易发生与否的关键因素，活化能越大，反应越不容易进行，反应速率越慢。

【举例】结合催化剂对反应的影响，以"爬山"的例子解释活化能，加深学生的理解。

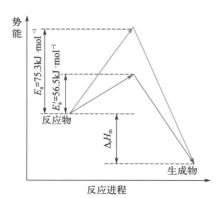

【知识延伸】从创新实验和身边本科生发表论文的角度说明，E_a可以通过热力学实验测出，属经验活化能。

探索新知

引出阿仑尼乌斯公式，从定量的角度研究温度对化学反应速率的影响。初步建构利用阿仑尼乌斯公式解决实际问题的模型。

通过化学反应实例说明温度对反应速率的具体影响，将学生解决不了的问题"以大化小"，进而引出重要理论"过渡状态理论"，加深对"活化能"概念的理解。

注重实验设计能力的培养，同时引入微量热计，介绍其主要作用，在教师驱动性问题的引领下，

【知识延伸】介绍身边本科生发表的论文及创新实验

Catalytic Kinetic on the Thermal
Decomposition of Ammonium Perchlorate
with a New Energetic Complex Based on
3,5-Bis(3-pyridyl)-1*H*-1,2,4-triazole[1]

GAO Hui LI Bing HN Xiao-Deng BI Shu-Xian
TIAN Xiao-Yan LIU Wan-Ya
Department of Chemistry and Chemical Engineering
Ningxia University, Yinchuan 750021 China

ABSTRACT A new energetic complex [Co(L)₂·bbpt)(H₂O)(H₂O]·(L + 3·bbpt = 3,5-bis-3-pyridyl)-1*H*-1,2,4-triazole and H₂mo = malonic acid] has been synthesized by hydrothermal reaction and characterized by single-crystal X-ray diffraction, elementary analysis, IR spectroscopy, thermogravimetric analysis and X-ray powder diffraction. Single-crystal X-ray diffraction indicates that the complex belongs to triclinic system, space group *P*ī with *a* = 10.051(1) Å = 10.257(8)1 *c* = 11.699(1) Å, α = 102.78(2), β = 101.041(2), γ = 107.930(5) Å² = 2 *V* = 0 ... 0 991 mm⁻¹ ... the final *R* = 0.0325 and *wR* = 0.0493 with *I* 7=(2) In the sole complex, Co(II) ions are connected by Hmo anions generating 1D ladder-like chains which are linked by 3,3-Hbpt to form 1D cages. In addition, the thermal decomposition of ammonium perchlorate (AP) with complex 1 was explored by differential scanning calorimetry (DSC). AP is completely decomposed in a shorter time in the presence of complex 1, and the decomposition heat of the reaction is 2.531 kJ·g⁻¹ significantly higher than that of pure AP. By Kissinger's method, the rates of Ea for 1-55 for the complex which indicates that complex 1 shows good catalytic activity toward AP decomposition.
Keywords: 3,5-bis(3-pyridyl)-1*H*-1,2,4-triazole, ammonium perchlorate, catalytic, thermal decomposition. **DOI:** 10.14102/j.cnki.0254-5861.2011-1669

1 INTRODUCTION

Research in the field of energetic materials is nowadays directed toward the synthesis of simple molecules with high-energy, high-density, high-heat resistance, and low sensitivity. Recently, considerable attention has been paid to the study of triazole and its derivatives as ligands to metals due to the varied structures and energetic properties.

As one of the derivatives of triazole, 3,5-bis(3-pyridyl)-1*H*-1,2,4-triazole (3,3'-Hbpt) serves as a N,N chelate ligand and acts as a bridging ligand, thus mediating the exchange coupling. Further, more the pyridines and comparisons between the electron density in different parts of the molecules, making the ligand more flexible. Many coordination compounds show Hpe are extensively...

$$\ln \frac{\beta}{T_p^2} = \ln \frac{AR}{E_a} - \frac{E_a}{RT_p}$$

表　高氯酸铵和高氯酸铵－配合物的热分解动力学参数

	ΔH/kJ·mol⁻¹	E_a/kJ·mol⁻¹	$\ln A$	$E_a/\ln A$
高氯酸铵	0.735	74.65	5.71	13.07
高氯酸铵-配合物	2.531	81.83	7.36	11.05

【归纳概括】

（1）大多数反应的活化能在60~250kJ·mol⁻¹之间。

（2）E_a<42kJ·mol⁻¹的反应，活化分子百分数大，有效碰撞次数多，反应速率大，可瞬间进行。如酸碱中和反应。

（3）$(NH_4)_2S_2O_8 + 3KI = (NH_4)_2SO_4 + K_2SO_4 + KI_3$

　　　E_a=56.7kJ·mol⁻¹，反应速率较快。

（4）$2SO_2(g) + O_2(g) = 2SO_3(g)$

　　　E_a=250.8kJ·mol⁻¹，反应速率较慢。

（5）E_a>420kJ·mol⁻¹的反应，反应速率很慢。

【问题】无机化学实验或工业反应中，具有不同反应速率的化学反应还有哪些？

【引导】告知学生更多的有关温度影响反应速率的知识会在大学二年级的物理化学等课程中讲到，激发学生继续学习相关知识的兴趣。

探索新知

层层推进，步步深入地完成任务，培养学生从感性认识向理性认识的跨越，由经验判断向科学分析发展的化学思维。

化学知识的学习最终是为了了解生产生活中的实际问题，通过生活中的基本现象，拓展学生的化学视野，加深学生对活化能的理解和掌握。

小结	【小结】　　本节教学设计从定性、半定量、定量的角度分析了温度对化学反应速率的影响，帮助学生熟悉这三者之间的区别与联系，尽早开展大学生创新实验，熟悉科研研究的过程。	帮助学生对所学知识进行加工处理，在总结过程中巩固知识，提高学生的表达交流能力。
课后作业	【巩固提高】　　独立完成课后习题。　　设计实验，说明压力和浓度对反应速率有影响。	通过课后作业，提高学生对化学反应速率影响因素的认知水平，实现知识的结构化，学以致用，同时为下一阶段学习浓度（压力）对化学反应速率的影响埋下伏笔。

八、教学特色及评价

通过回顾影响反应速率的内因，引出影响反应速率的外因——温度，突出温度为什么会改变速率、如何改变速率、改变了多少速率。引出新知识，展开新内容的学习，以生活中常见的化学反应和化工生产实例为依托，融合PBL教学法，把化学理论和工业实际、思政元素和课堂教学有机融合，不仅能提高学生的理论水平，同时也能提升学生分析问题和解决问题的能力，潜移默化地培养学生自主学习的意识和能力，体会化学是面向生产生活实际，面向社会发展的学科。

以驱动性问题展开教学，引发学生思考，引导学生主动探索新知，紧扣教学内容，体现学科特色。从实际化学反应入手，在学生对化学反应影响因素有定性认识的基础上，强化"量"的概念。从定性、半定量和定量的角度分别认识温度对速率的影响，并回答课堂开始时提出的两个问题，进一步加深学生对影响反应速率因素的印象。在活化能的认识方面，引入微量热仪等科研仪器，培养学生的科学素养。

通过合作探究方式学生可有效掌握温度对化学反应速率的影响。将影响化学反应速率的外因与实验以及工业实际相结合，使学生在学习过程中感受到所学知识的意义，从而改善课程过于注重原理，忽视实验及实践等问题。

九、思维导图

思维导图见图2-4。

定性角度 —— 原因：分子碰撞理论

温度对速率的影响 —— 半定量角度 —— 范特霍夫经验规则

$$k=A\mathrm{e}^{\frac{-E_a}{RT}}$$

定量角度 —— 阿仑尼乌斯公式

图2-4 思维导图

十、教学课件

无机化学
Inorganic Chemistry
——第2讲 温度对化学反应速率的影响

影响化学反应速率的因素——温度

1. 定性角度
改变温度

升高温度
（反应速率加快）

降低温度
（反应速率减慢）

重点
1. 为什么温度升高，速率加快？
2. 温度升高 n 倍，速率也加快 n 倍吗？

温度影响速率的原因

分子碰撞理论认为：
反应物分子（或原子、离子）之间必须相互碰撞，才有可能发生化学反应。

结论：温度升高，分子获得了能量，有效碰撞次数增多，增大了活化分子的百分数！

举 例

反应：$2H_2 + O_2 \xlongequal{\quad} 2H_2O$

□ 常温下时，几乎不反应
□ 873K时，反应瞬间发生，爆炸

铁的氧化

□ 常温下时，反应生成 Fe_2O_3，非常慢
□ 点燃时，反应生成 Fe_3O_4，非常快

温度影响速率的原因

2. 半定量的角度

温度和反应速率间有没有"量的关系"？
★ 范特霍夫经验规则

反应温度每升高10K，反应速率或反应速率常数一般增大2~4倍。

$$\frac{v_{(T+10K)}}{v_T} = \frac{k_{(T+10K)}}{k_T} = 2 \sim 4$$

例 题

工业制硫酸中有一个关键步骤为 SO_2 的催化氧化，在20℃时，其反应速率为 $2\,mol \cdot L^{-1} \cdot s^{-1}$，假设温度每升高10℃速率变为原来的2倍，那么反应温度升高到50℃，其反应速率应该为多少？

温度影响速率的原因

3. 定量的角度

● 阿仑尼乌斯公式

$$k = A \, e^{\frac{-E_a}{RT}}$$

A —— 指前因子，它是一个只由反应本性决定而与反应温度及系统中物质浓度无关的常数；

E_a —— 活化能。

基元反应: $a\mathrm{A} + b\mathrm{B} \longrightarrow c\mathrm{C} + d\mathrm{D}$

速率方程为: $v = kc^a(\mathrm{A})c^b(\mathrm{B})$

活化能 E_a

过渡状态理论

如 $\mathrm{NO_2 + CO} \longrightarrow [\mathrm{ONOCO}] \longrightarrow \mathrm{NO + CO_2}$

活化能 E_a

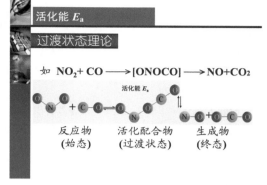

反应物   活化配合物   生成物
(始态)   (过渡状态)   (终态)

活化能 E_a

如 $\underset{a}{\underline{\mathrm{NO_2 + CO}}} \rightarrow \underset{c}{\underline{[\mathrm{ONOCO}]}} \rightarrow \underset{b}{\underline{\mathrm{NO + CO_2}}}$

活化能
E_a:过渡状态理论

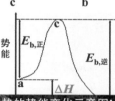

势能

$E_{b,正}$ $E_{b,逆}$ ΔH

Q:请画出正反应为吸热的势能变化示意图!

反应进程

活化能 E_a

● E_a 可以通过实验测出，属经验活化能。

Catalytic Kinetic on the Thermal
Decomposition of Ammonium Perchlorate
with a New Energetic Complex Based on
3,5-Bis(3-pyridyl)-1H-1,2,4-triazole[1]

GAO Hui   LI Bing[2]   ZHU Xiao-Dong   BI Shao-Xian
TIAN Xiao-Yan   LIU Wan-Yi
(Department of Chemistry and Chemical Engineering,
Ningxia University, Yinchuan 750021, China)

ABSTRACT: A new energetic complex ...

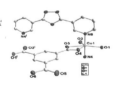

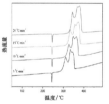

温度/℃

活化能 E_a

$$\ln \frac{\beta}{T_p^2} = \ln \frac{AR}{E_a} - \frac{E_a}{RT_p}$$

表 高氯酸铵和高氯酸铵-配合物的热分解动力学参数

	ΔH/kJ·mol^{-1}	E_a/kJ·mol^{-1}	ln$A$	E_a/ln$A$
高氯酸铵	0.735	74.65	5.71	13.07
高氯酸铵-配合物	2.531	81.83	7.36	11.05

活化能 E_a

大多数反应的活化能在60~250kJ·mol^{-1} 之间

$E_a < 42$kJ·mol^{-1} 的反应，活化分子百分数大，有效碰撞次数多，反应速率大，可瞬间进行。如酸碱中和反应。

$(\mathrm{NH_4})_2\mathrm{S_2O_8} + 3\mathrm{KI} = (\mathrm{NH_4})_2\mathrm{SO_4} + \mathrm{K_2SO_4} + \mathrm{KI_3}$

   $E_a = 56.7$kJ·mol^{-1}，反应速率较快。

$2\mathrm{SO_2}(g) + \mathrm{O_2}(g) = 2\mathrm{SO_3}(g)$

   $E_a = 250.8$kJ·mol^{-1}，反应速率较慢。

$E_a > 420$kJ·mol^{-1} 的反应，反应速率很慢。

小 结

温度升高，分子获得了能量，有效碰撞次数增多，增大了活化分子的百分数!

★ van't Hoff
经验规则

$\dfrac{v_{(T+10K)}}{v_T} = \dfrac{k_{(T+10K)}}{k_T} = 2 \sim 4$

★ 阿仑尼乌斯公式

$k = A e^{\frac{-E_a}{RT}}$

★ 过渡态理论

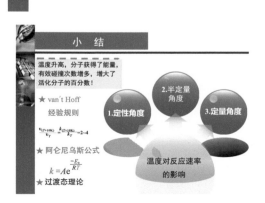

2.半定量角度

1.定性角度   3.定量角度

温度对反应速率的影响

十一、课程资源

［1］李冰.无机化学［M］.北京：化学工业出版社，2021.

［2］桑雅丽，刘艳华，包莹莹，等.高中化学与大学无机化学教材知识点的衔接研究［J］.化学教育（中英文），2021, 42(14): 17-24.

［3］宋天佑.简明无机化学［M］.北京：高等教育出版社，2013.

［4］周祖新.无机化学［M］.北京：化学工业出版社，2013.

［5］刘海燕，代小平.基于"类比归纳法"教学，提升学生学习无机化学的效果［J］.化工高等教育，2020, 37(2): 126-130.

［6］何万林，黄萍，娄珀瑜，等.RGB解析法探究化学反应速率的影响因素［J］.化学教育（中英文），2020, 41(13): 91-95.

［7］韩晓霞，杨文远，倪刚.无机化学实验［M］.天津：天津大学出版社，2017.

［8］刘洪宇.论浓度、温度、催化剂对化学反应速率的影响［J］.现代商贸工业，2010, 22(21): 377-378.

［9］何万林，黄萍，娄珀瑜，等.基于情境相似性原理的化学反应速率教学研究［J］.化学教育（中英文），2020, 41(13): 84-90.

［10］刘懿瑾.基于化学平衡的人教版与鲁科版在选修教材化学反应速率、限度、方向内容的研究［D］.武汉：华中师范大学，2016.

［11］梁永锋，王会，胡伟明，等.无机化学课程中融入思想政治教育的途径与策略［J］.化学教育（中英文），2022, 43(8): 50-54.

［12］桑晓光，王锦霞，孟皓，等."碳达峰碳中和"中的无机化学问题探究——PBL教学实践［J］.大学化学，2022, 25 (9): 1-5.

［13］Gao Hui, Li Bing, Jin Xiaodong, et al. Catalytic kinetic on the thermal decomposition of ammonium perchlorate with a new energetic complex based on 3,5-bis(3-pyridyl)-1H- 1,2,4-triazole［J］. Chinese Journal of Structural Chemistry, 2016, 35(12): 1902-1911.

第3讲　浓度与压力对化学反应速率的影响

一、课程及章节名称

课程名称	无机化学	适用专业	化学工程与工艺、应用化学、材料化学、制药工程等专业	年级	大学一年级
教材及章节： 　　李冰主编《无机化学》，化学工业出版社2021年出版。选自第3章化学反应速率和化学平衡中3.3.2浓度或压力对反应速率的影响。					

二、教学目标

1. 知识目标

（1）从定性、定量的角度掌握浓度（压力）对化学反应速率的影响；

（2）掌握基元反应与非基元反应的特点，能写出基元反应的速率方程并进行相关计算。

2. 能力目标

（1）学会设计实验计算非基元反应的速率方程，求得反应级数及速率常数；

（2）学生能够定量分析浓度和压力对反应速率的影响，培养学生自主探究的能力和归纳、总结能力，使学生初步建构研究化学反应动力学的基本方法和思维模式。

3. 素养目标

（1）学会从浓度（压力）变化的视角去观察生活、生产中有关反应速率的问题，学会客观、全面地分析问题；

（2）通过列举实际应用的基元反应和非基元反应的例子，使学生能直观地感受到设计实验的乐趣及所学知识的实用性，培养积极思考的习惯。

4. 思政育人目标

（1）通过实验证明浓度（压力）对化学反应速率的影响的客观存在事实，使学生亲身体验科学探究的喜悦，培养学生探索未知、追求真理、勇攀科学高峰的责任感和使命感；

（2）通过讲解化学反应速率理论，培养学生热爱科学、热爱祖国的热情，激发学生的活化

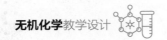

分子精神，树立远大理想，练就过硬本领，为实现中华民族伟大复兴的中国梦注入不竭动力。

三、教学思想

化学是以实验为基础的科学，因此，在本节课的教学中，将通过引导学生设计碘单质在淀粉中变色的实验，定性地分析浓度对化学反应速率的影响，再通过次磷酸根离子在碱性溶液中的分解实验，进一步从定量的角度进行探究。使学生能就实际问题提出合理的猜想与假设，设计相应实验方案；让学生通过观察等方法来收集证据；教给学生比较、分类、归纳、概括等方法，对实验事实和获得的证据进行加工整理进而得出结论，指导学生对实验过程进行有意义的反思评价，从而在实验探究中培养学生提出问题并通过亲身实验解决化学问题的能力。

四、教学分析

1. 教材结构分析

本节课内容选自第3章"化学反应速率和化学平衡"第3节"影响反应速率的因素"。学生在高中定性地掌握了浓度和压力对化学反应速率的影响，为本节课的探究奠定了一定的知识基础。但是学生还未掌握定量分析浓度和压力对反应速率影响的方法。因此，本节课通过对基元反应和非基元反应速率方程的应用，使学生从"量"的层面诠释浓度（压力）对速率的影响。通过串联已学的定性知识，全面地分析影响反应速率的原因，使学生完成从定性到定量的学习进阶。

具体教材结构如图3-1所示。

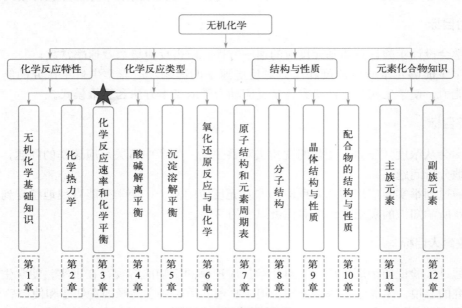

图3-1　教材结构分析

2. 内容分析

本节课的教学内容从实际化学反应入手，在学生对化学反应影响因素有定性认识的基础上，强化"量"的概念。并结合《无机化学实验》内容，强调非基元反应中反应级数及速率常数 k 可通过设计实验求得。在设计实验的过程中强调速率方程使用中的注意事项，进一步加深学生对影响反应速率因素的认识。

本节内容分析如图3-2所示。

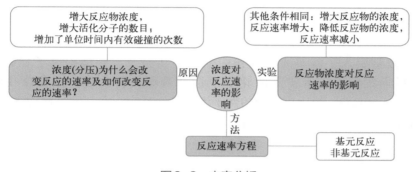

图3-2　内容分析

3. 学情分析

（1）知识基础

学生已定性地掌握了浓度和压力对化学反应的影响。通过本节内容的学习，学生将定量掌握浓度（压力）对反应速率的影响，并能进行基本计算，为后续课程的学习奠定基础。

（2）能力基础

大一学生初步具备了一定的逻辑能力、分析解决问题的能力及归纳总结的能力。但是还未掌握如何定量分析浓度和压力对反应速率的影响。通过本节内容的学习，初步建构化学反应速率影响因素的理论模型，引导学生体会化学理论知识对实际生产的指导作用，体会化学学科价值。

4. 重点难点（包括突出重点、突破难点的方法）

教学重点

（1）从定性和定量的角度理解浓度（压力）对化学反应速率的影响

在讲授新知的过程中，借助化学方程式的分解、实验录像以及实验设计实例，使学生能深入地从多方面理解浓度（压力）对反应历程及速率的影响。

（2）以质量作用定律为例，理解动力学研究方法

以非基元反应为例，通过改变物质数量的比例，确定动力学方程的指数即反应级数，以及反映化学反应本质的速率常数 k，为后续阿仑尼乌斯方程的计算提供基础。

教学难点

（1）质量作用定律中反应级数的确定

借助于举例法说明在基元反应和非基元反应中反应级数的不同，说明不能简单地从方程

式看出浓度及压力对反应速率的影响，从机理的角度说明浓度及压力如何影响化学反应速率，加深对质量作用定律及反应级数的理解。

（2）非基元反应确定反应级数及速率常数 k

以次磷酸根分解为亚磷酸根为例，通过实验使学生直观地计算出该反应的级数及速率常数，加深学生对非基元反应的理解。

五、教学方法和策略

1. **案例教学法**

整节课的教学引入了碘单质在淀粉中变色的实验及次磷酸根离子在碱性溶液中的分解实验等实际案例，展示实际的化学反应，兼顾教材内容，拓宽学生视野。通过"$2NO+2H_2 \Longrightarrow N_2+2H_2O$"的反应历程的例子说明基元反应和非基元反应的区别，通过例题的讲解，强化应用能力，在实践中培养学生理解运用、解决问题的能力。

2. **实验教学法**

本节课首先设计了 $KIO_3+NaHSO_3$ 的反应实验，引出问题：如何定量地描述浓度（分压）对速率的影响，展开新内容的学习。后又设计了次磷酸根离子（$H_2PO_2^-$）分解实验，强化对非基元反应中反应级数及速率常数 k 可通过设计实验求得的认识，从而解决提出的问题，进一步加深学生对影响反应速率因素的理解。

六、教学设计思路

教学设计结合实验教学与案例分析，基于实验提出核心问题，进而引出新知识，展开新内容的学习。从实际化学反应入手，强化"量"的概念。结合《无机化学实验》内容，强化对非基元反应中反应级数及速率常数 k 可通过设计实验求得的认识，最后强调速率方程使用

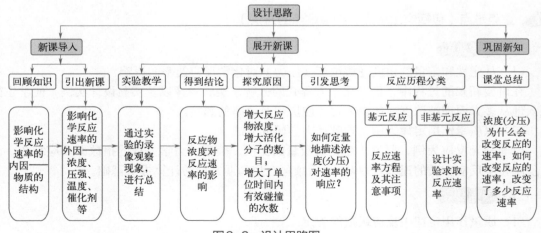

图3-3　设计思路图

中的注意事项。在不同反应体系中理解基元反应和非基元反应的异同点。对学生进行循序渐进的启发，让学生学习自主探究。

以学生为主体，充分调动学生的积极性。设计案例分析具体的实验，紧密联系实际，兼顾教材内容，拓宽视野。总设计思路如图3-3所示。

七、教学安排

教学环节	教师活动/学生活动设计	设计意图
回顾旧知导入新课	【回顾旧知】 影响化学反应速率的内因——物质的结构。 ★ 化学键的强弱对速率的影响。 ★ 价电子得失的难易程度对速率的影响。 ★ 物质空间构型差异对速率的影响。 【设问】一旦反应物确定了以后，还有没有办法改变化学反应速率? 【分析】内因是决定反应速率的关键因素，但通过控制外因，是可以改变化学反应速率的。 【知识关联导入】复习高中所学影响化学反应速率的外因：浓度、压力、温度、催化剂等。 【归纳概括】增大浓度，反应速率加快；增加压力，反应速率加快! 【发散思维】理论上将"浓度"和"压力"联系在一起。 【举例】设计实验：$KIO_3+NaHSO_3$，演示实验。 $$4IO_3^-+10HSO_3^-\longrightarrow 2I_2+10SO_4^{2-}+6H^++2H_2O$$ I_2在淀粉中显蓝色。 【知识延伸】定性原则：反应物浓度（分压）越大，反应速率越快。 【提问】如何定量地描述浓度（分压）对速率的影响?	回顾旧知，唤醒学生已有知识储备，把问题作为教学过程的起点，有利于激发学生的求知欲，探索新的科学问题，引出新课。 通过实验证明浓度（压力）对化学反应速率的影响的客观存在事实，为学生认识和理解浓度（压力）对化学反应速率的影响提供更丰富的证据。
探索新知	【知识关联导入】从化学动力学的角度引出基元反应和质量作用定律的概念并对概念进行解析。 化学反应： （1）基元反应：反应物一步就直接转变为产物。 （2）非基元反应：反应物经过若干步基元反应才转变为产物。 【举例】举例说明基元反应和非基元反应的区别。	

基元反应：

非基元反应：$2NO+2H_2 \rightleftharpoons N_2+2H_2O$

① $2NO+H_2 \rightleftharpoons N_2+H_2O_2$

② $H_2O_2+H_2 \rightleftharpoons 2H_2O$

【知识延伸】对于基元反应提出其动力学方程——质量作用定律：

基元反应：$aA+bB \rightleftharpoons cC+dD$

$$v=k_c\{c(A)\}^a\{c(B)\}^b$$

（1）v 为瞬时速率；

（2）k_c 为速率常数，即反应物为单位浓度时的反应速率；k_c 越大，给定条件下的反应速率越大；同一反应，k_c 与反应物浓度、分压无关，与反应的性质、温度、催化剂等有关。

（3）式中各浓度项的幂次之和 $(a+b)$ 为反应级数。

注意：质量作用定律只适用于基元反应。

【举例】对于非基元反应，通过实验确定反应级数。

设计实验 $C_2H_4Br_2+3KI \rightleftharpoons C_2H_4+2KBr+KI_3$，鼓励学生自己动手写出该反应的速率方程。

$$C_2H_4Br_2+3KI \rightleftharpoons C_2H_4+2KBr+KI_3$$

$$v=k_c\{c(C_2H_4Br_2)\}\{c(KI)\}^3 \quad \times$$

$$v=k_c c(C_2H_4Br_2)c(KI)$$

【分析】说明对于非基元反应，不能直接写出反应动力学方程。实际上该反应分为三步进行：

①$C_2H_4Br_2+KI \rightleftharpoons C_2H_4+KBr+I+Br$(慢反应)

②$KI+Br \rightleftharpoons I+KBr$(快反应)

③$KI+2I \rightleftharpoons KI_3$(快反应)

【知识延伸】通过对该方程式的分解，提出"木桶理论"和"决速步骤"的概念。

【提问】对于非基元反应的速率方程该如何确定？（让学生带着问题继续学习！）

【举例】设计实验说明非基元反应的速率方程的确定方法。

在碱性溶液中，次磷酸根离子（$H_2PO_2^-$）分解为亚磷酸根离子（HPO_3^{2-}）和氢气，反应式为：

$$H_2PO_2^-(aq)+OH^-(aq) \rightleftharpoons HPO_3^{2-}(aq)+H_2(g)$$

举例说明基元反应和非基元反应的区别，加深学生对概念的理解和掌握。

应用板书+PPT，提出质量作用定律的概念，激发学生的求知欲，使学生更加直观、生动地理解知识。

探索新知	在一定的温度下，实验测得下列数据： 表格如下 试求：（1）反应级数；（2）速率常数 k。 【分析】（1）设 x 和 y 分别为对于 $H_2PO_2^-$ 和 OH^- 的反应级数，则该反应的速率方程为： $$v=kc^x(H_2PO_2^-)c^y(OH^-)$$ 把三组数据代入，得	引导学生学习实验的设计，让学生感觉到设计的巧妙，为后期创新实验做好准备。

在一定的温度下，实验测得下列数据：

实验编号	$c(H_2PO_2^-)/mol \cdot L^{-1}$	$c(OH^-)/mol \cdot L^{-1}$	$v/mol \cdot L^{-1} \cdot s^{-1}$
1	0.10	0.10	5.30×10^{-9}
2	0.50	0.10	2.67×10^{-8}
3	0.50	0.40	4.25×10^{-7}

试求：（1）反应级数；（2）速率常数 k。

【分析】（1）设 x 和 y 分别为对于 $H_2PO_2^-$ 和 OH^- 的反应级数，则该反应的速率方程为：

$$v=kc^x(H_2PO_2^-)c^y(OH^-)$$

把三组数据代入，得

$$5.30 \times 10^{-9} = k(0.10)^x(0.10)^y \qquad （1）$$
$$2.67 \times 10^{-8} = k(0.50)^x(0.10)^y \qquad （2）$$
$$4.25 \times 10^{-7} = k(0.50)^x(0.40)^y \qquad （3）$$

式（2）除式（1）得：

$$\frac{2.67 \times 10^{-8}}{5.30 \times 10^{-9}} = \left(\frac{0.50}{0.10}\right)^x$$

$$5 = 5^x \qquad x = 1$$

式（3）除式（2）得：

$$\frac{4.25 \times 10^{-7}}{2.67 \times 10^{-8}} = \left(\frac{0.40}{0.10}\right)^y$$

$$16 = 4^y \qquad y = 2$$

所以，反应级数为 3，对 $H_2PO_2^-$ 来说是一级，对 OH^- 来说是二级，其速率方程为：

$$v=kc(H_2PO_2^-)c^2(OH^-)$$

（2）将表中任意一组数据代入速率方程式，可以求得 k 值。现取第一组数据代入

$$k=\frac{5.30 \times 10^{-9}}{5.10 \times (0.10)^2}=5.30 \times 10^{-6}(L^2 \cdot mol^{-2} \cdot s^{-1})$$

通过例题的讲解，强化应用能力，在实践中理解运用，引导学生更为全面地考虑实际问题，提高解决问题的能力。

按认识、理解、应用反应级数和速率常数 k 的顺序，引导学生掌握计算反应级数和速率常数 k 的一般思路及解题规范，引导学生从知识走向能力。

小结	【小结】 使用速率方程的注意事项： （1）稀溶液中有溶剂参加的化学反应，其速率方程中不必列出溶剂的浓度。	

小结	（2）固体或纯液体不列入速率方程中。 （3）对于非基元反应，从反应方程式中不能给出速率方程，必须通过实验确定。 （4）反应级数越大，表示浓度（压力）对反应速率影响越大。 3.浓度(分压)改变了多少反应速率？ 2.浓度(分压)如何改变反应的速率？ 1.浓度(分压)为什么会改变反应的速率？ 告知学生更多有关反应级数的知识会在大学二年级的物理化学等课程中讲到，激励学生继续学习相关知识的兴趣。	引导学生将新旧知识串成线索，对所学知识进行概括和整合，重现重点知识，巩固所学知识。
课后作业	【巩固提高】 查阅资料，利用所学知识，谈谈浓度（压力）影响因素在科研和工业上的应用。 判断下面的说法是否正确，说明理由。 （1）反应的级数与反应的分子数是同义词。 （2）在反应历程中，定速步骤是反应速率最慢的一步。 （3）反应速率常数的大小就是反应速率的大小。	学以致用，进一步发展综合分析能力和问题解决能力。
预习新课	【结束】 预习催化剂对反应速率的影响相关内容，查阅资料，相互交流。	引出下节课要学习的内容。

八、教学特色及评价

本节课采用案例教学法与实验教学法。整节课的教学都始终围绕着案例与实验展开，通过对不同案例进行讲解与讨论，在问题的一步步引导下，由定性分析到定量分析、由特殊到一般、由课堂内容实验到综合性问题的解决、由简单到复杂、由基础到应用层层递进地展开新内容的学习，从而避免了传统教学方式的枯燥和乏味，使学生的创新思维在潜移默化中得到强化与提升。通过引入无机化学实验，强化学生对非基元反应中反应级数及速率常数 k 须通过设计实验求得的认识，从而解决开始时提出的问题，进一步加深学生对影响反应速率因素的理解。

在教学目标达成方面，本节课结合教材特点与学生实际，以案例教学法为主，配合实验教学法，从"定性"和"定量"的角度探究浓度（压力）对化学反应速率的影响，并通过设计实验计算非基元反应的速率方程，求得反应级数及速率常数，符合学段教学要求、教材特点与学生实际，易于激发学生兴趣，从而引导学生进行自主探究、合作交流、分析并解决实际问题，体现了知识的综合性和应用性，打破了以知识灌输为主的陈旧教学模式，突出了以人为本的教育理念，从而有效提高教学质量。

九、思维导图

本节课的思维导图如图3-4所示。

浓度与压力对反应速率的影响	定性描述	反应物浓度(分压)越大，反应速率越快
		$a\text{A}+b\text{B} \Longrightarrow c\text{C}+d\text{D}$
	定量描述	基元反应——质量作用定律：$\upsilon = k_c\{c(\text{A})\}^a\{c(\text{B})\}^b$
		非基元反应的速率方程通过实验测得

图3-4　思维导图

十、教学课件

无机化学
Inorganic Chemistry
——第3讲　浓度与压力对化学反应速率的影响

回顾复习

影响化学反应速率的内因——物质的结构
　★ 化学键的强弱对速率的影响
　★ 价电子得失的难易对速率的影响
　★ 物质空间构型的差异对速率的影响

影响化学反应速率的外因——浓度、压力、温度、催化剂等
　1. 浓度（分压）为什么会改变反应的速率？
　2. 浓度（分压）如何改变反应的速率？　　　重点
　3. 浓度（分压）改变了多少反应速率？

反应物浓度(或分压)对反应速率的影响

演示：$KIO_3+NaHSO_3$　　演示实验录像

$$4IO_3^- +10HSO_3^- \Longrightarrow 2I_2+10SO_4^{2-}+6H^+ +2H_2O$$

I_2在淀粉中显蓝色

设计实验

次序	A溶液/mL		B溶液/mL			反应快慢
	4%KIO_3	H_2O	$NaHSO_3$	淀粉	H_2O	
右	9	141	5	8	100	
中	6	144	5	8	100	
左	5	145	5	8	100	

定性：反应物浓度越大，反应速率越大！

反应物浓度(或分压)对反应速率的影响

· 活化分子的数目=反应物浓度（分压）×活化分子分数

温度一定，反应物活化分子分数是定值。

增大反应物浓度（分压）
↓
增大活化分子的数目
↓
增大了单位时间内有效碰撞的次数
↓
增大了化学反应速率

1. 浓度（分压）为什么会改变反应的速率？
2. 浓度（分压）如何改变反应的速率？

如何定量地描述浓度（分压）对速率的影响？

根据反应历程的不同

化学反应
　┌ 基元反应
　│ 反应物一步就直接转变为产物。
　└ 非基元反应
　　 反应经过若干步基元反应才转变为产物。

$$2NO + 2H_2 \Longrightarrow N_2 + 2H_2O$$
① $2NO + H_2 \Longrightarrow N_2+ H_2O_2$
② $H_2O_2 + H_2 \Longrightarrow 2H_2O$

基元反应及其动力学方程——质量作用定律

对基元反应，在一定温度下，其反应速率与各反应物浓度幂的乘积成正比。

如：基元反应 $a\text{A}+b\text{B} \Longrightarrow c\text{C}+d\text{D}$

$$\upsilon = k_c\{c(\text{A})\}^a\{c(\text{B})\}^b$$

注意：质量作用定律只适用基元反应

(1) υ为瞬时速率。

(2) k_c为速率常数，k_c越大，给定条件下的反应速率越大。
　　同一反应，k_c与反应物浓度、分压无关，与反应
　　的性质、温度、催化剂等有关。

(3)式中各浓度项的幂次之和($a+b$)为反应级数。

影响反应速率的因素

$C_2H_4Br_2 + 3KI = C_2H_4 + 2KBr + KI_3$

$v = k_c\{c(C_2H_4Br_2)\}\cdot\{c(KI)\}^3$ ✕

$v = k_c c(C_2H_4Br_2)\cdot c(KI)$

为什么？

实际上反应分三步进行

①$C_2H_4Br_2 + KI \overset{KIC}{=} C_2H_4 + KBr + I + Br$（慢反应）

②$KI + Br = I + KBr$（快反应）

③$KI + 2I = KI_3$（快反应）

①的反应速率决定了整个反应的速率

非基元反应的速率方程要通过实验确定

$aA + bB = cC + dD$

设其速率方程为：$v = kc^x(A)c^y(B)$

设计实验：

1. 保持A的浓度不变，而将B的浓度变为原来的2倍，若其反应速率也变为原来2倍，则可以确定$y = 1$。

2. 保持B的浓度不变，而将A的变为原来2倍，若其反应速率增加到原来的4倍，则可确定$x = 2$。

练习

【例】在碱性溶液中，次磷酸根离子（$H_2PO_2^-$）分解为亚磷酸根离子（HPO_3^{2-}）和氢气，反应式为：

$H_2PO_2^-(aq) + OH^-(aq) = HPO_{3\,(aq)}^{2-} + H_2(g)$

在一定的温度下，实验测得下列数据：

实验编号	$c(H_2PO_2^-)$ /mol·L^{-1}	$c(OH^-)$ /mol·L^{-1}	v / mol·L^{-1}·s^{-1}
1	0.10	0.10	5.30×10^{-9}
2	0.50	0.10	2.67×10^{-8}
3	0.50	0.40	4.25×10^{-7}

试求：（1）反应级数；（2）速率常数k

练习

解：（1）设x和y分别为对于$H_2PO_2^-$和OH^-的反应级数，则该反应的速率方程为：

$v = kc^x(H_2PO_2^-)c^y(OH^-)$

把三组数据代入，得

$5.30\times10^{-9} = k(0.10)^x(0.10)^y$　(1)

$2.67\times10^{-8} = k(0.50)^x(0.10)^y$　(2)

$4.25\times10^{-7} = k(0.50)^x(0.40)^y$　(3)

式（2）除式（1）得：

$\dfrac{2.67\times10^{-8}}{5.30\times10^{-9}} = \left(\dfrac{0.50}{0.10}\right)^x$　　$5 = 5^x$　$x = 1$

练习

式（3）除式（2）得：

$\dfrac{4.25\times10^{-7}}{2.67\times10^{-8}} = \left(\dfrac{0.40}{0.10}\right)^y$　$16 = 4^y$　$y = 2$

所以：反应级数为3

对$H_2PO_2^-$来说是一级，对OH^-来说是二级

其速率方程为：$= k_c(H_2PO_2^-)c^2(OH^-)$

（2）将表中任意一组数据代入速率方程式，可以求得k值。现取第一组数据代入

$k = \dfrac{5.30\times10^{-9}}{0.10\times(0.10)^2} = 5.3\times10^{-6}(L^2\cdot mol^{-2}\cdot s^{-1})$

反应速率方程的注意事项

(1)稀溶液中有溶剂参加的化学反应，其速率方程中不必列出溶剂的浓度。

$C_{12}H_{22}O_{11} + H_2O = C_6H_{12}O_6 + C_6H_{12}O_6$

$v = k_c' c(C_{12}H_{22}O_{11})\cdot c(H_2O)$
$= k_c c(C_{12}H_{22}O_{11})$

(2) 固体或纯液体不列入速率方程中。

$C(s) + O_2(g) = CO_2(g)$

$v = k_c c(O_2)$

反应速率方程的注意事项

(3)对于非基元反应，从反应方程式中不能给出速率方程，必须通过实验确定。

(4)反应级数的物理意义

$aA + bB = cC + dD$
$v = k_c\{c(A)\}^x\{c(B)\}^y$

反应级数越大，表示浓度（压力）对反应速率的影响越大。

小结

1. 浓度（分压）为什么会改变反应的速率？

2. 浓度（分压）如何改变反应的速率？

3. 浓度（分压）改变了多少反应速率？

$aA + bB = cC + dD$

速率方程为：$v = kc^x(A)c^y(B)$

对于基元反应：x和y即为反应物的系数.

对于非基元反应：x和y需通过实验确定.

十一、课程资源

［1］李冰.无机化学［M］.北京：化学工业出版社，2021.

［2］天津大学无机化学教研室.无机化学［M］.北京：高等教育出版社，2010.

［3］宋天佑.简明无机化学［M］.北京：高等教育出版社，2013.

［4］周祖新.无机化学［M］.北京：化学工业出版社，2013.

［5］王元兰.无机化学［M］.北京：化学工业出版社，2011.

［6］肖中荣，周萍.利用传感器探究压强对氨与氯化氢反应速率的影响［J］.化学教学，2021(10): 75-77.

［7］鹿钰锋，王晓芳，张晓静.运用数字化实验多角度探究浓度对化学反应速率的影响［J］.中学化学教学参考，2022(8): 72-73.

［8］王晓琴，俞欣，任洁梅，等.化学反应速率实验体系的探索与尝试［J］.大学教育，2021(7): 74-78.

［9］宋其圣.无机化学［M］.北京：化学工业出版社，2008.

［10］韩晓霞，杨文远，倪刚.无机化学实验［M］.天津：天津大学出版社，2017.

［11］http://www.icourses.cn/sCourse/course_3396.html.吉林大学《无机化学》精品在线课程网.

［12］王月霞，杜登学，蒋晓杰，等.聚焦课程思政践行立德树人——无机及分析化学思政教学初探［J］.科教导刊，2022(4): 95-97.

第4讲　催化剂对化学反应速率的影响

一、课程及章节名称

课程名称	无机化学	适用专业	化学工程与工艺、应用化学、材料化学、制药工程等专业	年级	大学一年级

教材及章节：

　　李冰主编《无机化学》，化学工业出版社2021年出版。选自第3章化学反应速率和化学平衡中3.3.3催化剂对反应速率的影响。

二、教学目标

1. 知识目标

　　（1）能从微观、宏观以及能量等多角度认识催化剂的作用机理及过程；

　　（2）了解工业实际应用催化剂的组成；

　　（3）了解固体酸催化剂的制备策略及优点。

2. 能力目标

　　（1）通过设计实验，培养学生自主探究和分析问题的能力；

　　（2）通过介绍工业实际应用催化剂及对固体酸催化剂的研究进展的例子，培养学生对科研和实践的认识，提升创新思维能力。

3. 素养目标

　　（1）体会反应速率受多因素的制约，学会客观、全面地分析问题；

　　（2）通过实验证明催化剂改变反应历程和降低活化能的客观事实，形成严谨求实的科学态度；

　　（3）在教学中引入学生身边的负催化剂、现代化学工艺的应用等，以此丰富课堂教学内容，让学生认识到化学与生活之间的密切关联，形成良好的化学学习思想。

4. 思政育人目标

　　通过实际应用的工业催化剂和固体催化剂的研究进展以及张涛院士、李亚栋院士等在单

原子催化方面的研究为课程思政融入点，以"润物细无声"的方式提高学生的文化自信，激发学生对科学研究的探索兴趣，鼓励学生树立科学情怀，为建设习近平新时代中国特色社会主义献出自己的力量。同时，利用课后作业，让学生查阅催化剂在科研和工业上的应用，拓展学生的思维，了解化学前沿的知识和化学对发展环境资源、材料合成有重要作用，培养学生的工匠精神。

三、教学思想

采用以学生为中心的教学方法，注重组织学生研讨，启发学生运用相关理论解释催化剂对化学反应速率的影响。通过实验分析，让学生体会化学是以实验为基础的学科特点，加深对知识点的理解，培养学生细心观察、尊重实验事实的科学态度，调动学习的积极性，进而引导学生能用理论指导实践，完成一次认知的飞跃，理解反应速率加快或减慢的原因，激发学生致力于催化剂研究的热情，学习大国工匠的科学精神。为培养化学、应用化学、化工工程与工艺等专业的学生提供坚实的理论基础，把学生培养成创新能力与家国情怀并重的技术人才。

四、教学分析

1. 教材结构分析

本节课内容选自第 3 章"化学反应速率和化学平衡"第 3 节"影响反应速率的因素"。学生已经学习了影响化学反应速率的前几种因素（浓度、压力与温度），这为本节课的探究奠定了一定的知识基础。本节将分别从微观、能量和反应历程的角度深入探究催化剂是如何影响反应速率的，进而举例说明催化剂的三个主要特点。将之前所学的知识融会贯通，突出催化剂对化学反应的重要性。这部分内容是学习化学平衡知识的必要基础。

具体教材结构如图 4-1 所示。

2. 内容分析

学生在高中已定性了解了影响化学反应速率的因素，在本节课之前也定量学习了浓度、压力和温度对反应速率的影响，具备了一定的理论知识。本节课引导学生从高中接触到的催化剂入手，探究催化剂是影响化学反应速率的重要因素之一，能够改变反应历程和降低活化能。在引导学生学习催化剂概念的基础上，从不同角度阐述催化剂影响反应速率的原因及催化剂的三大特点，通过列举目前研发的新颖催化剂和其他工业催化剂等，进一步强调催化剂的重要性。

本节内容分析如图 4-2 所示。

3. 学情分析

（1）知识基础

学生已经学习了影响化学反应速率的相关因素，理解了升高温度可以加快化学反应速

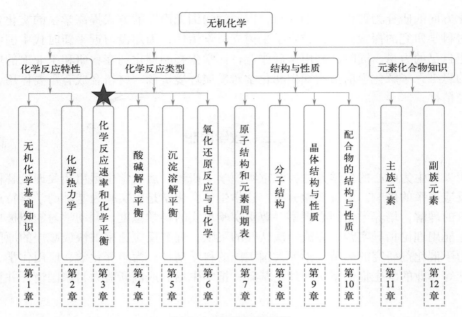

图4-1　教材结构分析

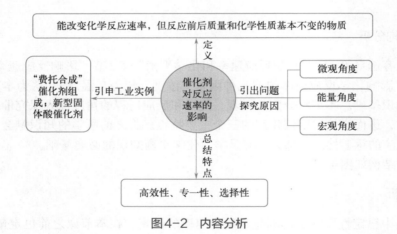

图4-2　内容分析

率，满足阿仑尼乌斯公式，也掌握了浓度和压力对化学反应速率的影响，知道了要从活化能的角度来进一步分析不同条件对化学反应速率的影响，这为本节课学习催化剂对化学反应速率的影响及从不同角度探究影响化学反应速率的因素提供了良好的知识基础。

（2）能力基础

学生已经有了活化能基础，学会了从不同角度来分析和探讨问题，这对本节课的学习奠定了良好的基础，学生的思维能力也有了一定的拓展，对本节课中要从微观、宏观以及能量的角度来理解催化剂对反应历程及速率的影响具有良好的铺垫作用。在心理特征上，该阶段学生具有较强的探索知识的好奇心，对探索化学机理有较大兴趣，通过本节课的学习将初步培养学生对科研的认识，培养创新思维能力。

4. 重点难点（包括突出重点、突破难点的方法）

教学重点

（1）从微观、宏观以及能量的角度理解催化剂对反应历程及速率的影响

在讲授过程中，借助化学方程式的分解、图例以及微量热实验的例子，使学生能深入地从多方面理解催化剂对反应历程及速率的影响。

（2）理解工业催化剂的组成以及催化剂的改性方法

以"煤间接液化"中"费托合成"工艺中用到的"沉淀铁"催化剂为例，解释工业催化剂的组成，例举"磺化硅胶"科研实例，使学生能理解固体酸催化剂的改性制备策略，使学生了解科研过程。

教学难点

（1）催化剂影响速率的微观原因

借助于化学方程式的分解进行催化剂影响速率的微观原因的剖析，从机理的角度说明催化剂对反应历程的影响，从微观上加深对催化剂概念的理解。

（2）催化剂影响速率的能量因素

列举微量热计实验的例子，使学生从直观的角度理解催化剂降低了反应的活化能，改变了反应历程的事实，加深学生的印象。

五、教学方法和策略

1. 案例教学法

整节课的教学都始终围绕着案例展开，以学生实际能听到、见到的工业实例和科研实例来激发学生学习催化剂的兴趣，感受科学家在催化剂的研究方面锲而不舍的精神。通过对不同案例进行讲解与讨论，引导学生理解催化剂，强调催化剂引起反应速率变化的原因及其特点。学生也在潜移默化中学会自主学习。此外，这种方法也能够活跃课堂氛围，赋予课堂更多趣味性、情境性和实践性，激起学生对催化剂的学习兴趣和好奇心，从而使学生有效掌握化学知识和技能。

2. 任务驱动教学

本节课围绕任务展开，学生在教师的帮助下，紧紧围绕一个共同的任务活动中心，以生活生产情境为渗透，任务环节为推动，在强烈的问题驱动下，从不同角度研究催化剂对反应速率的影响，在任务完成的过程中，运用分类、对比和归纳等实验方法提升自身高阶思维，以及不断获得成就感，从而培养学生的辩证思维探究能力及自学能力。

六、教学设计思路

本节课的教学设计从生活、学习经历出发，由常见的高中催化剂入手，通过一系列深入

浅出的案例等引出本节课的主要内容，最后再回归生活和化工实际应用，以所学的知识来解释和解决生产生活问题，学以致用。让学生感受到学习化学的实用性，进一步激发学生学习化学的兴趣。通过不同的教学方法和策略让学生充分地享受课堂丰富的学习内容，真正走进化学。

本节课注重任务驱动，通过设置不同的任务，使学生能从微观、宏观以及能量等多角度认识催化剂的作用机理及过程。注重课堂导向问题的设置，发散思维。充分调动学生的积极性，紧密联系实际，兼顾教材内容，拓宽视野，使学生认识到催化剂的发展要依靠科学技术的进步，在问题解决的过程中认识到科学技术进步的曲折性。

总设计思路见图4-3。

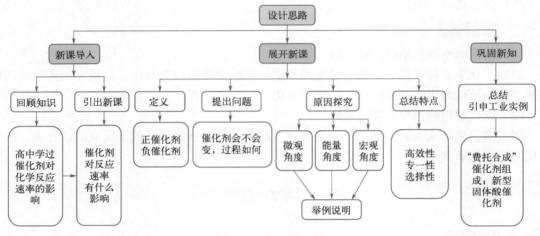

图4-3　设计思路图

七、教学安排

教学环节	教师活动/学生活动设计	设计意图
回顾旧知 导入新课	【回顾旧知】 1.浓度、温度、压力对化学反应速率的影响。 2.实验室制O_2用到了MnO_2。 3.工业制硫酸用到了V_2O_5。 　　　　MnO_2　　　　　　　　V_2O_5 以图片的形式阐述催化剂"其貌不扬，作用非凡，价值千金"的特性。	回顾旧知识，激发学生思考，引出新课。

回顾旧知 导入新课	【讲授】我国古代人民早在夏禹时期就认识到了催化作用，学会用"曲"酿酒。宋朝大文豪苏轼的一首词中提到"诗书与我为曲蘖，酝酿老夫成搢绅"，其中"曲"就是指催化剂。后来古人用"曲"又酿出了醋。从现代微生物学和酿造化学角度来说"曲"本质上就是酶，酿酒和酿醋就是酶催化过程。 【提问】那什么样的物质可以作为催化剂呢？ 【导入新课】引出催化剂的概念并对概念进行解析 【讲解】催化剂：能改变化学反应速率，但在反应前后其质量和化学性质基本不变的物质。 　　提出负催化剂的概念，以橡胶的防老剂等学生身边的负催化剂为例，激发学生的兴趣，让他们感觉到催化剂就在身边。 【引导思考】催化剂的本质就是帮助反应原料克服活化能垒，顺利转变成目标产物，而其自身又默默退出，并开始下一个催化循环。 【回顾实验】在无机化学实验——过二硫酸铵与碘化钾反应中，加入硝酸铜溶液，淀粉快速变蓝，铜离子作为催化剂加速了反应的进行。 　　　　反应的离子方程式：$S_2O_8^{2-}+3I^- \xrightarrow{Cu^{2+}} 2SO_4^{2-}+I_3^-$ 　　Cu^{2+}加入量增加，其催化活性先增大，后减小。说明催化剂的加入量与其活性之间并非线性关系。 【引申】以Cu^{2+}加入量对催化活性的影响阐明一般催化剂的活性会随着用量的增加而增加，但超过一定量后催化活性反而下降。 【设问】催化剂在反应过程中会不会变呢？ 　　催化剂是如何催化反应的？ 　　催化过程是什么样的？		通过这些实例的学习讨论，学生们在赞叹中华民族伟大创造的同时，民族自豪感和爱国情怀油然而生。 这与忠于职守、敬业奉献、服务人民、助人为乐的"雷锋"式革命螺丝钉精神何其相似。 催化剂的活性与用量的调节只有相辅相成、协调一致，才能发挥正常的催化效果，体现了矛盾的对立统一性。 让学生带着问题继续学习，培养科学探究能力。
探索新知	【探究】从多角度研究催化剂对化学反应速率的影响 【任务一】从微观的角度去看催化剂对速率的影响 　　　　$2H_2O_2 \xrightarrow{I^-} 2H_2O+O_2$ 　　　　$H_2O_2+I^- === H_2O+IO^-$ 　　　　$IO^-+H_2O_2 === H_2O+O_2+I^-$ 【总结】结论1：绝大多数催化剂参与了化学反应过程，只是在反应结束时又复原了。 【任务二】从能量的角度去看催化剂对速率的影响		学生在任务驱动下进行对比和归纳，提升自身高阶思维，以客观事实得出结论，培养学生追求真理、实事求是、勇于探索与实践的科学精神。

 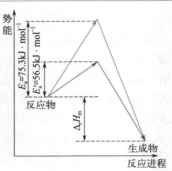

引入微量热计，介绍其主要作用，提起学生的科研兴趣。

【总结】结论2：催化剂改变了反应历程，降低了反应的活化能，从而改变化学反应速率。

结论3：催化剂同等地改变了正逆反应的化学反应速率，不改变反应的焓变和方向，不影响化学平衡。

在任务驱动下，运用对比和归纳等方法得到结论，提升自身高阶思维，以及不断获得成就感，从而培养学生的辩证思维与探究能力以及自学能力。

【任务三】从宏观的角度去看催化剂对速率的影响

七步曲可简化为三步曲，即首先吸附、其次为反应、最后为脱附。

探索新知

$$N_2+3H_2 \xrightarrow[\text{催化剂}]{\text{高温高压}} 2NH_3$$

可简化为"三步曲"——"吸附、反应、脱附"

以气相反应固体催化剂为例，形象地阐述催化剂的作用过程，加深记忆。

【讲解】催化剂的特点及工业催化剂的组成

1.高效性

$$2N_2O(g) === 2N_2(g)+O_2(g)$$

未加催化剂时的活化能　$E_a=245kJ/mol$

加入催化剂后的活化能　$E_a'=121kJ/mol$

使用催化剂后的反应速率提高了$5.4×10^8$倍

2.专一性

一个反应的催化剂对于另一个反应可能完全没有活性。

3.选择性

同一反应，选择不同的催化剂可以得到不同的产物。

引发学生思索如何为目标反应找到恰当的"雷锋同志"，指向能力目标，培养明辨是非的科学思辨能力。

$$C_2H_4 \begin{cases} \xrightarrow{PbCl_2\text{-}CuCl_2} CH_3CHO \\ \xrightarrow{Ag} \overset{O}{H_2C\!-\!CH_2} \end{cases}$$

催化剂在不同催化体系中的不同作用，体现了偶然中包含了必然性。引导学

| 探索新知 | 【延伸】
　　1.以国能宁夏煤业集团"煤间接液化"项目中"费托合成"工艺中用到的"沉淀铁"催化剂为例，介绍工业实际应用的催化剂的组成——主催化剂、助催化剂和载体等多组分的协同作用才能实现最好的使用效果。

　　2.以磺化硅胶为例，介绍宁夏大学化学化工学院在固体酸催化剂方面的研究进展，并介绍固体酸催化剂的制备策略及优点。

　　O_2Si-OH ＋ $ClSO_3H$ ⟶ $O_2Si-OSO_3H$ ＋ $HCl\uparrow$

　　3.介绍张涛院士、李亚栋院士等在国际上首次提出的"单原子催化"概念和大量开拓性的研究，及其在多相催化领域引领的研究热潮，激发学生的民族自信心和自豪感，促进学生见贤思齐，在未来的学习和工作中，埋头苦干、敢为人先、勇攀高峰。另外也要理解单原子催化剂并非放之四海而皆准，其使用范围和未来产业化的可行性受目标反应类型和催化剂稳定性等诸多问题的局限。并充分了解催化科学对新材料、新技术的现实需求与发展方向，认识"催化"在"碳达峰""碳中和"战略背景下，开发新能源、新材料过程中的关键作用和重要地位。 | 生用唯物辩证法的观点来解释问题，培养学生树立科学的世界观。

　　使学生充分认识到主催化剂、助催化剂和载体等多组分的"集体主义精神"和"团队意识"在各项工作中的重要性。

　　以学生身边的科研工作实例激发学生的学习兴趣，培养学生勇于探索的科学精神。

　　通过对催化历史和有关理论及技术建立过程的讲解，了解前辈们在催化发展过程中如何思考，如何克服所遇到的障碍，解决人类社会发展过程中遇到的科学难题，将勇于探究、自强不息、锐意进取的改革创新、科学精神等思政元素融入教学环节中，实现"立德树人"目标。 |

小结	【小结】影响化学反应速率的第四个因素为催化剂 　　（1）催化剂：能改变化学反应速率，但在反应前后其质量和化学性质基本不变的物质。 　　（2）催化剂对化学反应速率的影响：催化剂的加入改变了反应历程，降低了活化能。催化剂同等地改变正逆反应的化学反应速率，不改变反应焓变和方向，不影响化学平衡。 　　（3）催化剂的特点：高效性、专一性、选择性。 　　告知学生更多的有关工业催化剂的知识会在大学三年级的"化工工艺学"等课程中讲到，激励学生继续学习的兴趣。	帮助学生对本节课所学知识进行回顾总结，使之思路清晰并有条理，培养学生对知识的总结归纳能力。
课后作业	【巩固提高】 　　请查阅文献，了解丁奎岭院士团队在 CO_2 催化转化方面取得的重大突破，实现了 CO_2 到"万能溶剂"N,N-二甲基甲酰胺（DMF）的工业转化，了解"碳达峰"和"碳中和"等国家战略。并谈谈这一重大突破过程的、主要内容。	激发学生勇于探究、开拓创新的科学态度，使学生认识到人类与自然的和谐共存以及绿色发展的重要性，培养学生融会贯通和综合分析能力，实现"立德树人"目标。
预习新课	【结束】预习可逆反应和化学平衡的内容，查阅资料，相互交流。	引出下节课堂学习内容，让学生做好准备。

八、教学特色及评价

　　本次教学设计主要采用案例教学法、任务驱动教学法。坚持以学生为主体，教师为主导，强调学生的学习过程以任务为推动，激发学生的学习兴趣与动力，通过回顾影响反应速率的其他因素，引出催化剂在反应过程中会不会变、催化剂是如何改变反应速率的、催化过程是什么样的等三个问题。在解决问题的过程中，逐渐认识催化剂的本质，形成学习认知结构，潜移默化地引入课程思政元素，进而完成整节课的设计。

　　教学设计通过图文并茂的形式引导学生发散思维。通过合作学习，不断探索创新，使课堂学习中学生具有主动权，教师进行整体把握。设计"以学定教"的新局面，让学生能够主动参与到活动中来。从学生高中耳熟能详的催化剂 MnO_2 入手，强化"催化剂对化学反应的重要性"。突出催化剂对反应速率的影响，最后强调催化剂的三大特点，并回答课堂开始时所提及的三个问题，形成首尾呼应，突出课堂的完整性，进一步加深催化剂对影响反应速率因素的影响。

　　在教学目标达成方面，通过微观、能量、宏观方面的三个角度深入分析催化剂对化学反

应速率的影响；让学生能从多角度认识催化剂的作用机理及过程。将影响化学反应速率的外因与科研实验以及工业实际相结合，使学生在学习过程中感觉到所学知识有用武之地，激励学生的学习乐趣，从而改变以往基础课过于注重原理和理论，而轻视与生活实际案例中的联系的现象，使学生真正学以致用，加强化学知识与社会实际的关联，增强学生学习的积极性和主动性，从而达到良好的教学效果。

学生课后积极反馈"这些拓展内容改变了之前觉得化学行业进入夕阳期，前景渺茫的想法，对我们将来的事业规划很有启发"，达到了培养学生追求真理、实事求是、勇于探究与实践的科学精神，提升学生团队精神和开拓创新意识的目的。

九、思维导图

本节课的思维导图如图4-4所示。

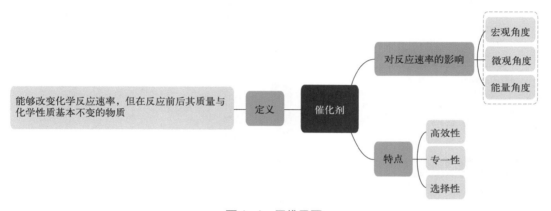

图4-4　思维导图

十、教学课件

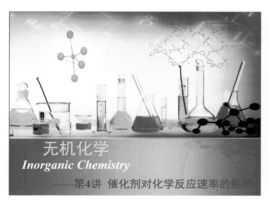

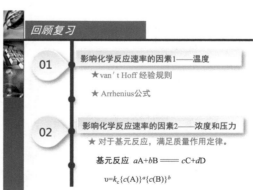

影响化学反应速率的因素——催化剂

高中学过的催化剂

MnO₂

其貌不扬！

V₂O₅

作用非凡！

一. 催化剂的定义

能改变化学反应速率，但在反应前后其质量和化学性质基本不变的物质。

改变 { 加快速率（正催化剂）

减慢速率（负催化剂）

1. 催化剂在反应过程中会不会变？

2. 催化剂是如何改变反应速率的？ — 重点

3. 催化过程是什么样的？

二. 催化剂影响速率的原因

1.从微观的角度看

$2H_2O_2 == 2H_2O+O_2$ 反应速率较慢

$2H_2O_2 \xrightarrow{I^-} 2H_2O + O_2$ 反应速率加快！

$H_2O_2 + I^- == H_2O + IO^-$ 反应速率较快！

$IO^- + H_2O_2 == H_2O + O_2 + I^-$ 反应速率较快！

总反应 $2H_2O_2 \xrightarrow{I^-} 2H_2O+O_2$ 反应速率较快！

> 结论1：绝大多数催化剂参与了化学反应过程，只是在反应结束时又复原了！

2. 从能量的角度看

2. 从能量的角度看

反应：$2SO_2 + O_2 == 2SO_3$

☐ 无催化剂时，$E_a = 251\ kJ·mol^{-1}$

☐ Pt催化时，$E_a' = 63\ kJ·mol^{-1}$

合成氨反应 $N_2 + 3H_2 == 2NH_3$

☐ 无催化剂时，$E_a = 326.4\ kJ·mol^{-1}$

☐ Fe催化时，$E_a' = 176\ kJ·mol^{-1}$

3. 从宏观的角度看（了解）

$$N_2 + 3H_2 \xrightarrow[催化剂]{高温高压} 2NH_3$$

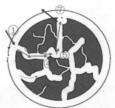

可简化为"三步曲"——"吸附、反应、脱附"

催化剂的特点

$2N_2O(g) \xrightarrow{Au} 2N_2(g) + O_2(g)$

使用催化剂后的反应速率提高了$5.4×10^8$倍

特点 {

高效性！

专一性！ $KClO_3(s) \xrightarrow{Au}$ ✗

选择性！

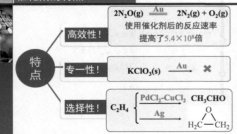

延伸

工业催化剂的组成

➢ 主催化剂

➢ 助催化剂

➢ 载体

举 例

"费托合成"工艺中用到的"沉淀铁"催化剂。

➢ 主催化剂为Fe_2O_3

➢ 助催化剂为K_2O和CuO

➢ 载体为SiO_2

十一、课程资源

［1］李冰.《无机化学》［M］.北京：化学工业出版社，2021.

［2］天津大学无机化学教研室.无机化学［M］.北京：高等教育出版社，2010.

［3］宋天佑.简明无机化学［M］.北京：高等教育出版社，2013.

［4］周祖新.无机化学［M］.北京：化学工业出版社，2013.

［5］李冰.一类新型固体酸催化剂的制备及其催化合成酚类烷基化反应的研究［D］.银川：宁夏大学，2008.

［6］刘万毅.绿色有机化学合成方法及其应用［M］.银川：宁夏人民出版社，2004.

［7］黄仲九，房鼎业.化工工艺学［M］.北京：高等教育出版社，2005.

［8］高胜利.热分析动力学［M］.北京：科学出版社，2008.

［9］Li Bing，Chen Sanping，Gao Shengli. Synthesis，crystal structure and thermodynamics of an energetic complex Co(2,3′-bpt)$_3$・H$_2$O［J］. Journal of Chemical & Engineering Data, 2011, 56(7): 3043-3046.

［10］孙磊，郑长龙.基于尺度视角下的"催化剂"拓展课教学［J］.化学教育（中英文），2020，41(5): 17-25.

［11］黄现强，刘森，张棣，等.综合创新设计实验："均相反应、异相回收"［PIMPS］H$_2$PW$_{12}$O$_{40}$双功能催化剂在酯化、氧化反应中的应用［J］.化学教育（中英文），2022，43(12): 50-55.

［12］http：//www.icourses.cn/sCourse/course_3396.html. 吉林大学《无机化学》精品在线课程网.

［13］何万林，黄萍，娄珀瑜，等.基于情境相似性原理的化学反应速率教学研究［J］.化学教育（中英文），2020，41(13): 84-90.

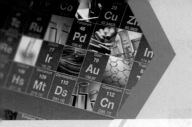

第5讲　酸碱质子理论

一、课程及章节名称　

课程名称	无机化学	适用专业	化学工程与工艺、应用化学、材料化学、制药工程等专业	年级	大学一年级
教材及章节： 　　李冰主编《无机化学》，化学工业出版社2021年出版。选自第4章酸碱解离平衡中4.1酸碱的多种定义。					

二、教学目标　

1.　知识目标

（1）掌握酸碱电离理论及布朗斯特酸碱质子理论；

（2）了解酸碱电子理论；

（3）理解酸碱反应本质。

2.　能力目标

（1）提升学生对酸碱定义的认知广度，使学生明白站在不同的角度分析问题会得到不同的答案，培养学生的大局观；

（2）引导学生了解酸碱电离理论的局限性，培养学生分析问题、解决问题的综合能力；

（3）培养学生观察判断共轭酸碱对的能力，能够做到对共轭关系进行细致区分。

3.　素养目标

（1）学会从化学视角去观察生活、生产和社会中有关酸碱物质的问题；

（2）列举实际生活中常见的酸碱溶液的共轭关系，使学生能直观地感到化学知识的用途，做到学以致用，提高学生的社会责任感。

4.　思政育人目标

（1）通过客观事实证明酸碱电离理论的局限性和共轭酸碱理论在某些方面的优越性，树立实事求是的唯物主义观点，辩证地去看待问题的同时，鼓励学生积极探索，不断创新，培

养严谨的科学思维。

（2）通过介绍阿仑尼乌斯等科学家的生平，培养学生的探究精神，增强学生的责任意识和使命担当。

三、教学思想

在教学中，突出以学生为主体的教学思想，充分发挥学生的主观能动性和积极性，培养学生发现问题和提出问题的能力，使学生能就问题提出合理的猜想与假设；并通过观察、论证等方法来收集证据；通过比较、分类、归纳、概括等方法进行教学，教会学生利用这些方法对实验事实和获得的证据进行加工整理进而得出结论，指导学生对学习过程的各个方面进行有意义的反思评价，取长补短。

四、教学分析

1. 教材结构分析

本节课内容选自第4章"酸碱解离平衡"第1节"酸碱的多种定义"。鉴于酸碱电离理论的局限性，引出本节课重点阐述的内容——酸碱质子理论，将前面所学定性知识融汇贯通，拓展并延伸了酸碱理论的应用。进一步引导学生发现酸碱质子理论的不足，再引申出电子理论，扩大知识面。

具体教材结构如图5-1所示。

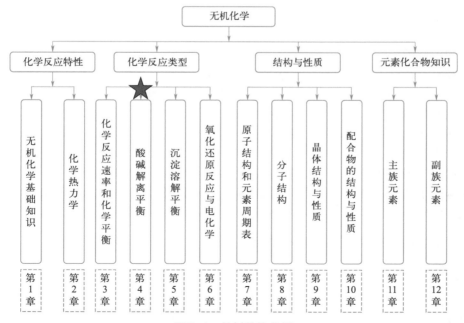

图5-1　教材结构分析

2. 内容分析

本节课教学对象是大一化学专业的本科生。教学内容从阿仑尼乌斯酸碱电离理论入手，在学生对酸碱电离理论有着定性认识的基础上，拓展并延伸出酸碱质子理论。借助 NH_3 显碱性，$NaHCO_3$ 溶液显碱性的分析，从认识、探究、解读和巩固等方面使学生明白酸碱电离理论的局限性，并进一步提升对酸碱质子理论的认知和掌握。将知识点扩大到电子理论，鼓励学生发现新的规律。

本节内容分析如图 5-2 所示。

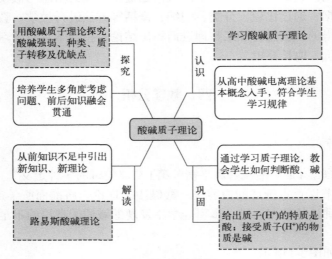

图5-2　内容分析

3. 学情分析

（1）知识基础

学生在高中时已定性地掌握了化学平衡的概念及阿仑尼乌斯酸碱电离理论，这为本节课的探究奠定了一定的知识基础。但学生还未掌握如何通过酸碱理论解释盐类等水溶液的酸碱性问题，以及如何解释非水溶剂和气相中进行的酸碱反应。通过本节课的学习，扩大学生对酸碱的认知，深化学生对酸碱的认识。

（2）能力基础

学生已经学习了阿仑尼乌斯酸碱理论，能够运用酸碱质子理论解决简单的问题，但在修正解离平衡的表达方式、完善化学平衡常数的使用并分析水溶液中的微粒组成等方面的能力有所欠缺。因此，通过本节课的学习，培养学生解决问题的思路和系统的思维能力。

4. 重点难点（包括突出重点、突破难点的方法）

教学重点

（1）理解酸碱质子理论是对酸碱电离理论的补充，以及酸碱质子理论存在的合理性

在讲授过程中，借助化学方程式的分解，使学生明白酸碱电离理论的局限性，并通过对比说明酸碱质子理论存在的合理性。

（2）理解酸碱在非水溶液或气体间的反应，摆脱酸碱必须在水中发生的局限性

通过实际案例扩大了酸碱的定义及酸碱反应的范围，解决了非水溶液或气体间的酸碱反应，并把在水溶液中进行的解离、中和、水解等类反应概括为一类反应，即质子传递式的酸碱反应。

教学难点

（1）通过物质变化的现象抓住本质进行抽象思维去理解酸、碱的定义；在讲授过程中，通过宏观与微观相结合、表象与本质相结合的方式对酸碱的本质进行理解。

（2）运用概念同化策略进行教学，帮助学生在原有阿仑尼乌斯酸碱理论的基础上，建构更多酸碱理论知识结构。

在原有概念的基础上，通过实际案例发现原有概念的不全面性，进而进行补充理解，建构更加完善的酸碱理论知识结构。

五、教学方法和策略

1. 案例教学法

整节课的教学都始终围绕着案例展开，通过对不同案例进行讲解与讨论，并借助化学方程式的分解，使学生明白酸碱电离理论的局限性，对比说明酸碱质子理论存在的合理性，从而引出新知识，展开新内容的学习。学生的思维也在潜移默化中得到不断的锻炼与提升，帮助学生更好地理解新知识。

2. 启发式教学法

在教学过程中，结合实际情况，设置问题，启迪思维，通过回顾阿仑尼乌斯酸碱电离理论，延伸出酸碱质子理论，调动学生的情绪、注意力和兴趣，激发学生的主观能动性。

六、教学设计思路

教学设计首先从生活实例（厨房中的酸与碱）引出酸和碱，以此激发学生学习的兴趣。在学生对酸碱电离理论有着定性认识的基础上，延伸出酸碱质子理论，引出新知识，展开新内容的学习。借助化学方程式的分解，使学生明白酸碱电离理论的局限性，并对比说明酸碱质子理论存在的合理性，从而使学生的思维在潜移默化中得到不断的锻炼与提升，帮助学生更好地理解新知识。其次，注重案例分析，举一反三。通过层层递进的案例讲解，提出五个关键点，深入浅出地分析酸碱质子理论的酸碱定义、酸碱共轭关系以及酸碱反应的实质，进而有效提升学生对酸碱质子理论的认知和掌握。通过辩证地看待问题，提出酸碱质子理论的优点及不足之处，并由此引申出"路易斯酸碱理论"的知识点，为后续课程的讲授埋下伏笔。同时始终以学生为主体，充分调动学生的积极性，面对问题对学生进行循序渐进的启发，让学生跟随教师的思路一步一步进行自主探究，培养学生分析问题及解决问题的能力。总设计思路见图5-3。

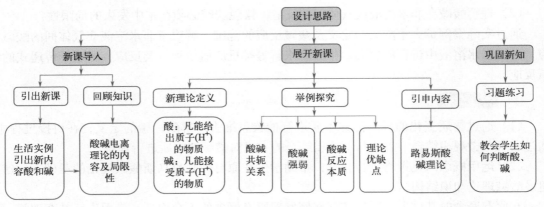

图5-3　设计思路图

七、教学安排

教学环节	教师活动/学生活动设计	设计意图
回顾旧知导入新课	【导入新课】上一章已经学习了化学平衡，了解了化学平衡的基本性质及计算。接下来需要学习化学平衡在酸碱水溶液中的应用，也就是——酸碱平衡。 【设问】什么是酸碱平衡呢？ 【回顾】回顾高中时学过的阿仑尼乌斯酸碱电离理论。 【引申】1884年阿仑尼乌斯以"电解质的导电性研究"论文申请博士，答辩后被评为有保留通过的四等，这几乎使他失去留校担任乌普萨拉大学讲师的资格。只有德国著名物理化学家奥斯特瓦尔德慧眼独识，支持他的观点，亲自到乌普萨拉请他到德国里加大学任副教授，这才使乌普萨拉当局同意聘他为该校讲师。 阿仑尼乌斯 【展示】酸碱电离理论 凡是在水溶液中产生H^+的物质叫作酸，在水溶液中产生OH^-的物质叫作碱。 酸碱中和反应就是H^+和OH^-结合生成中性水分子的过程。 【设问】酸碱电离理论在实际应用中是否有局限性呢？ 【举例】酸碱电离理论在实际应用中的局限。 1.不能直接解释NH_3、Na_2CO_3、NaH_2PO_4等水溶液的酸碱性问题； 2.将酸、碱及酸碱反应限制在水溶剂体系中，对在非水溶剂和气相中进行的某些反应不能做出解释。	由化学平衡知识引出酸碱平衡的概念，激发学生思考的欲望，并回顾高中知识，达到巩固作用。 由阿仑尼乌斯曲折的科研经历说明科学进步的不容易。 设问引起学生的思考。

回顾旧知导入新课	【过渡】引导学生思考还有没有别的办法定义酸碱，引出本节课重点讲授的内容——酸碱质子理论。 【板书】酸碱质子理论 【讲授】借助化学方程式的分解，使学生明白酸碱电离理论的局限性，并对比说明酸碱质子理论存在的合理性。	应用回顾旧知识法提出问题，激发学生思考，引出新课。
探索新知	【讲授】介绍酸碱质子理论，重新定义酸碱概念 【课件演示】 【讲解并举例】 1.酸：凡能给出质子(H^+)的物质：如HCl、NH_4^+等； 2.碱：凡能接受质子(H^+)的物质：如NH_3、PO_4^{3-}等； 3.两性物质：既能给出质子又能接受质子的物质，如：HPO_4^{2-}、$H_2PO_4^-$、H_2O、NH_4Ac等。 【小结】 关键点1：酸或碱可以是正离子或负离子，也可以是中性分子。 关键点2：酸碱质子理论中没有盐的概念。 【讲授】探究酸碱共轭关系，引出共轭酸及共轭碱的新概念、新知识 【实例分析】 例：HCl ＋ NH_3 ═══ Cl^- ＋ NH_4^+ 　　酸1　　碱2　　　碱1　　酸2 其中1、2表示不同的共轭酸碱对 【小结】 关键点3：共轭酸碱对之间仅差一个质子。 【讲授】进一步举例说明共轭酸碱对之间的对应关系，加深并巩固学生对关键点3的理解和掌握。 【提问】对于不同类型的共轭酸碱对，其强弱如何判定呢？	通过举例说明重新定义酸碱的概念，提升学生对酸碱定义的广度认知，帮助学生树立实践是检验真理的唯一标准的认知。 强调重点，便于学生熟记并掌握。 通过举例说明共轭酸及共轭碱的概念及其对应关系，进一步加深学生对共轭酸碱的认识。 通过实例加深学生对酸碱概念的理解及对共轭酸碱对的认知。

探索新知	【讲授】深化酸碱质子理论，提出酸碱强弱的判定依据 判定依据：容易放出质子（H^+）的物质是强酸，而该物质放出质子后就不容易形成碱，同质子结合能力弱，因而是弱碱。 【小结】 关键点4：酸越强，其共轭碱越弱！ 　　　　　碱越强，其共轭酸越弱！ 【讲授】探究酸碱反应的实质，提出"质子的转移"的重要理论 【课件演示＋讲述】 　　　　　　　　　　H^+ 例：HCl　＋　NH_3 ＝＝ Cl^-＋NH_4^+ 　　酸1　　　碱2　　　酸1　酸2 【小结】 关键点5：酸碱反应的实质是质子在两个共轭酸碱对之间的转移。 【设问】"质子的转移"一般都涵盖了哪些酸碱反应的类型呢？ 【举例分析】 $HAc+H_2O$＝＝＝$H_3O^++Ac^-$　　　解离 $H_3O^++OH^-$＝＝＝H_2O+H_2O　　　中和 H_2O+Ac^-＝＝＝OH^-+HAc　　　水解 $NH_4^++2H_2O$＝＝＝$NH_3·H_2O+H_3O^+$　水解 酸1　碱2　　　碱1　　　酸2 【小结】电解质的解离反应、中和反应、盐的水解反应及水的质子自递反应等实质都是质子传递的酸碱反应。 【引发思考】酸碱质子理论的优点及不足之处。 【讲授及总结】 优点： 1.扩大了酸碱的定义及酸碱反应的范围； 2.摆脱了酸碱必须发生在水中的局限性。 不足之处： 1.质子理论只限于H^+的放出和接受，所以必须含有氢。 2.不能解释不含氢的一类化合物的反应。 【知识点延伸】 **路易斯酸碱理论**	引导学生深入学习酸碱强弱的判定依据及酸碱反应的实质，提出关键点4和关键点5，进一步强化学生对酸碱质子理论的理解和掌握，培养学生正确的物质观。 教会学生如何辩证地看待问题，提出酸碱质子理论的优点及不足之处，进而延伸出路易斯酸碱理论的新知识点，为后续讲授埋下伏笔。

探索新知	酸：凡是能接受电子对的物质 碱：凡是能给出电子对的物质 酸碱反应的实质是碱提供电子对与酸形成配位键。	拓展新知识，引起学生的好奇心。
小结	【小结】本节主要讲解了酸碱的定义、酸碱的共轭关系以及酸碱反应的实质。	帮助学生对所学知识进行加工处理，使之结构化，条理化，培养学生对知识的归纳总结能力。
课堂练习	【习题练习】 　1.按质子理论，Na_2HPO_4 是（　　）。 　A.两性物质　　　　　　　B.酸性物质 　C.碱性物质　　　　　　　D.中性物质 　2.下列物质不能起到酸的作用是（　　）。 　A.HSO_4^-　　　B.NH_4^+　　　　C.H_2O　　　　D.CO_3^{2-} 　3.下列物质既可作酸又可以做碱的是（　　）。 　A.H_2O　　　　B.Ac^-　　　　C.H_2CO_3　　　D. CO_3^{2-} 　4.在 H_3PO_4 溶液的几组相对应的有关分组中，是共轭酸碱对的是（　　）。 　A.H_3PO_4-HPO_4^{2-}　　　　　　B.$H_2PO_4^-$-HPO_4^{2-} 　C.$H_2PO_4^-$-PO_4^{3-}　　　　　　D.H_3PO_4-PO_4^{3-} 【巩固提高】 　独立完成课后习题，利用所学知识，谈谈酸碱理论在科研和工业上的应用。 　1. 取 100g $NaAc \cdot 3H_2O$ 加入 13mL 6.0mol $\cdot$ L^{-1} HAc 溶液，然后用水稀释至 1.0L，此缓冲溶液的 pH 值变化为多少？若此时向溶液中通入 0.10mol HCl 气体，忽略体积变化，求溶液的 pH 值的变化。 　2. 某一元弱酸 HA 的浓度为 0.01mol $\cdot$ L^{-1},在常温下测得其 pH 值为 4.0，求其解离常数和解离度。	通过练习，巩固所学知识。 培养学生融会贯通和综合分析能力。
预习新课	【结束】下一节将讲授解离平衡和解离常数，请预习教材相关内容，查阅资料，相互交流。	引出下节课堂学习内容，让学生做好准备。

八、教学特色及评价

本设计采用案例教学法及启发式教学法。通过对不同案例进行讲解与讨论，将更多的时间留给学生自主讨论和分析案例，通过回顾化学平衡的知识及阿仑尼乌斯酸碱电离理论，延伸出酸碱质子理论，使学生不断受到启发，重新定义酸碱概念，循序渐进，从而起到促进理论知识学习与行为能力训练的双重效果。

引出新知识，展开新内容的学习。在课堂文化维度方面，本教学设计从生活实例引出酸和碱的新定义，以此激发学生学习酸碱知识的兴趣。在学生对酸碱电离理论有着定性认识的基础上，延伸出酸碱质子理论。借助化学方程式的分解，使学生明白酸碱电离理论的局限性，并对比说明酸碱质子理论存在的合理性，从而使学生的思维也在潜移默化中得到不断锻炼与提升，帮助学生更好地理解新知识。本节课程注重案例分析，举一反三。通过层层递进的讲解，提出五个关键点，深入浅出地分析了酸碱质子理论的酸碱定义、酸碱共轭关系以及酸碱反应的实质，进而有效提升学生对酸碱质子理论的认知和掌握。通过辩证地看待问题，提出酸碱质子理论的优点及不足之处，并由此引申出"路易斯酸碱理论"的新知识点，为后续讲授埋下伏笔。

在教学目标达成方面，通过案例分析对酸碱质子理论进行深入浅出的讲解，以学生为主体，充分调动学生的积极性，对学生进行循序渐进的启发，让学生跟随教师的思路一步一步进行自主探究，让学生的思维能力更加连续，成为教学的主体参与者，培养学生分析问题及解决问题的综合能力。

九、思维导图

思维导图见图5-4。

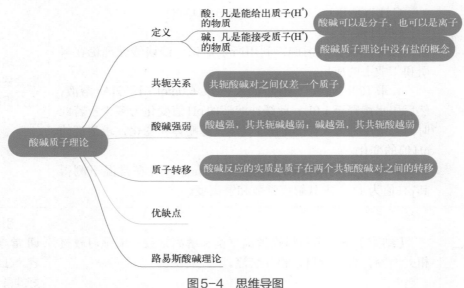

图5-4 思维导图

十、教学课件

无机化学
Inorganic Chemistry
——第5讲　酸碱质子理论

酸碱质子理论

食醋

熟石灰

什么是酸？什么是碱？

酸碱理论的发展

| [瑞典] 阿仑尼乌斯 **酸碱电离理论** | [美国] 路易斯 **酸碱电子对理论** |

1884　1923　1923　1963

☆ [丹麦] 布朗斯特 **酸碱质子理论**　　[美国] 皮尔逊 **软硬酸碱理论**

酸碱电离理论	酸	水溶液中产生的阳离子全部都是H^+
	碱	水溶液中产生的阴离子全部都是OH^-
	酸碱反应	$H^+ + OH^- \Longrightarrow H_2O$

- 局限性
- 1.不能解释$NaHCO_3$、NaH_2PO_4等水溶液的酸碱性问题；
- 2.不能解释非水溶剂和气相中（如NH_3）进行的反应。

酸碱质子理论

1.酸碱的定义

➤ **酸**　凡能给出质子(H^+)的物质
➤ **碱**　凡能接受质子(H^+)的物质

碱　Cl^-　Ac^-　NH_3

HCl　HAc　NH_4^+　酸　H^+

酸碱举例

关键点1：酸碱可以是分子，也可以是离子。

| 酸 | 两性物质 | 碱 |
| 如：H_2O、NH_3、HCO_3^-、$H_2PO_4^-$、H_2CO_3、HCl、NH_4^+ | 既能给出质子，又能接受质子的分子或离子 | 如：H_2O、NH_3、HCO_3^-、$H_2PO_4^-$、CO_3^{2-}、Cl^-、OH^- |

$NH_3 + H^+ \Longrightarrow NH_4^+$　　　$NH_3(l) \Longrightarrow NH_2^-(l) + H^+(l)$

关键点2：酸碱质子理论中没有盐的概念

2.酸碱共轭关系

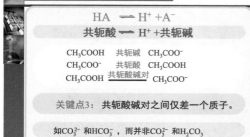

$$HA \Longrightarrow H^+ + A^-$$
$$共轭酸 \Longrightarrow H^+ + 共轭碱$$

CH_3COOH　共轭碱　CH_3COO^-
CH_3COO^-　共轭酸　CH_3COOH
CH_3COOH　共轭酸碱对　CH_3COO^-

关键点3：共轭酸碱对之间仅差一个质子。

如CO_3^{2-}和HCO_3^-，而并非CO_3^{2-}和H_2CO_3

举例

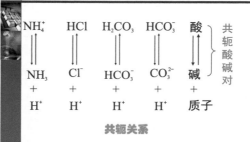

NH_4^+	HCl	H_2CO_3	HCO_3^-	酸	共轭酸碱对
$\Updownarrow$	$\Updownarrow$	$\Updownarrow$	$\Updownarrow$	$\Updownarrow$	
NH_3	Cl^-	HCO_3^-	CO_3^{2-}	碱	
+	+	+	+	+	
H^+	H^+	H^+	H^+	质子	

共轭关系

3.酸碱的强弱

$$共轭酸 \Longrightarrow H^+ + 共轭碱$$

容易放出质子（H^+）的物质是强酸，
而该物质放出质子后就不容易形成碱，
同质子结合能力弱，因而是弱碱。

关键点4：酸越强，其共轭碱越弱！
碱越强，其共轭酸越弱！

4.酸碱反应—质子的转移

关键点5：酸碱反应的实质是质子在
两个共轭酸碱对之间的转移。

例：$\underset{酸1}{HCl} + \underset{碱2}{NH_3} \Longrightarrow \underset{碱1}{Cl^-} + \underset{酸2}{NH_4^+}$

4.酸碱反应—— 质子的转移

酸碱电离，酸碱中和，盐的水解，都
可以归结为"质子传递反应"。

$$HAc + H_2O \Longrightarrow H_3O^+ + Ac^- \quad 电离$$
$$H_3O^+ + OH^- \Longrightarrow H_2O + H_2O \quad 中和$$
$$H_2O + Ac^- \Longrightarrow OH^- + HAc \quad 水解$$
$$NH_4^+ + 2H_2O \Longrightarrow NH_3 \cdot H_2O + H_3O^+ \quad 水解$$

酸1　碱2　　　　碱1　　　酸2

5.酸碱质子理论的优缺点

优点：
1.扩大了酸碱的定义及酸碱反应的范围。
2.摆脱了酸碱必须发生在水中的局限性。

不足之处：
1.质子理论只限于H^+的放出和接受，所以必须含有氢。
2.不能解释不含氢的一类化合物的反应。

延 伸

路易斯酸碱理论

酸	凡能接受电子对的物质
碱	凡能给出电子对的物质
酸碱反应	碱提供电子对与酸形成配位键

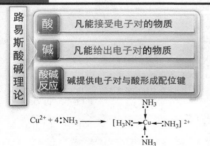

$$Cu^{2+} + 4:NH_3 \longrightarrow [H_3N \!:\! Cu \!\leftarrow\! NH_3]^{2+}$$

小 结

酸碱的定义 —— 酸碱共轭关系 —— 酸碱反应的实质

$$HA \Longrightarrow H^+ + A^-$$

⊕ 质子的转移
@ 共轭酸碱对之间仅差一个质子

练习题

1. 按质子理论，Na_2HPO_4是（　）。
(A)两性物质 (B)酸性物质 (C)碱性物质 (D)中性物质

2. 下列物质不能起酸的作用的是（　）。
(A) HSO_4^- (B) NH_4^+ (C) H_2O (D) CO_3^{2-}

3. 下列物质既可作酸又可作碱的是（　）。
(A) H_2O 　　(B) Ac^- 　　(C) H_2CO_3 　(D) CO_3^{2-}

4. 在H_3PO_4溶液的几组相对应的有关组分中，是共轭酸碱对的是（　）。
(A) $H_3PO_4-HPO_4^{2-}$ (B) $H_3PO_4-HPO_4^-$
(C) $H_2PO_4^--PO_4^{3-}$ (D) $H_3PO_4-PO_4^{3-}$

谢谢！

十一、课程资源

［1］李冰 . 无机化学［M］. 北京：化学工业出版社，2021.

［2］方高飞 . 教材做加法，学业做减法——以酸碱质子理论视角下盐类水解的教学设计为例［J］. 化学教育，2016, 37(3): 30-33.

［3］宋天佑 . 简明无机化学［M］. 北京：高等教育出版社，2013.

［4］周祖新 . 无机化学［M］. 北京：化学工业出版社，2013.

［5］王元兰 . 无机化学［M］. 北京：化学工业出版社，2011.

［6］杨帆，陈璐，姚建萍 . 以盐类水解为例谈大学与中学化学教学的衔接［J］. 化学教育，2013, 34(5): 44-46.

［7］韩晓霞，杨文远，倪刚 . 无机化学实验［M］. 天津：天津大学出版社，2017.

［8］金剑锋 . 基于酸碱质子理论厘清离子反应中的若干问题［J］. 化学教学，2020(10): 94-97.

［9］苏毅严，翟云会，段淑娥，等 . 概念同化策略在大学无机化学教学中的应用——以《酸碱质子理论》教学为例［J］. 广东化工，2016, 43(16): 225-226.

［10］http://www.icourses.cn/sCourse/course_3396.html. 吉林大学《无机化学》精品在线课程网 .

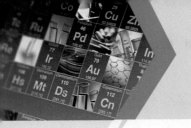

第6讲　缓冲溶液

一、课程及章节名称　

课程名称	无机化学	适用专业	化学工程与工艺、应用化学、材料化学、制药工程等专业	年级	大学一年级

教材及章节：
　　李冰主编《无机化学》，化学工业出版社2021年出版。选自第4章酸碱解离平衡中4.3.3缓冲溶液。

二、教学目标　

1.　知识目标

（1）掌握缓冲溶液的缓冲原理；
（2）理解缓冲容量的概念以及缓冲溶液的组成；
（3）掌握缓冲溶液pH的计算。

2.　能力目标

（1）通过分析缓冲作用、缓冲原理、缓冲溶液的组成、种类，缓冲的"限度"等（即缓冲容量）等问题，培养学生分析归纳的逻辑思维能力；
（2）掌握缓冲溶液在工业实际中的应用，培养学生理论联系实际的能力。

3.　素养目标

（1）通过对缓冲原理的探索与理解，培养学生对未知的事物保持科学态度的科学素养；
（2）结合缓冲溶液在工业、农业和临床医学方面的实际应用，使学生直观地感受所学化学与生活的密切联系，激发学生学习化学的兴趣，培养学生发现规律、总结规律、应用规律的创新精神。

4.　思政育人目标

（1）通过学习缓冲溶液中的缓冲原理及应用，结合钟南山院士和袁隆平院士的生平事迹，帮助学生深入学习正确的科学知识，培养科学严谨的态度和思维。

（2）通过学习缓冲对的组成和种类，帮助学生建立正确的物质观。有助于学生积极探索新知识，不断创新。同时，将本节知识与传统文化"太极"结合起来，有利于提升学生的文化自信，培养学生的责任意识。

三、教学思想

化学是以实验为基础的科学，离开了化学实验，一切的化学理论、原理就成了无本之木、无源之水。因此，在提出问题的基础上要引导学生学会设计实验，要利用化学实验进行探究，让学生学会通过观察等方法来收集证据，解决化学问题。教会学生通过比较、分类、归纳、概括等方法，对实验事实和获得的证据进行加工整理进而得出结论，指导学生对实验过程的各方面进行有意义的反思评价。

四、教学分析

1. 教材结构分析

本节课内容选自第 4 章"酸碱解离平衡"第 3 节"解离平衡的移动和影响因素"。在知识储备上，学生已掌握了酸碱反应的类型和溶液中平衡常数的计算，为本节课的探究奠定了一定的知识基础。但是学生还未对酸碱反应溶液体系中溶液的 pH 的变化现象有深刻的认识，因此，通过向不同的溶液体系中加酸或碱，来让同学理解缓冲溶液的缓冲原理，让学生从"限度"的层面诠释缓冲容量。将前面所学酸碱反应知识融汇贯通，综合分析缓冲溶液的组成类型以及缓冲溶液 pH 的计算，为后续沉淀溶解平衡等知识的学习奠定基础。

具体教材结构见图 6-1。

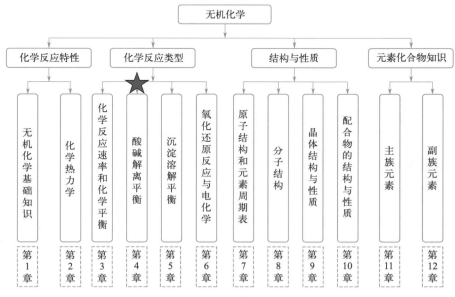

图 6-1 教材结构分析

2. 内容分析

本节课教学内容从实际的溶液体系入手，在学生通过对不同的溶液体系中加酸或碱的认识基础上，从认识、探究、限度和应用四个环节理解缓冲溶液的缓冲原理，从"限度"的层面诠释缓冲容量。结合无机化学实验相关内容掌握缓冲溶液pH值的计算。

本节内容分析如图6-2所示。

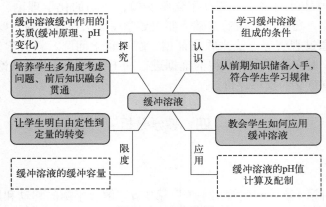

图6-2　内容分析

3. 学情分析

（1）知识基础

在知识储备上，学生已掌握了酸碱反应的类型和溶液中平衡常数的计算，但学生对缓冲溶液知识接触得较少，仅在无机化学实验"醋酸的解离度"中校对pH计时有所了解，同时，学生对这部分知识的理解不深，只停留在认识几个简单的缓冲对，但对具体的缓冲原理了解不够透彻，所以对缓冲原理的解释需要列举多个实际中的例子，以加深学生的理解。

（2）能力基础

学生在学习这部分知识之前，已经具有一定的分析问题、解决问题的能力，能多角度、动态地分析化学反应，关注物质的变化及动态平衡，进而总结特征和规律。但还未掌握如何定性、定量分析缓冲溶液中各组分对溶液体系缓冲作用的影响。因此，在进行这部分教学时，可以让学生自主分析$NH_3 \cdot H_2O$-NH_4Cl的缓冲原理，来进一步提高学生分析的问题的能力，促进学生对"变化观念与平衡思想"的学科素养的理解。

4. 重点难点（包括突出重点、突破难点的方法）

教学重点

（1）多角度理解缓冲溶液的缓冲原理

在讲授过程中，借助化学方程式的分解、图例，使学生能深入地从多方面理解缓冲溶液的作用原理。

（2）缓冲溶液pH的计算

缓冲溶液pH的计算方法与弱酸弱碱pH的计算类似，重点要注意加入共轭对的量，通过

实际计算使学生能理解缓冲溶液pH的计算和缓冲溶液的配制，让学生感到缓冲溶液的pH值计算和缓冲溶液的配制定量关系。

教学难点

（1）缓冲容量的概念

缓冲溶液并不能无限制的起到缓冲作用，其有一个饱和限度，和学生举运动员不能长时间保持一个速度的例子，说明缓冲溶液的限度，加深学生的理解。

（2）特定缓冲溶液的组成

若只需对H^+有抵消作用，只需加入弱碱或者弱酸盐作为对外加酸的缓冲剂。若只需对OH^-有抵消作用时，只需加入弱酸或者弱碱盐作为对外加碱的缓冲剂，不需要加共轭酸碱对，根据具体问题具体分析的方法进行教学。

五、教学方法和策略

1. 案例教学法

通过学生在生活中熟悉的钟南山院士、袁隆平院士有关的真实案例及后续课程中可能会应用到的知识点来激发学生学习缓冲溶液的兴趣。通过融合知识点对真实案例的讲解，达到对新知识的深度理解，同时提高解决问题的能力。同时在案例讲解过程中充分利用多媒体在图形、模型显示和表达方面的优势，使多媒体课件及板书和讲述有机地结合起来，使教学形式多样，方法灵活，达到更好的效果。

2. PBL（Problem-Based Learning）问题教学法

整节课的教学围绕着缓冲溶液的缓冲作用展开，通过对不同溶液体系进行讲解与讨论，并设置问题进行引导，引出缓冲溶液是如何起缓冲作用的（即缓冲原理）。设计中的问题包括突出缓冲溶液为什么会使溶液体系的pH保持相对稳定，什么样的溶液可以作为缓冲溶液，缓冲作用是无限的吗等，以此引出新知识，展开新内容的学习。学生的思维也在潜移默化中得到不断的训练与提升，帮助学生更好地理解新知识。

3. 归纳总结法

教学过程中以学生为主体，在教学中使学生有更多的参与，激发学生的主观能动性，并通过创造反思的环境，帮助学生形成新的认知结构。引导学生对所学知识进行加工处理，使之结构化、条理化，培养学生积极提出问题并逐步分析解决的能力，加深对所学知识的理解。

六、教学设计思路

教学设计首先回顾旧知，提出问题，然后逐步解决，归纳总结，得出结果。在定性认识的基础上，强化"量"的概念。结合《无机化学实验》的内容，阐述缓冲溶液的缓冲作用原

理。通过提出问题，引导学生逐步分析解决得出结论，最后归纳总结，进一步加深对缓冲作用影响因素的印象。另外，注重实例分析，举一反三，例如在不同溶液体系中理解如何保持溶液pH相对稳定，对学生进行循序渐进的启发，让学生跟随教师的思路一步一步进行自主探究。教学设计以学生为主体，充分调动学生的积极性。设计实例分析具体的实验，紧密联系实际，兼顾教材内容，拓宽视野。总设计思路见图6-3。

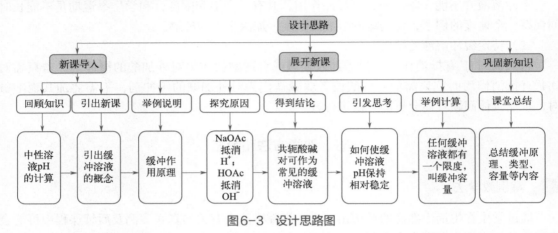

图6-3　设计思路图

七、教学安排

教学环节	教师活动/学生活动设计	设计意图
回顾旧知导入新课	【回顾旧知】回顾中性溶液pH的计算，引出缓冲溶液的概念。 【提出问题】"25℃时，纯水的pH是多少？"，引导学生快速进入状态。 【思考】学生进行思考、讨论。 【引导提问】继续加大难度，"1L纯水加入0.1mL 1mol·L^{-1} HCl溶液，pH变为多少？" 【回答】大多数学生会认为加入极少量的稀酸，pH变化不大。 【实验】回顾无机化学实验内容设计实验，当堂演示，利用pH计或pH试剂现场测量得出结论。 【讲解】给出答案"pH=4，ΔpH=3"。 "中性水溶液，加入少量的酸或碱，其pH会发生明显的变化。" 【设问】酶催化的反应对体系的酸碱度十分敏感，当pH发生较大变化时，催化剂酶就会失活，怎么办？ 【过渡】一旦反应物确定了以后，还有没有办法改变化学反应速率？	回顾旧知识，达到巩固作用。 提出问题，启发学生思考。 培养学生科学严谨的态度。 激发学生学习缓冲溶液的欲望。

回顾旧知 导入新课	【导入新课】以"太极"引出缓冲溶液的概念 　　传统文化"太极"里提到——"四两拨千斤，化敌于无形之中"，那么有没有一种溶液也能起到类似的作用呢？  　　【引出】缓冲溶液的概念："具有保持pH相对稳定作用的溶液。"	以太极引出缓冲溶液，便于理解。
探索新知	【实例】以HAc+NaAc混合液为例，说明其缓冲原理。 　　【分析】首先分析该混合液中大量存在的粒子，该体系中同时存在大量的Ac^-和HAc。 　　1. 当加入NaOH时 　　$HAc+NaOH \Longrightarrow NaAc+H_2O$　　NaAc显弱碱性，pH基本不变。 　　2. 当加入HCl时 　　$Ac^-+HCl \Longrightarrow HAc+Cl^-$　　HAc为弱酸性，pH基本不变。 　　【小结】缓冲机理：NaAc抵消H^+，HAc抵消OH^-。 　　【提问】还有哪些物质可以组成缓冲溶液？ 　　【自主分析】以$NH_3 \cdot H_2O$-NH_4Cl为例，让学生自行分析其缓冲原理，加深认识。 | 缓冲溶液	pK_i	pH值范围
HAc-NaAc	4.76	3.6~5.6
$NH_3 \cdot H_2O$-NH_4Cl	9.76	8.3~10.3
$NaHCO_3$-Na_2CO_3	10.33	9.2~11.0
KH_2PO_4-K_2HPO_4	7.20	5.9~8.0
H_3BO_3-$Na_2B_4O_7$	9.2	7.2~9.2 | 　　【结论】"共轭酸碱对"可作为常见的缓冲溶液。 　　【提问】给缓冲溶液体系加入大量的强酸或强碱，pH还能保持吗？ 　　【讲解】任何缓冲溶液都有一个限度，并不是无限缓冲的，这个限度就叫缓冲容量。 　　【举例】以生产和实验中的例子说明缓冲容量的存在，并引导理解物极必反的道理。 　　【提问】不同的缓冲溶液对应着不同的pH，该如何计算呢？	以学生熟悉的醋酸及醋酸钠混合液为例，以提高学生学习的积极性。 以多个缓冲溶液的实例，加深学生对缓冲原理的认识。引导学生分析得到缓冲溶液的组成，帮助学生形成正确的物质观。 提出缓冲容量的概念并对其进行解析。

探索新知	【讲解】计算缓冲溶液的pH 　　和弱酸弱碱的pH计算类似，先写出起始、变化和平衡时候的浓度，再根据平衡常数进行计算。 　　【提出/讨论问题】人体血液pH是如何稳定在7.35～7.45的？以抢答形式让学生讨论回答，理解人体血液的缓冲机制。 　　【精讲】如何计算缓冲溶液pH？如何衡量缓冲溶液的缓冲能力？如何配制缓冲溶液？ 　　结合新冠疫情，从代谢、呼吸角度对症下药，以纠正酸中毒。顺势引入共和国勋章获得者钟南山院士的事迹，坚定人民至上、生命至上的信念。 　　【启发】除了血液，还有哪些溶液具有缓冲能力？土壤的pH是多少？ pH为8.0～8.5的海水中能种出水稻吗？随即开展"袁隆平院士的梦想"小讨论，学习袁老的科学探索精神，树立"爱农、懂农"意识，激发学习热情。	通过钟南山院士和袁隆平院士的生平，在了解缓冲溶液在生产生活中应用的基础上，培养学生弘扬科学家精神，勇攀科学新高峰。
小结	【归纳总结】学生总结，老师补充 1 缓冲原理 2 缓冲组成 3 缓冲容量 4 缓冲计算 1.缓冲溶液的缓冲作用原理：HAc+NaAc混合液 NaAc 抵消H^+，HAc 抵消OH^- 共轭酸碱对可作为常见的缓冲溶液 2.缓冲溶液的组成 能抵消酸（H^+）的物质，如 Ac^-、$NH_3 \cdot H_2O$ 等 能抵消碱（OH^-）的物质，如 HAc、NH_4^+等 3.缓冲容量 　　任何缓冲溶液都有一个限度，并不是无限缓冲的，这个限度就叫缓冲容量。 4.缓冲溶液pH的计算	帮助学生对所学知识进行加工处理，使之结构化、条理化，培养学生对知识的归纳总结能力。
课堂练习	【巩固提高】 　　利用所学知识，独立完成如下练习题。 　　1.健康人血液的pH值为7.35~7.45。患某种疾病的人的血液pH值可以暂且降到5.90，此时血液中$c(H^+)$为正常状态的多少倍？	

课堂练习	2.欲配制pH值为3的缓冲溶液，已知下列物质的$K_a^{\ominus}$： （1）HCOOH；$K_a^{\ominus}=1.8 \times 10^{-4}$ （2）HAc；$K_a^{\ominus}=1.8 \times 10^{-5}$ （3）NH_4^+；$K_a^{\ominus}=5.7 \times 10^{-10}$ 选择哪一种弱酸及其共轭碱较为合适？	培养学生融会贯通和综合分析能力。
预习新课	【结束】下一节将讲授盐类的水解与水解常数，请预习教材相关内容，查阅资料，相互交流。	引出下节课堂学习内容，让学生做好准备。

八、教学特色及评价

本设计采用案例教学法、PBL法及归纳总结教学法。通过回顾溶液pH值的计算，引出缓冲溶液的概念，提出问题引发学生的疑问，并让学生带着这些疑问进行分析探究，最后逐步解决。解决问题中强调溶液的pH为什么会保持相对稳定？如何保持相对稳定？引出缓冲容量的概念，引出新知识，展开新内容的学习。在这些探究过程中循序渐进、由浅入深，突破重难点，达到对新知识的理解和掌握。

从实际问题入手，在学生对缓冲溶液的缓冲原理有一定认识的基础上，强化"度"的概念。结合《无机化学实验》内容，强化缓冲溶液的缓冲作用原理。通过提出具体的问题实例，引导学生逐步分析解决得出结论，最后归纳总结，进一步加深对缓冲作用的影响因素的记忆。

在教学目标达成方面，通过"定性"和"定量"的角度掌握缓冲溶液缓冲作用的原理；帮助学生理解掌握缓冲溶液的组成类型、缓冲容量及缓冲溶液的pH值计算。培养学生配制缓冲溶液，了解其应用理念，提高创新意识，获取化学学科知识，形成化学学科观念和学科思维，用化学思想解决实际问题，逐步提升学科核心素养，顺利达成教学目标。

九、思维导图

思维导图见图6-4。

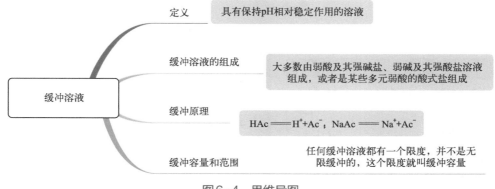

图6-4 思维导图

十、教学课件

无机化学
Inorganic Chemistry
——第6讲 缓冲溶液

酸碱反应和沉淀反应

1. 25℃时，纯水的pH是多少？
2. 1L纯水加入1mol·L⁻¹ HCl溶液0.1mL，pH变为多少？
3. pH=4　ΔpH=3
4. 中性水溶液，加入少量的酸或碱，其pH会发生明显的变化。
5. 酶催化的反应对体系的酸碱度十分敏感，当pH发生较大变化时，催化剂酶就会失活

怎么办？

缓冲溶液

传统文化"太极"里提到——
四两拨千斤

● 能不能有一种溶液也有这样的作用呢？
● 什么样的溶液才具有维持自身pH范围基本不变的作用呢？

缓冲溶液

| 缓冲溶液 | 具有保持pH相对稳定作用的溶液 |
| 缓冲作用 | 使溶液pH基本保持不变的作用 |

缓冲作用原理：HAc+NaAc混合液

• 该体系中同时存在大量的Ac⁻和HAc

1.当加入NaOH时

• HAc + NaOH ===== NaAc + H₂O
• NaAc为弱碱性，pH基本不变。

2.当加入HCl时

• Ac⁻ + HCl ===== HAc + Cl⁻
• HAc为弱酸性，pH基本不变。

NaAc 抵消 H⁺；HAc 抵消 OH⁻

NH₃·H₂O-NH₄Cl混合溶液

● 请同学们按照之前的分析方法说明其缓冲原理
● 什么样的溶液可以作为缓冲溶液呢？

HAc+NaAc　　　　　　NH₃·H₂O-NH₄Cl
弱酸+共轭碱　　　　　**弱碱+共轭酸**

结论：共轭酸碱对可作为常见的缓冲溶液。

常见缓冲溶液

缓冲溶液	pK_i	pH值范围
HAc-NaAc	4.76	3.6~5.6
NH₃·H₂O-NH₄Cl	9.76	8.3~10.3
NaHCO₃-Na₂CO₃	10.33	9.2~11.0
KH₂PO₄-K₂HPO₄	7.20	5.9~8.0
H₃BO₃-Na₂B₄O₇	9.2	7.2~9.2

讨　论

缓冲溶液一般都含有两种物质

1. 能抵消酸（H⁺）的物质，如Ac⁻、NH₃·H₂O等
2. 能抵消碱（OH⁻）的物质，如HAc、NH₄⁺等

若只需对H⁺有抵消作用，该怎么办？

若只需对OH⁻有抵消作用，该怎么办？

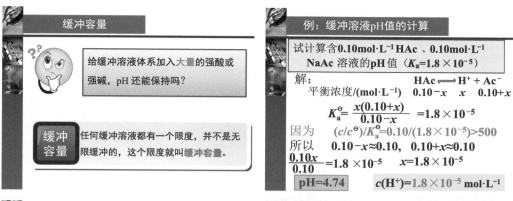

十一、课程资源

［1］李冰.无机化学［M］.北京：化学工业出版社，2021.

［2］宋天佑.简明无机化学［M］.北京：高等教育出版社，2013.

［3］周祖新.无机化学［M］.北京：化学工业出版社，2013.

［4］王元兰.无机化学［M］.北京：化学工业出版社，2011.

［5］方高飞.教材做加法 学业做减法——以酸碱质子理论视角下盐类水解的教学设计为例［J］.化学教育，2016, 37(3): 30-33.

［6］陈绯，王志有，陈林，等."缓冲溶液"课程微课教学模式应用与实践［J］.辽宁科技大学学报，2013, 36（3）: 255-258.

［7］叶明富，方超，徐红，等.关于酸碱缓冲溶液教学思考［J］.山东化工，2017, 46（4）: 124-125.

［8］http://www.icourses.cn/sCourse/course_3396.html. 吉林大学《无机化学》精品在线课程网.

［9］林亮，孙美华，经志俊.基于教学内容结构化的设计与实践——以"弱电解质的电离平衡"为例［J］.化学教学，2021(12): 36-42.

［10］王娜.后疫情时代大学生爱国主义的培育路径研究——基于历史记忆的视角［J］.华北理工大学学报(社会科学版), 2021, 21 (4): 65-69.

［11］周先进，史倩颖，刘艳军.袁隆平的科学家精神融入高校课程思政：价值与路径［J］.湖南农业大学学报(社会科学版), 2022, 23 (3): 100-105.

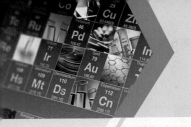

第7讲　盐类的水解及其计算

一、课程及章节名称

课程名称	无机化学	适用专业	化学工程与工艺、应用化学、材料化学、制药工程等专业	年级	大学一年级

教材及章节：
　　李冰主编《无机化学》，化学工业出版社2021年出版。选自第4章酸碱解离平衡中4.4盐类的水解及计算。

二、教学目标

1.　知识目标

（1）学会分析盐溶液的酸碱性，准确书写水解常数，掌握弱酸弱碱盐的酸碱性；

（2）了解分步水解及其特点；

（3）掌握盐溶液pH的近似计算以及盐类水解的应用。

2.　能力目标

（1）通过本节的学习，培养学生自主探究的能力和归纳、总结能力，养成科学严谨的求学态度；

（2）对盐类水解的理解，进一步掌握盐类水解的应用，培养理论在实际中应用的能力。

3.　素养目标

（1）通过盐类水解应用案例的解析，学生在学习多个平衡体系的过程中，发展系统思维，建立平衡观和微粒观；

（2）初步学习盐类水解，体会盐溶液的酸碱性，继而通过水解常数、水解度的计算学习盐类的水解程度，使学生学习的知识呈现螺旋上升式递进；

（3）通过pH值变化的宏观数据，从微观角度分析盐类水解的本质，提升学生宏观辨识与微观探析的素养。

4.　思政育人目标

（1）通过水解常数分析盐溶液的水解程度，引起学生对盐类水解产生更多思考，将所学

知识运用于实际生活中，培养学生正确的人生观、价值观和世界观，注重学生科学思维方法的训练，培养学生探索未知、追求真理、勇攀科学高峰的责任感和使命感；

（2）通过盐类的水解在生产生活中的广泛应用，激发学生利用化学知识解决实际问题的热情，树立推动社会进步的责任感，进而培养学生积极探索的科学精神以及学习化学的兴趣。

三、教学思想

贯彻"以学生为主体"的教学理念，教师不但要考虑教师主导作用的发挥，更要注重学生认知主体作用的体现，使他们能够在课堂教学过程中发挥积极性、主动性。教师要统筹整个教学过程，事先谋划好课堂教学，建立良好的师生关系，不仅要引导学生在课堂积极讨论，而且要坚持全员、全过程、全方位育人。做到教学过程清新、结构合理、方法恰当、内容适度，符合学生的心理规律和认知特点，课上教学方法恰当，以学生熟悉的强碱弱酸盐（醋酸钠溶液）、强酸弱碱盐（氯化铵溶液）为例进行讲解，并对其水解过程进行分析，得出溶液的酸碱性及盐类水解的概念，并通过计算水解常数来判断水解程度，通过计算得知水解常数与水的离子积及酸、碱解离常数之间的关系，有助于更好地帮助学生理解，然后对影响盐类水解的因素及盐类水解的应用进行讲解，整个教学过程条理清晰，设计合理，具有逻辑性，在教学中用实例进行讲解，不仅有助于教学，而且有利于提高教学效率。最后总结本节课所学内容，达到巩固的效果。

四、教学分析

1. 教材结构分析

本节课内容选自第4章"酸碱解离平衡"第4节"盐类的水解及计算"。在知识储备上，学生已认识盐类水解的定义、发生的条件和本质以及水解的定性规律，为本节课的探究奠定了一定的知识基础。本节课首先回顾盐溶液呈现酸碱性的原因，进而分析并通过水解常数定量衡量盐类水解的程度，再学习盐类水解的影响因素。最后通过相应内容的学习，讲述盐类水解的应用。具体教材结构见图7-1。

2. 内容分析

在知识储备上，学生通过高中和前期的学习，不仅对化学平衡、水的解离反应及弱电解质的解离反应有了定量的认识，学生对盐类的水解也有初步的了解，学生可以快速地掌握水解的实质，并能完成盐类水解的有关计算。

本节内容分析如图7-2所示。

3. 学情分析

中学阶段教师更加侧重精讲多练，使得学生对学习的依赖性强、模仿性强，自学能力有待加强。因此，教师在教学中应多运用启发式、引导式教学，鼓励提问，鼓励探讨，注重化

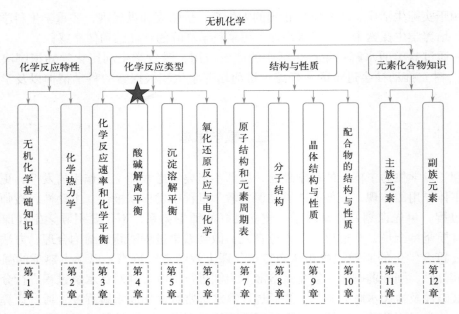

图7-1 教材结构分析

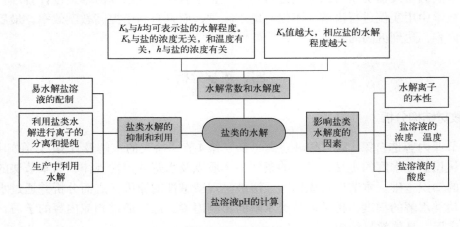

图7-2 内容分析

学过程的分析，加强归纳总结能力的培养。

　　大一新生在高中阶段已经对盐类的水解比较熟悉，并且大一学生的抽象逻辑逐渐成熟，可以进一步认知有关宏观现象与微观粒子之间的转化，但由于中学化学对水解常数及盐溶液pH值的近似计算不做要求，所以定量分析盐类水解是本节课的教学难点。

4. **重点难点（包括突出重点、突破难点的方法）**

教学重点

盐类水解的限制和利用。

分别列举不同的盐类，说明如何配制易水解盐溶液；利用盐类水解了解离子的分离和提纯在实际中的应用。

教学难点

（1）水解常数

举例说明水解常数不像酸、碱的解离常数查表可得，水解常数需要计算得到。

（2）盐溶液pH的近似计算

在讲授过程中，借助具体的盐溶液体系进行pH的近似计算，使学生能更直观地掌握。

五、教学方法和策略

1. 翻转课堂

翻转课堂教学模式体现了"以学生为主体"的教学理念，通过学生课前自学易懂的基础知识，为课堂开展探究和讨论交流提供充足的时间，课中完成新知识的内化，增强师生和学生之间的互动交流。本节"盐类的水解及其计算"是在高中学习的盐类水解平衡的基础上继而学习盐类水解的相关计算。因此，学生具备一定的知识基础，通过课前自学回顾盐溶液的酸碱性可以使学生更加自信，激发学生学习的积极性和主动性。课中，学生可依据课前内容的学习总结盐类水解的规律，进一步强化认知。

2. 启发式教学法

运用启发式教学方法，可以培养学生分析问题、解决问题的能力，通过经历问题的解决过程，激发学生的自主学习热情，提高学习兴趣，而且通过对解决问题的方法的探索，可以激发学生的创造热情，培养创新能力。教师在授课过程中应逐步引导学生掌握解决问题的方式方法，让学生参与探索学习，充分发挥学生的主观能动性，开发学生的创新能力，使学生在学习中有成就感，这样有利于培养他们确立科学的态度和掌握科学的方法。教育理论家曾明确指出："最有效的学习方法就是让学生在体验和创造的过程中学习。"本节课，侧重问题的创设，例如："醋酸钠溶液显碱性的原因"，提供真实情景，让学生从中发现问题，着手解决问题，使学生成为学习的主人，教师则成为学生的"协作者"。

六、教学设计思路

本设计采用启发式教学法及翻转课堂等教学模式，通过课前自学回顾高中所学盐类水解的定义及其酸碱性，引出水解常数、影响盐类水解度的因素及盐类水解的应用，提出问题启发学生思考，完成教学设计。设计中突出影响盐类水解的因素及其应用，引出新知识，展开新内容的学习。

教学设计从实际生活中常见的盐类入手，在学生对盐水解的原理有一定认知的基础上，重视实际应用。

在教学目标达成方面，通过盐类水解反应的水解常数、pH计算以及应用的学习，培养

学生的创新意识，学生可有效掌握盐类水解的基本原理。将盐类水解应用于实际生产生活中，使学生在学习过程中感觉到所学知识有用武之地，从而改变以往基础课过于注重原理，忽视实验实践的弊端。

设计思路如图7-3所示。

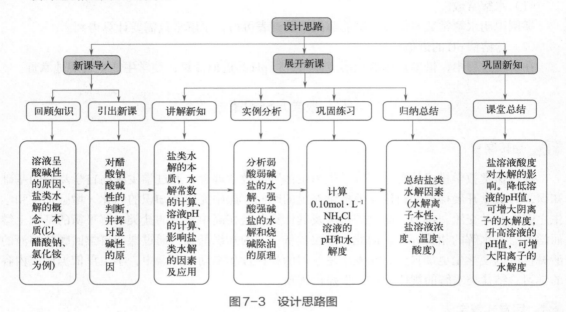

图7-3　设计思路图

七、教学安排

教学环节	教师活动/学生活动设计	设计意图
课前自学 课上总结 课堂翻转	【回顾旧知】 通过高中关于盐类的水解学习知识，完成下表。 　　主动复习强碱弱酸盐、强酸弱碱盐、弱碱弱酸盐的水解反应以及溶液呈酸碱性的原因。	以复习回顾的形式自然、快速地引入新课，为盐类的水解教学做铺垫。
问题导入 探索新知	【提问】盐类的水解程度如何？用什么来衡量？引入水解常数$K_h^\ominus$。 【讨论】书写NaOAc的水解反应方程式，讨论水解反应与H_2O的解离平衡和弱酸（或弱碱）的解离平衡有关。	通过问题引出新知识；水解常数和水解度。

其中嵌入表格：

盐溶液	NaCl	Na₂CO₃	NH₄Cl	HAc	AlCl₃
溶液的酸碱性					
盐的类型					

问题导入 探索新知	【引导】通过书写 H_2O 和 HAc 的水解反应式，将两解离平衡式相减，得到水解常数的表达式。 【实例分析】以醋酸钠溶液为例。 $$OAc^- + H_2O \rightleftharpoons HOAc + OH^-$$ 水解常数： $$K_h^\ominus = \frac{[c(HOAc/c^\ominus)][c(OH^-)/c^\ominus]}{[c(OAc^-)/c^\ominus]}$$ 【提问】若给该式上下同时乘以氢离子浓度，该式等于什么呢？ 【分析】 $$K_h^\ominus = \frac{[c(HOAc/c^\ominus)][c(OH^-)/c^\ominus][c(OH^+)/c^\ominus]}{[c(OAc^-)/c^\ominus][c(H^+)/c^\ominus]} = \frac{K_w^\ominus}{K_a^\ominus}$$ 【总结】 即　　一元弱酸盐　　一元弱碱盐　　一元弱酸弱碱盐 $$\boxed{K_h^\ominus = \frac{K_w^\ominus}{K_a^\ominus}} \quad \boxed{K_h^\ominus = \frac{K_w^\ominus}{K_b^\ominus}} \quad \boxed{K_h^\ominus = \frac{K_w^\ominus}{K_a^\ominus K_b^\ominus}}$$ 【分析】 $K_h^\ominus$ 值越大，相应盐的水解程度越大 水解度——表示盐的水解程度，用 h 表示 水解度(h)=（盐水解部分的浓度/盐的开始浓度）× 100% $K_h^\ominus$ 与 h 均可表示盐的水解程度 但 $K_h^\ominus$ 与盐的浓度无关，和温度有关 h 与盐的浓度有关	引导学生推导出水解常数的计算公式，通过归纳总结，更好地理解、掌握知识，而不是"死记硬背"。 通过水解常数分析盐溶液的水解程度，注重学生科学思维方法的训练，培养学生探索未知、追求真理、勇攀科学高峰的责任感和使命感。
探索新知	【过渡】在弱电解质的学习中我们已知多元酸根的水解都是分步解离的，那么多元酸碱盐是否也是分步水解的呢？各步水解程度相近还是差别较大？ 【讲解】多元弱酸盐或多元弱碱盐水解是分步的。 如　　$S^{2-} + H_2O \rightleftharpoons HS^- + OH^-$ $HS^- + H_2O \rightleftharpoons H_2S + OH^-$ $$K_{h(1)}^\ominus = \frac{K_w^\ominus}{K_{a(2)}^\ominus(H_2S)} = \frac{1.0 \times 10^{-14}}{1.3 \times 10^{-13}} = 7.7 \times 10^{-2}$$ $$K_{h(2)}^\ominus = \frac{K_w^\ominus}{K_{a(1)}^\ominus(H_2S)} = \frac{1.0 \times 10^{-14}}{1.1 \times 10^{-7}} = 9.1 \times 10^{-8}$$ $K_{h(1)}^\ominus \gg K_{h(2)}^\ominus$ 　通常只需考虑第一步水解	引入问题，与多元酸碱的解离对照讲解，方便学生归纳总结，较快掌握。

探索新知

【举例】如：$FeCl_3$ 的水解反应式

$$Fe^{3+}+H_2O \Longrightarrow Fe(OH)^{2+}+H^+$$

$$Fe(OH)^{2+}+H_2O \Longrightarrow Fe(OH)_2^+ +H^+$$

$$Fe(OH)_2^+ +H_2O \Longrightarrow Fe(OH)_3+H^+$$

【讲解】盐溶液pH值的近似计算

【实例】计算 $0.10mol \cdot L^{-1}$ NH_4Cl 溶液的pH和水解度

解：

$$NH_4^+ +H_2O \Longrightarrow NH_3 \cdot H_2O+H^+$$

平衡浓度/($mol \cdot L^{-1}$) $0.10-x$ $\quad x \quad \quad x$

$$K_h^\ominus = \frac{x^2}{0.10-x} = \frac{K_w^\ominus}{K_b^\ominus(NH_3 \cdot H_2O)} = \frac{1.0 \times 10^{-14}}{1.8 \times 10^{-5}} = 5.6 \times 10^{-10}$$

$0.10-x \approx 0.10 \qquad x=7.5 \times 10^{-6}$

$c(H^+)=7.5 \times 10^{-6}$

$pH=-lg(7.5 \times 10^{-6})=5.12$

$h=[(7.5 \times 10^{-6})/0.10] \times 100\%=7.5 \times 10^{-3}\%$

【讲解】影响盐类水解度的因素

1. 水解离子的本性

【总结】水解产物——弱酸或弱碱越弱，则水解程度越大。

盐溶液 （$0.1mol \cdot L^{-1}$）	水解产物	$K_a^\ominus$	$h/\%$	pH
NaOAc	$HOAc+OH^-$	1.8×10^{-5}	0.0075	8.9
NaCN	$HCN+OH^-$	6.2×10^{-10}	1.4	11.2
Na_2CO_3	$HCO_3^-+OH^-$	4.7×10^{-11}	4.2	11.6

若水解产物是弱电解质，且为难溶或为易挥发气体，则水解程度很大或完全水解。如：

【实例分析】

$$SnCl_2+H_2O === Sn(OH)Cl\downarrow+HCl$$

$$Al_2S_3+6H_2O === 2Al(OH)_3\downarrow+3H_2S\uparrow$$

举例说明盐溶液pH如何近似计算。

通过数据说明水解常数与酸和碱的强弱之间的密切关系，使学生树立科学思维。

举例说明水解离子的本性对盐类水解度的影响。

| 探索新知 | 【讲解】2.盐溶液浓度、温度
　　一般来说，盐浓度越小，盐的水解度越大；温度越高，盐的水解度越大。
　　3.盐溶液酸度
　　降低溶液的pH值，可增大阴离子的水解度；升高溶液的pH值，可增大阳离子的水解度。
【讲解】盐类水解的抑制和利用
　　1.易水解盐溶液的配制
　　为抑制水解，必须将它们溶解在相应的碱或酸中。
　　配制 $SnCl_2$、$SbCl_3$ 溶液，应先加入适量 HCl。
【实例分析】

$$Sb^{3+} + H_2O \rightleftharpoons Sb(OH)^{2+} + H^+$$
$$+$$
$$H_2O$$
加入 HCl
$$Sb(OH)_2^+ + H^+$$
$$+$$
$$Cl^-$$
$$\Updownarrow -H_2O$$
$$SbOCl\downarrow (氯化氧锑)$$

配制 $Bi(NO_3)_3$ 溶液，应先加入适量 HNO_3

$$Bi^{3+} + H_2O \rightleftharpoons Bi(OH)^{2+} + H^+$$
$$+$$
$$H_2O$$
加入 HNO_3
$$Bi(OH)_2^+ + H^+$$
$$+$$
$$NO_3^-$$
$$\Updownarrow -H_2O$$
$$BiONO_3\downarrow (硝酸氧铋)$$

配制 Na_2S 溶液，应先加入适量 $NaOH$

$$S^{2-} + H_2O \rightleftharpoons HS^- + OH^-$$
$$+$$
$$H_2O$$
加入 $NaOH$
$$H_2S + OH^-$$

【讲解】2.利用盐类水解进行离子的分离和提纯
　　如除去溶液中的 Fe^{2+}、Fe^{3+}：
　　（1）加入氧化剂（如 H_2O_2），使 $Fe^{2+} \rightarrow Fe^{3+}$：
$$2Fe^{2+}+H_2O_2+2H^+ = 2Fe^{3+}+2H_2O$$
　　（2）降低酸度，调节溶液pH=3~4,促使 Fe^{3+} 水解生成 $Fe(OH)_3\downarrow$ | 　　分别列举不同的盐类，说明如何配制易水解盐溶液；利用盐类水解了解离子的分离和提纯等在实际中的应用。

　　通过盐类的水解在生产生活中的广泛应用，激发学生利用化学知识解决实际问题的热情，树立推动社会进步的责任感，进而培养学生积极探索的科学精神以及学习化学的兴趣。 |

探索新知	（3）加热，促使Fe^{3+}水解，生成$Fe(OH)_3\downarrow$ 【应用】3.生产中利用水解 （1）用NaOH和Na_2CO_3的混合液作为化学除油液，就是利用了Na_2CO_3的水解性 。 （2）利用$Bi(NO_3)_3$易水解的特性制取高纯度的Bi_2O_3。	
小结	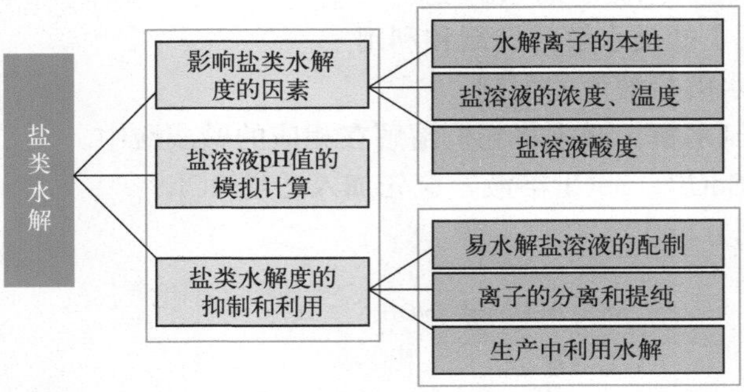 本节学习了影响盐类水解的因素、盐溶液pH值的近似计算及其相关的抑制和利用。	将知识条理化、系统化，帮助学生更好地理解、掌握知识。
课堂练习	【巩固提高】 利用所学知识，独立完成练习题。 1.某一元弱酸HA的浓度为$0.010\ mol\cdot L^{-1}$，在常温下测得其pH值为4.0，求该一元弱酸的解离常数和解离度。 2.已知$0.010\ mol\cdot L^{-1}$ H_2SO_4溶液的pH=1.84，求HSO_4^-的解离常数。	以练促学，通过练习检测本课的学习效果。
预习新课	【结束】下一节我们将讲授难溶电解质的溶度积和电解度，请同学们预习教材相关内容，查阅资料，相互交流。	引出下节课堂学习内容，让学生做好准备。

小结栏表格内流程图内容：

盐类水解
- 影响盐类水解度的因素
  - 水解离子的本性
  - 盐溶液的浓度、温度
  - 盐溶液酸度
- 盐溶液pH值的模拟计算
- 盐类水解度的抑制和利用
  - 易水解盐溶液的配制
  - 离子的分离和提纯
  - 生产中利用水解

八、教学特色及评价

本设计采用启发式教学法及翻转课堂教学模式，改变了以往传统教学，在老师的事先谋划下，统筹整个教学过程，师生之间的互动使得学生对知识的理解更加深刻。通过课前自学回顾高中所学盐类定义及其酸碱性，引出水解常数、影响盐类水解度的因素及盐类水解的应用，提出问题，完成设计。设计中突出影响盐类水解度的因素及其利用，引出新知识，展开新内容的学习，教学的过程中渗透着微粒平衡观。教学从实际常见的盐类入手，在学生对盐类水解的原理有一定认识的基础上，重视实际应用。

在教学目标达成方面，通过盐类水解反应的水解常数、pH计算以及应用的学习，培养学生创新意识和创造精神，学生可有效掌握盐类水解的基本原理。将盐类的水解应用于实际

生产生活中，走向社会，学以致用，使学生在学习过程中感觉到所学知识的实用性，培养学生服务于社会的意识。

但本节课课中练习较少，学生在学习完本节新知之后需趁热打铁，继续巩固所学内容，尤其本节课的教学难点在于盐溶液pH相似性的计算，针对学生的个体差异，不同学生的计算和思维能力各有差异，故应多增加练习题，带领学生巩固并掌握，从而举一反三，完成对盐类水解框架的建立。

九、思维导图

思维导图见图7-4。

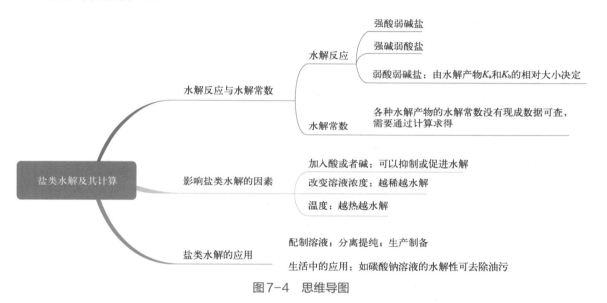

图7-4　思维导图

十、教学课件

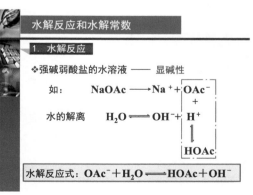

水解反应和水解常数

1. 水解反应

❖强酸弱碱盐的水溶液 —— 显酸性

★盐的水解反应：
　　盐的组分离子与水解离出来的H^+或OH^-结合生成弱电解质的反应。

如　　　$NH_4Cl \longrightarrow Cl^- + NH_4^+$

水的解离　　$H_2O \Longleftrightarrow H^+ + OH^-$

$NH_3 \cdot H_2O$

水解反应式：$NH_4^+ + H_2O \Longleftrightarrow NH_3 \cdot H_2O + H^+$

水解反应和水解常数

❖弱酸弱碱盐的水溶液 —— 视生成弱酸、弱碱的$K_i^\ominus$而定

K_i 越小，弱电解质解离越困难，电解质越弱

$$A^+ + B^- + H_2O \Longleftrightarrow HB + AOH$$

$K_a^\ominus(HB) > K_b^\ominus(AOH)$ 显酸性

如 $NH_4F + H_2O \Longleftrightarrow NH_3 \cdot H_2O + HF$

$K_a^\ominus(HB) \approx K_b^\ominus(AOH)$ 显中性

如 $NH_4OAc + H_2O \Longleftrightarrow NH_3 \cdot H_2O + HOAc$

$K_a^\ominus(HB) < K_b^\ominus(AOH)$ 显碱性

如 $NH_4CN + H_2O \Longleftrightarrow NH_3 \cdot H_2O + HCN$

水解反应和水解常数

❖弱酸弱碱盐的水溶液 —— 视生成弱酸、弱碱的$K_i^\ominus$而定

K_i 越小，弱电解质解离越困难，电解质越弱

$$A^+ + B^- + H_2O \Longleftrightarrow HB + AOH$$

$K_a^\ominus(HB) > K_b^\ominus(AOH)$ 显酸性

如 NH_4F 　$NH_4^+ + F^- + H_2O \Longleftrightarrow NH_3 \cdot H_2O + HF$

$K_a^\ominus(HB) \approx K_b^\ominus(AOH)$ 显中性

如 NH_4OAc 　$NH_4^+ + OAc^- + H_2O \Longleftrightarrow NH_3 \cdot H_2O + HOAc$

$K_a^\ominus(HB) < K_b^\ominus(AOH)$ 显碱性

如 NH_4CN 　$NH_4^+ + CN^- + H_2O \Longleftrightarrow NH_3 \cdot H_2O + HCN$

水解反应和水解常数

2. 水解常数

$$OAc^- + H_2O \Longleftrightarrow HOAc + OH^-$$

$$K_h^\ominus = \frac{[c(HOAc)/c^\ominus][c(OH^-)/c^\ominus]}{[c(OAc^-)/c^\ominus]}$$

$$K_h^\ominus = \frac{[c(HOAc)/c^\ominus][c(OH^-)/c^\ominus][c(H^+)/c^\ominus]}{[c(OAc^-)/c^\ominus][c(H^+)/c^\ominus]} = \frac{K_w^\ominus}{K_a^\ominus}$$

即　一元弱酸盐　　一元弱碱盐　　一元弱酸弱碱盐

$$K_h^\ominus = \frac{K_w^\ominus}{K_a^\ominus}$$ 　$$K_h^\ominus = \frac{K_w^\ominus}{K_b^\ominus}$$ 　$$K_h^\ominus = \frac{K_w^\ominus}{K_a^\ominus K_b^\ominus}$$

水解反应和水解常数

2. 水解常数

❖$K_h^\ominus$值越大，相应盐的水解程度越大

❖水解度 —— 表示盐的水解程度，用h表示

$$水解度(h) = \frac{盐水解部分的浓度}{盐的开始浓度} \times 100\%$$

盐的水解程度 —— $K_h^\ominus$，与盐的浓度无关，和温度有关

　　　　　　—— h，与盐浓度有关

分步水解

★多元弱酸盐或多元弱碱盐水解是分步的

如　　$S^{2-} + H_2O \Longleftrightarrow HS^- + OH^-$

　　$HS^- + H_2O \Longleftrightarrow H_2S + OH^-$

$$K_{h(1)}^\ominus = \frac{K_w^\ominus}{K_{a(2)}^\ominus(H_2S)} = \frac{1.0 \times 10^{-14}}{1.3 \times 10^{-13}} = 7.7 \times 10^{-2}$$

$$K_{h(2)}^\ominus = \frac{K_w^\ominus}{K_{a(1)}^\ominus(H_2S)} = \frac{1.0 \times 10^{-14}}{1.1 \times 10^{-7}} = 9.1 \times 10^{-8}$$

$K_{h(1)}^\ominus \gg K_{h(2)}^\ominus$，通常只需考虑第一步水解

分步水解

如 $FeCl_3$ 的水解反应式：

$$Fe^{3+} + H_2O \Longleftrightarrow Fe(OH)^{2+} + H^+ \quad (1)$$

$$Fe(OH)^{2+} + H_2O \Longleftrightarrow Fe(OH)_2^+ + H^+ \quad (2)$$

$$Fe(OH)_2^+ + H_2O \Longleftrightarrow Fe(OH)_3 + H^+ \quad (3)$$

★$K_{h(1)}^\ominus \gg K_{h(2)}^\ominus \gg K_{h(3)}^\ominus$

$\Longrightarrow$ 在$FeCl_3$溶液中一般不会有$Fe(OH)_3\downarrow$

盐溶液pH值的近似计算

例题：计算$0.10 \text{mol} \cdot L^{-1}$ NH_4Cl溶液的pH和水解度。

解：　　　　$NH_4^+ + H_2O \Longleftrightarrow NH_3 \cdot H_2O + H^+$

平衡浓度/(mol·L^{-1}) 0.10$-x$　　　　　　　x　　　　x

$$K_h^\ominus = \frac{x \cdot x}{0.10 - x} = \frac{K_w^\ominus}{K_b^\ominus(NH_3 \cdot H_2O)} = \frac{1.0 \times 10^{-14}}{1.8 \times 10^{-5}} = 5.6 \times 10^{-10}$$

$0.10 - x \approx 0.10$ 　$x = 7.5 \times 10^{-6}$

$c(H^+) = 7.5 \times 10^{-6} \text{mol} \cdot L^{-1}$ 　$pH = -\lg(7.5 \times 10^{-6}) = 5.12$

$\Longrightarrow$ $$h = \frac{7.5 \times 10^{-6}}{0.10} \times 100\% = 7.5 \times 10^{-3}\%$$

影响盐类水解度的因素

1. 水解离子的本性

❖**水解产物——弱酸或弱碱越弱，水解程度越大**

盐溶液 $(0.1mol \cdot L^{-1})$	水解产物	$K_a^{\ominus}$	$h/\%$	pH
NaOAc	$HOAc+OH^-$	1.8×10^{-5}	0.0075	8.9
NaCN	$HCN+OH^-$	6.2×10^{-10}	1.4	11.2
Na_2CO_3	$HCO_3^- +OH^-$	4.7×10^{-11}	4.2	11.6

影响盐类水解度的因素

1. 水解离子的本性

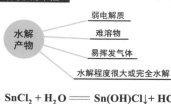

$$SnCl_2 + H_2O \rightleftharpoons Sn(OH)Cl\downarrow + HCl$$

$$Al_2S_3 + 6H_2O \rightleftharpoons 2Al(OH)_3\downarrow + 3H_2S\uparrow$$

影响盐类水解度的因素

1. 水解离子的本性

$$Al_2S_3 + 6H_2O \rightleftharpoons 2Al(OH)_3\downarrow + 3H_2S\uparrow$$
$$SnCl_2 + H_2O \rightleftharpoons Sn(OH)Cl\downarrow + HCl$$

影响盐类水解度的因素

2. 盐溶液浓度、温度

浓度越小，水解度越大
温度越高，水解度越大

3. 盐溶液酸度

降低pH值，增大阴离子的水解度
升高pH值，增大阳离子的水解度

盐类水解度的抑制和利用

1. 易水解盐溶液的配制

★抑制水解方法：将盐溶解在相应的碱或酸中

❖配制$SnCl_2$、$SbCl_3$溶液，应先加入适量HCl

如：1. $Sn^{2+} + H_2O \rightleftharpoons Sn(OH)^+ + H^+$

 + Cl

⇅

$Sn(OH)Cl\downarrow$

盐类水解度的抑制和利用

1. 易水解盐溶液的配制

如：2. $Sb^{3+} + H_2O \rightleftharpoons Sb(OH)^{2+} + H^+$
+
加入HCl　　H_2O
⇅
$Sb(OH)_2^+ + H^+$
+
Cl^-
⇅　$-H_2O$
$SbOCl\downarrow$（氯化氧锑）

盐类水解度的抑制和利用

1. 易水解盐溶液的配制

❖配制$Bi(NO_3)_3$溶液，应先加入适量HNO_3

$Bi^{3+} + H_2O \rightleftharpoons Bi(OH)^{2+} + H^+$
+
加入HNO_3　　H_2O
⇅
$Bi(OH)_2^+ + H^+$
+
NO_3^-
⇅　$-H_2O$
$BiONO_3\downarrow$（硝酸氧铋）

盐类水解度的抑制和利用

1. 易水解盐溶液的配制

❖配制Na_2S溶液，应先加入适量NaOH

$S^{2-} + H_2O \rightleftharpoons HS^- + OH^-$
+
加入NaOH　　H_2O
⇅
$H_2S + OH^-$

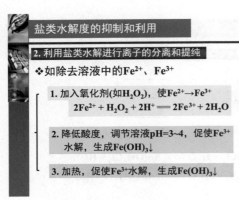

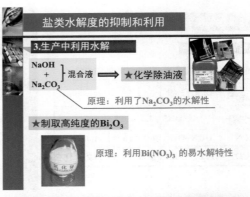

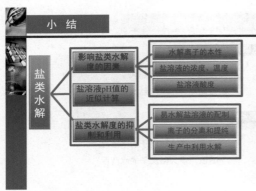

十一、课程资源

［1］李冰.无机化学［M］.北京：化学工业出版社，2021.

［2］宋天佑.简明无机化学［M］.北京：高等教育出版社，2013.

［3］周祖新.无机化学［M］.北京：化学工业出版社，2013.

［4］王元兰.无机化学［M］.北京：化学工业出版社，2011.

［5］宋其圣.无机化学［M］.北京：化学工业出版社，2008.

［6］韩晓霞，杨文远，倪刚.无机化学实验［M］.天津：天津大学出版社，2017.

［7］http://www.icourses.cn/sCourse/course_3396.html.吉林大学《无机化学》精品在线课程网.

［8］曾赛钦，张贤金.培养学生高阶思维的"影响盐类水解的因素"教学设计［J］.化学教与学，2022，25(12): 35-38+16.

［9］陆军.建国初期盐类水解的教学研究及其启示——基于1951～1963年的16篇期刊文献［J］.化学教学，2020, 42(8): 25-29.

［10］纪崧杰，卢姗姗，杜明成.基于系统思维培养的"盐类水解"内容分析与教学建议［J］.化学教学，2022, 44(7): 28-32.

［11］李继良，于乃佳.由开放探究引向深层思维——以"盐类的水解"教学为例［J］.化学教育，2015, 36(17): 46-48.

［12］王友富."课程思政"论域下"教材思政"演讲逻辑与建构策略［J］.出版科学，2022, 30(5): 1-8.

第8讲　沉淀的溶解与转化

一、课程及章节名称

课程名称	无机化学	适用专业	化学工程与工艺、应用化学、材料化学、制药工程等专业	年级	大学一年级
教材及章节： 　　李冰主编《无机化学》，化学工业出版社2021年出版。选自第5章沉淀溶解平衡中5.4沉淀的溶解与转化。					

二、教学目标

1. 知识目标

（1）理解影响沉淀反应的因素；

（2）掌握分步沉淀及其相关计算；

（3）掌握沉淀的转化及溶解的原理。

2. 能力目标

（1）能够应用平衡移动原理，分析、解决沉淀的溶解和沉淀的转化问题，培养学生的知识迁移能力、实验探究能力和逻辑推理能力；

（2）了解沉淀反应、分步沉淀及沉淀的相互转化在工业中的应用，培养理论在实际中应用的能力。

3. 素养目标

（1）通过实验证明沉淀反应、分步沉淀、沉淀相互转化客观存在的事实，树立起实事求是的唯物主义观点；

（2）通过举例说明沉淀反应在生产中的应用，使学生体会化学与社会生活的联系，做到学以致用。

4. 思政育人目标

（1）通过沉淀的影响因素及在生活中的应用等问题，使学生在认知冲突和解决认知冲突

的双向过程中，提升逻辑思维能力和理解能力，培养敢于探索的时代精神；借助实验视频说明分步沉淀的过程及微观原因，使学生树立现象与本质的联系观；并通过具体计算实例佐证分步沉淀的过程，培养学生求真务实的科学精神，精益求精，用事实数据解释现象。

（2）通过生活中水垢的处理并以宁夏中宁天元锰业电解锰生产中 S^{2-} 超标为例，解释利用溶度积规则巧妙除去 S^{2-} 的办法，引导学生感受知识的内在价值，明确知识在生活中扮演着举足轻重的作用，从而意识到可持续发展的化学对社会的正向作用，增强学生高度的社会责任感和开拓创新的精神。

三、教学思想

化学是以实验为基础，应用为背景的科学，因此，要引导学生学以致用，用化学基础理论解决化学工业问题，在学习的过程中提升知识的结构水平，体会理论知识的实用性。培养学生提出问题的意识，并能就问题提出合理的猜想与假设，并设计合理的实验方案；让学生学会通过观察等方法收集证据；通过比较、分类、归纳、概括等方法对实验事实和获得的证据进行加工整理进而得出结论，指导学生对实验过程的各方面进行有意义的反思评价。通过教师演示实验，不仅可以加深学生的印象，使学生通过直观真实的实验现象学习原理，培养学生有关沉淀和溶解互逆过程中的辩证思维，还可以激励学生勇于发现问题、分析问题、解决问题。

四、教学分析

1. 教材结构分析

本节内容选自第5章"沉淀溶解平衡"第4节"沉淀的溶解与转化"。在知识储备上，学生已掌握了沉淀反应的溶度积及溶度积规则，在此基础上进一步深入掌握知识。通过实例及应用溶度积的计算，使学生能从定性、定量的角度理解影响沉淀反应的因素；再利用计算说明分步沉淀可以进行离子分离；融汇高中知识及生活常识，并结合相关平衡常数的计算，全面分析沉淀的溶解和转化。

具体教材结构见图8-1。

2. 内容分析

在知识储备上，学生已掌握了沉淀反应的溶度积及溶度积规则，教学内容从学生熟悉的同离子效应入手，通过例举、计算等多种形式说明同离子效应、盐效应、pH等对沉淀反应的影响；通过实验视频说明多步沉淀现象以及沉淀的溶解和相互转化，最后举例说明沉淀反应的应用，进一步加深对沉淀反应的印象。

本节内容分析如图8-2所示。

3. 学情分析

（1）知识基础
学生在高中时了解了常见的沉淀反应，掌握了沉淀溶解平衡的相关知识，但对于复杂情

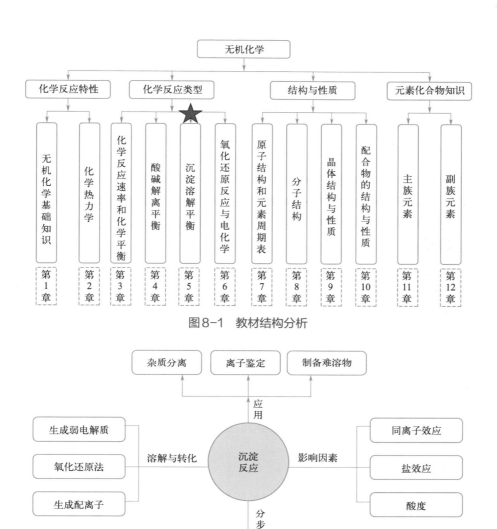

图 8-1 教材结构分析

图 8-2 内容分析

况下沉淀的溶解与转化未做要求，本节内容通过定量计算说明沉淀是分步生成的，以及沉淀转化在化工生产中的应用。

（2）能力基础

大一的学生具备一定的动手操作能力、观察能力和分析问题能力，学生先前已掌握沉淀溶解平衡的溶度积及溶度积规则，但还未掌握影响沉淀反应的因素及沉淀的溶解和转化，通过本节内容的学习，进一步培养学生自主探究及归纳、总结能力，养成科学严谨的学习态度；在心理特征上，该阶段学生具有较强的探索知识的好奇心，对设计化学实验有较大兴趣，通过本节课的学习将初步锻炼学习者设计实验的能力和培养学习者敢于创新的时代精神。

4. 重点难点（包括突出重点、突破难点的方法）

教学重点

（1）从定量和定性的角度理解分步沉淀及沉淀相互转化的过程

在讲授过程中，借助实验视频和生活中常见的例子（水垢的处理等），使学生能从定性的角度理解分步沉淀及沉淀相互转化的过程，再利用溶度积的计算，从定量的角度加深理解。

（2）理解沉淀反应在企业的应用

以中宁天元锰业电解锰生产中 S^{2-} 超标为例，解释利用溶度积规则巧妙除去 S^{2-} 的办法，使学生能直观地感到所学化学知识在化工生产中的重要应用。

教学难点

（1）分步沉淀的过程与应用

借助实验视频说明分步沉淀的过程及微观原因，进一步通过具体计算实例说明分步沉淀在离子分离中的应用，加深学生对" $c(离子) < 10^{-5}mol \cdot L^{-1}$，认为沉淀完全"的理解。

（2）沉淀相互转化的过程与应用

从学生已经掌握的"强酸制弱酸"原理出发，引申出"溶度积大的物质可以转变为溶度积小的物质"的基本原理，通过加入 Na_2CO_3 除去水垢中 $CaSO_4$ 的办法，从计算的角度说明沉淀相互转化的过程与应用。

五、教学方法和策略

1. 问题导向教学法

问题导向教学法指将问题辨识的结构以及问题解决的结构作为学生学习基本要素的一种教学方法。在问题导向教学法中，教师是引导者，基本任务是启发诱导，学生是探究者，其主要任务是通过自己的探究，发现新事物、新规律。因此，必须正确处理教师的"引"和学生的"探"的关系，做到既不放任自流也不过多牵引。本节课中教师设置了一系列的问题，例如：溶度积和反应商的异同点？影响沉淀反应的因素有哪些？通过学生熟悉的离子效应并通过例题计算说明不同的影响因素对沉淀反应的影响。沉淀是一步还是多步生成的？通过实验视频验证沉淀是多步生成的。通过："暖水瓶中的水垢如何去除"这样的情境问题学习沉淀的转化。整节课通过教师的提问引导学生主动思考、积极探究，最终提升分析问题和解决问题的能力。

2. 实验教学法

化学是一门以实验为中心的学科。在演示和验证性实验中，对经典实验按照实验原理和要求，采用经典的技术、方法和手段，便于学生学习实验基础知识和操作技术，理解理论教学内容。实验一方面可以吸引学生的学习兴趣、调动学生积极参与，另一方面可以培养学生发现问题并解决问题的能力。溶液中常常同时含有几种离子，当加入某种试剂时，往往可以和多种离子生成难溶化合物而沉淀，在这种情况下，离子的沉淀按照什么顺序进行呢？针对

这一问题，本节课通过实验录像演示分步沉淀，使学生通过实验现象的观察，直观地认识溶液中离子的分步沉淀。

六、教学设计思路

教学从学生熟悉的同离子效应展开影响因素的学习，通过举例、计算等多种形式说明同离子效应、盐效应、pH等对沉淀反应的影响；通过视频教学法说明多步沉淀现象以及沉淀的溶解和相互转化，最后举例说明沉淀反应的应用，并回答课堂开始时提出的问题，进一步加深对沉淀反应的印象。总设计思路见图8-3。

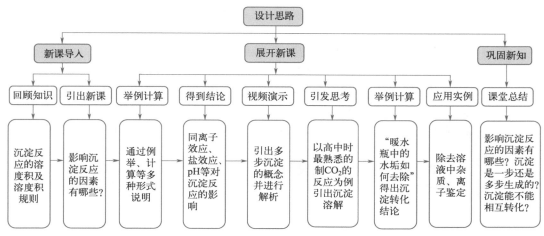

图8-3 设计思路图

七、教学安排

教学环节	教师活动/学生活动设计	设计意图
回顾旧知导入新课	【回顾旧知】 一、简单回顾沉淀反应的溶度积及溶度积规则 以反应$A_mB_n(s) \rightleftharpoons mA^{n+}+nB^{m-}$为例，引出溶度积和反应商表达式相同的问题，引导学生回顾二者的区别，以加深印象。 $$K_{sp}^{\ominus}=\{c(A^{n+})\}^m\{c(B^{m-})\}^n/(c^{\ominus})^{(m+n)}$$ $$Q=\{c(A^{n+})\}^m\{c(B^{m-})\}^n/(c^{\ominus})^{(m+n)}$$ 【提问】溶度积和反应商的异同点？ 【讲解】进一步通过溶度积规则，说明判断沉淀反应是正向进行还是逆向进行，除了吉布斯自由能以外，还可以利用溶度积和反应商的大小去判断。	回顾旧知识，达到巩固作用。 通过溶度积和反应商的异同点判断，增强学生对比分析能力及辩证思维能力。

回顾旧知 导入新课	【导入新课】以学生在沉淀反应中的4个疑惑，展开课程的学习。 【讨论】学习沉淀反应的作用 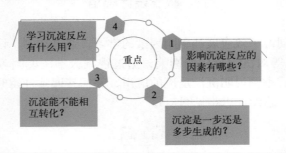	以疑问展开教学，能够引发学生积极思考，活跃学生思维能力。
探索新知	【设问】影响沉淀反应的因素有哪些？ 二、影响沉淀反应的因素 【讲解】1. 以学生熟悉的同离子效应展开影响因素的学习，以$BaSO_4$中加入Na_2SO_4为例，通过计算说明加入同离子后，溶解度从1.04×10^{-5}变为1.1×10^{-9}，平衡向逆向移动，使难溶电解质溶解度降低。 【提示】学生计算器的使用方法，开根号时，数字必须用（）括起来。 　　2. 以"异性相吸"原理说明盐效应对沉淀反应的影响。 【举例分析】以习题"为除去$1.0mol \cdot L^{-1}$ $ZnSO_4$溶液中的Fe^{3+}，溶液的pH值应控制在什么范围"为例，说明酸度对沉淀反应的影响。 【结论】"调节溶液pH，可进行离子的分离和提纯。"将理论上的结果应用于实践。 【实验录像演示分步沉淀】 三、引出多步沉淀的概念并进行解析 【提问】沉淀是一步还是多步生成的？ 【分析】以视频教学法，分析在浓度均为$0.10mol \cdot L^{-1}$的S^{2-}和CrO_4^{2-}溶液中加入$Pb(NO_3)_2$溶液，到底是黄色沉淀和黑色沉淀一起出来，还是分别出来？ 通过实验现象确定分步沉淀的事实并得出分步沉淀的定义：在混合离子溶液中，加入某种沉淀剂，离子先后沉淀的现象，叫作分步沉淀。 【设问】利用分步沉淀，能否进行离子的分离？ 【举例】进一步以例题"在含浓度均为$0.010mol \cdot L^{-1}$ I^-、Cl^-溶液中滴加$AgNO_3$溶液是否能达到分离目的"引导学生思考问题，解决问题。	应用回顾旧知识的方法提出问题，激发学生思考，引出新课。 通过举例说明，加深学生对概念的理解。 通过实验视频教学，使学生树立现象与本质的联系观。

【讲解】回顾之前讲的"沉淀顺序"知识点，沉淀次序：同类型、同浓度，K_{sp} 小的先沉淀，所以，为达到分离，即 AgI 沉淀完全时 AgCl 不沉淀。

【计算】AgCl 开始沉淀时的 $c(Ag^+)$：

$$c(Ag^+) > \frac{K_{sp}(c^\ominus)^2}{c(Cl^-)} = \frac{1.77\times10^{-10}}{0.010} = 1.77\times10^{-8}\,mol\cdot L^{-1}$$

计算 $c(Ag^+) = 1.77\times10^{-8}\,mol\cdot L^{-1}$ 时 $c(I^-)$：

$$c(I^-) > \frac{K_{sp}(c^\ominus)^2}{c(Ag^+)} = \frac{8.52\times10^{-17}}{1.77\times10^{-8}} = 4.81\times10^{-9}\,mol\cdot L^{-1} < 10^{-5}\,mol\cdot L^{-1}$$

即 AgCl 开始沉淀时 AgI 已沉淀完全。

【讲解】通过计算说明，在实际生产中如何进行离子的分离，可利用分步沉淀的方法进行离子分离。

【思考】以宁夏中宁县天元锰业电解生产锰的电解液中去除 S^{2-} 为例，留下思考题，让学生通过查溶度积常数表，确定沉淀剂的种类。

四、沉淀的溶解与相互转化

【讲述】1. 沉淀的溶解

从原理上讲，沉淀溶解即 $Q < K_{sp}$。

以学生高中时最熟悉的制 CO_2 的反应为例，说明沉淀溶解的第一种办法：生成弱电解质。

生成弱酸　　$CaCO_3(s) + 2H^+ = Ca^{2+} + H_2CO_3$

生成水　　　$Fe(OH)_3(s) + 3H^+ = Fe^{3+} + 3H_2O$

生成弱碱　　$Mg(OH)_2(s) + 2NH_4^+ = Mg^{2+} + 2NH_3\cdot H_2O$

同时指出并非所有的难溶弱酸盐都能溶于强酸，例如 CuS、HgS、As_2S_3 等，由于它们的 K_{sp} 实在太小，即使采用浓盐酸也不能有效地降低 $c(S^{2-})$ 而使之溶解。

【设问】有没有别的办法让 K_{sp} 很小的物质溶解？（让学生带着问题继续学习！）

引出"曲线救国"的第二种办法"氧化还原法"和第三种办法"生成难解离的配离子"。

$$3CuS(s) + 8HNO_3 = 3Cu(NO_3)_2 + 3S + 2NO\uparrow + 4H_2O$$

$$AgCl(s) + 2NH_3\cdot H_2O = [Ag(NH_3)_2]^+ + Cl^- + 2H_2O$$

探索新知

提出利用分步沉淀进行离子分离，激发学生思考。

引导学生学习实验的设计，为后期创新实验做好准备，让学生感觉到设计的巧妙。

	2.沉淀的转化 【提问】暖水瓶中的水垢如何去除？ 学生们大多会说加醋，实际加过醋的学生都知道，醋酸能使大量的水垢除去，但还有部分除不掉。 【提问】学生为什么除不掉？ 【讲解】部分水垢为$CaSO_4$，再提出"杨子荣智取威虎山"的办法——"沉淀的相互转化"。通过平衡常数的计算说明，溶度积大的难溶电解质$CaSO_4$易转化为溶度积小的难溶电解质$CaCO_3$。 $$CaSO_4(s)+CO_3^{2-} \rightleftharpoons CaCO_3(s)+SO_4^{2-}$$ $$K=\frac{c(SO_4^{2-})}{c(CO_3^{2-})}=\frac{c(SO_4^{2-})\cdot c(Ca^{2+})}{c(CO_3^{2-})\cdot c(Ca^{2+})}=\frac{K_{sp}^{\ominus}(CaSO_4)}{K_{sp}^{\ominus}(CaCO_3)}=\frac{4.93\times10^{-5}}{2.8\times10^{-9}}=1.8\times10^4$$ 平衡常数越大，说明正反应进行得越完全！ 得到结论：对于类型相同的难溶强电解质，一般来说，溶度积大的难溶电解质易转化为溶度积小的难溶电解质，难溶电解质溶度积相差越大，转化越完全。 再举工业实例，锶盐的生产中需先用Na_2CO_3将$SrSO_4$(不溶于水和一般酸)转化为$SrCO_3$，再进一步深加工。 **五、沉淀反应的应用** 【讲解】1.除去溶液中杂质 如氯碱工业饱和食盐水的精制（主要杂质离子有K^+、Ca^{2+}、Mg^{2+}、SO_4^{2-}）。 采用$BaCl_2$—Na_2CO_3—$NaOH$ $$SO_4^{2-}+Ba^{2+}==BaSO_4$$ $$Ca^{2+}+CO_3^{2-}==CaCO_3$$ $$Ba^{2+}+CO_3^{2-}==BaCO_3$$ $$2Mg^{2+}+CO_3^{2-}+2OH^-==Mg_2(OH)_2CO_3$$ 【提问】K^+如何除去？利用K^+和Na^+在水中溶解度的差异进行分离，引出"常见阳离子的鉴定与分离"。 2.离子鉴定 Ag^+——$NaCl$、$NH_3\cdot H_2O$、HCl $$Ag^++Cl^-==AgCl\downarrow \quad (白色)$$ $$AgCl(s)+2NH_3\cdot H_2O==[Ag(NH_3)_2]^++Cl^-+H_2O$$ $$[Ag(NH_3)_2]^++Cl^-+2H^+==AgCl\downarrow+2NH_4^+$$ Cu^{2+}——$K_4[Fe(CN)_6]$ $$2Cu^{2+}+[Fe(CN)_6]^{4-}==Cu_2[Fe(CN)_6]$$	注重计算能力的培养，要求学生亲自算出来，而不是看明白就行，杜绝"眼高手低"。
探索新知		

小结	【小结】　本节内容有影响沉淀反应的因素、沉淀形成的过程、溶解和转化以及沉淀的相关应用。影响沉淀的因素主要有同离子效应、盐效应和酸度；沉淀是分步生成的；沉淀的溶解和转化；制备难溶化合物和离子鉴定。	帮助学生对所学知识进行加工处理，使之结构化，条理化，培养学生对知识的归纳总结能力。

01 影响沉淀反应的因素
1) 同离子效应
2) 盐效应
3) 酸度的影响

沉淀的溶解与转化

02 沉淀是一步还是多步生成的
分步沉淀

03 沉淀的溶解和转化
1) 沉淀的溶解
2) 沉淀的转化

04 沉淀反应的应用
1) 制备难溶化合物
2) 离子鉴定

课堂练习	【巩固提高】　利用所学知识，独立完成练习题。　1.因为$BaSO_4$的$K_{sp}^{\ominus}$比$BaCO_3$的$K_{sp}^{\ominus}$小，所以不能通过与Na_2CO_3溶液作用将$BaSO_4$转化成$BaCO_3$，此结论正确吗？　2.已知CaF_2的溶度积为5.2×10^{-9}，求CaF_2在下列情况时的溶解度（以$mol \cdot L^{-1}$表示）：　（1）在纯水中；　（2）在$1.0 \times 10^{-2} mol/L$ NaF 溶液中；　（3）在$1.0 \times 10^{-2} mol/L$ $CaCl_2$溶液中。	培养学生融会贯通和综合分析能力。
预习新课	【结束】下一节我们将讲授氧化还原方程式的配平，请同学们预习教材相关内容，查阅资料，相互交流。	引出下节课堂学习内容，让学生做好准备。

八、教学特色及评价

本设计采用问题导向教学法、实验教学法。通过回顾沉淀反应的溶度积及溶度积规则，引出影响沉淀反应的外因，提出问题。设计影响沉淀反应的因素有哪些？沉淀是一步还是多步生成的？沉淀能不能相互转化？学习沉淀反应有什么用？以问题为导向，将问题与教学活动紧密相扣，使学生对问题产生与已有认知结构不一致的想法，引出新知识，展开新内容的学习。

教学设计以问题为主线，注重课堂问题推理和分析的设置，在教学活动中产生认知冲突和解决问题，发散思维。从学生熟悉的同离子效应入手，通过例举、计算等多种形式说明同离子效应、盐效应、pH 等对沉淀反应的影响；通过视频教学法说明多步沉淀现象以及沉淀

的溶解和相互转化，最后举例说明沉淀反应的应用，并回答课堂开始时提出的四个问题，进一步加深对沉淀反应的印象。

培养学生懂得"科技攻关来源于基础知识"的科学思维，提高创新意识，教学目标可顺利达成，学生可有效掌握沉淀反应的基础内容，使学生在学习过程中感觉到所学知识的生活性和实用性，从而改变以往基础课过于注重原理，忽视科研及应用的弊端。

九、思维导图

思维导图见图8-4。

图8-4 思维导图

十、教学课件

主要讨论问题

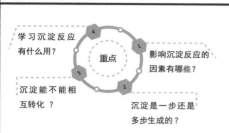

重点

- 学习沉淀反应有什么用？
- 影响沉淀反应的因素有哪些？
- 沉淀能不能相互转化？
- 沉淀是一步还是多步生成的？

1.影响沉淀反应的因素

(1) 同离子效应——使难溶电解质溶解度降低

$$\text{如} \quad BaSO_4(s) \xrightleftharpoons[\text{平衡移动方向}]{} Ba^{2+} + SO_4^{2-}$$
$$Na_2SO_4 \Longrightarrow 2Na^+ + SO_4^{2-}$$

例 计算$BaSO_4$在0.10mol·L^{-1}Na$_2$SO$_4$溶液中的溶解度。（$K_{sp}(BaSO_4)=1.08\times10^{-10}$ $s=1.04\times10^{-5}$ mol·L^{-1}）

解：
$$BaSO_4(s) \rightleftharpoons Ba^{2+} + SO_4^{2-}$$

平衡浓度/(mol·L^{-1}) $\qquad\qquad x \quad x+0.10$

$K_{sp}^{\ominus}$ ($BaSO_4$)$=x(x+0.10)\approx0.10x=1.08\times10^{-10}$
$s'=1.1\times10^{-9}$mol·L^{-1} $< s$

"沉淀完全"的概念
一般当c(离子)$<10^{-5}$ mol·L^{-1}，认为沉淀完全。为使离子沉淀完全，可利用同离子效应，加入过量沉淀剂。

1.影响沉淀反应的因素

(2) 盐效应——使难溶电解质溶解度略有增大

$$\xrightarrow{\text{平衡移动方向}}$$

$$\text{如} \quad BaSO_4(s) \rightleftharpoons Ba^{2+} + SO_4^{2-}$$
$$KNO_3 \Longrightarrow K^+ + NO_3^-$$

(3) 酸度的影响

调节溶液pH，可进行离子的分离及提纯。如为除去1.0mol·L^{-1}ZnSO$_4$溶液中的Fe^{3+}，溶液pH应控制为：**2.81<pH<5.7**

例 题

例 为除去1.0mol·L^{-1}ZnSO$_4$溶液中的Fe^{3+}，溶液的pH值应控制在什么范围？

解：**Fe(OH)$_3$沉淀完全时**

$$c(OH^-)\geqslant\sqrt[3]{\frac{2.79\times10^{-39}}{10^{-5}}}\ \text{mol·L}^{-1}=6.53\times10^{-12}\text{mol·L}^{-1}\quad pH\geqslant2.81$$

例 题

例 为除去1.0mol·L^{-1}ZnSO$_4$溶液中的Fe^{3+}，溶液的pH值应控制在什么范围？

解：**Zn(OH)$_2$开始沉淀时**

$$c(OH^-)=\sqrt{\frac{3\times10^{-17}}{1.0}}\ \text{mol·L}^{-1}=5\times10^{-9}\text{mol·L}^{-1}$$
$$pH\geqslant5.7$$

pH应控制为： 2.81<pH<5.7

M(OH)$_n$		开始沉淀pH		沉淀完全pH
分子式	$K_{sp}^{\ominus}$	$c(M^{n+})=$1mol·L^{-1}	$c(M^{n+})=$0.1mol·L^{-1}	$c(M^{n+})\leqslant$10^{-5}mol·L^{-1}
Mg(OH)$_2$	5.61×10^{-12}	8.37	8.87	10.87
Co(OH)$_2$	5.92×10^{-15}	6.89	7.38	9.38
Cd(OH)$_2$	7.2×10^{-15}	6.9	7.4	9.4
Zn(OH)$_2$	3×10^{-17}	5.7	6.2	8.24
Fe(OH)$_2$	4.87×10^{-17}	5.8	6.34	8.34
Pb(OH)$_2$	1.43×10^{-15}	6.58	7.08	9.08
Be(OH)$_2$	6.92×10^{-22}	3.42	3.92	5.92
Sn(OH)$_2$	5.45×10^{-28}	0.37	0.87	2.87
Fe(OH)$_3$	2.79×10^{-39}	1.15	1.48	2.81

调节溶液pH值，可进行离子的分离及提纯。
如：为除去 1 mol·L^{-1}ZnSO$_4$溶液中的Fe^{3+}，
溶液pH 2.81<pH<5.7

---

2. 沉淀是一步还是多步生成的？

演示实验

在浓度均为0.10 mol·L^{-1}的S^{2-}和CrO$_4^{2-}$ 溶液中加入Pb(NO$_3$)$_2$溶液。

现象：**PbS先沉淀，PbCrO$_4$后沉淀**

分步沉淀

□在混合离子溶液中，加入某种沉淀剂，离子先后沉淀的现象，叫作分步沉淀

□利用分步沉淀，可进行离子的分离

---

2. 沉淀是一步还是多步生成的？

例 在含浓度均为0.010mol·L^{-1}I$^-$、Cl$^-$溶液中滴加AgNO$_3$溶液是否能达到分离目的？

解：**(1) 判断沉淀次序**
同类型 $K_{sp}^{\ominus}(AgCl)=1.77\times10^{-10}$
$$\vee$$
$K_{sp}^{\ominus}(AgI)=8.52\times10^{-17}$

所以，**AgI先沉淀**

沉淀次序：同类型、同浓度，$K_{sp}^{\ominus}$小的先沉淀

为达到分离，即AgI沉淀完全时AgCl不沉淀

2. 沉淀是一步还是多步生成的？

例 在含浓度均为0.010mol·L⁻¹I⁻、Cl⁻溶液中加入$AgNO_3$溶液是否能达到分离目的？

解：(2) 计算AgCl开始沉淀时的$c(Ag^+)$

$$c(Ag^+) > \frac{K_{sp}^\ominus \times (c^\ominus)^2}{c(Cl^-)} = \frac{1.77 \times 10^{-10}}{0.010} \ mol·L^{-1}$$
$$= 1.77 \times 10^{-8} mol·L^{-1}$$

2. 沉淀是一步还是多步生成的？

例 在含浓度均为0.010mol·L⁻¹I⁻、Cl⁻溶液中加入$AgNO_3$溶液是否能达到分离目的？

解：(3) 计算$c(Ag^+) = 1.77 \times 10^{-8} mol·L^{-1}$时$c(I^-)$

$$c(I^-) = \frac{K_{sp}^\ominus \times (c^\ominus)^2}{c(Ag^+)} = \frac{8.52 \times 10^{-17}}{1.77 \times 10^{-8}} \ mol·L^{-1}$$

$$= 4.81 \times 10^{-9} mol·L^{-1} < 10^{-5} mol·L^{-1}$$

3. 沉淀的溶解和转化

(1) 沉淀的溶解

必要条件：$Q < K_{sp}^\ominus$

◆生成弱电解质

生成弱酸　$CaCO_3(s) + 2H^+ === Ca^{2+} + H_2CO_3$

生成水　　$Fe(OH)_3(s) + 3H^+ === Fe^{3+} + 3H_2O$

生成弱碱　$Mg(OH)_2(s) + 2NH_4^+ === Mg^{2+} + 2NH_3·H_2O$

并非所有的难溶弱酸盐都能溶于强酸，例如CuS、HgS、As_2S_3等，由于它们的K_{sp}实在太小，即使采用浓盐酸也不能有效地降低$c(S^{2-})$而使之溶解。

3. 沉淀的溶解和转化

(1) 沉淀的溶解

必要条件：$Q < K_{sp}^\ominus$

◆氧化还原法

$$3CuS(s) + 8HNO_3 ===$$
$$3Cu(NO_3)_2 + 3S + 2NO + 4H_2O$$

◆生成难解离的配离子

$$AgCl(s) + 2NH_3·H_2O ===$$
$$[Ag(NH_3)_2]^+ + Cl^- + 2H_2O$$

$$PbI_2(s) + 2I^- === [PbI_4]^{2-}$$

(2) 沉淀的转化

在试剂作用下，由一种难溶电解质转化为另一种难溶电解质的过程。

如：锅炉内壁锅垢($CaSO_4$)的除去用Na_2CO_3

$$CaSO_4(s) + CO_3^{2-} \rightleftharpoons CaCO_3(s) + SO_4^{2-}$$

$$K^\ominus = \frac{c(SO_4^{2-})}{c(SO_3^{2-})} = \frac{c(SO_4^{2-}) \cdot c(Ca^{2+})}{c(SO_3^{2-}) \cdot c(Ca^{2+})} = \frac{K_{sp}^\ominus (CaSO_4)}{K_{sp}^\ominus (CaCO_3)}$$

$$= \frac{4.93 \times 10^{-5}}{2.8 \times 10^{-9}} = 1.8 \times 10^{-4} \quad 沉淀转化趋势较大$$

类型相同的难溶强电解质，一般来说，溶度积大的难溶电解质易转化为溶度积小的难溶电解质；难溶电解质溶度积相差越大，转化越完全。

4. 沉淀反应的应用

制备难溶化合物

如：$Pb(NO_3)_2 + H_2SO_4 === PbSO_4 \downarrow + 2HNO_3$

$$CuSO_4 + 2NaOH === Cu(OH)_2 \downarrow + Na_2SO_4$$

$$Mn(NO_3)_2 + 2NH_4HCO_3 ===$$
$$MnCO_3 \downarrow + 2NH_4NO_3 + CO_2 \uparrow + H_2O$$

制备难溶化合物

如：氯碱工业饱和食盐水的精制

● 采用Na_2CO_3 — NaOH — $BaCl_2$

$$SO_4^{2-} + Ba^{2+} === BaSO_4 \downarrow$$

$$Ca^{2+} + CO_3^{2-} === CaCO_3 \downarrow$$

$$Ba^{2+} + CO_3^{2-} === BaCO_3 \downarrow$$

$$2Mg^{2+} + CO_3^{2-} + 2OH^- === Mg_2(OH)_2CO_3 \downarrow$$

离子鉴定

● Cu^{2+}——$K_4[Fe(CN)_6]$

$$Cu^{2+} + [Fe(CN)_6]^{4-} \xrightarrow{中性或酸性介质} Cu_2[Fe(CN)_6]$$
$$(红褐色)$$

● Mg^{2+}——镁试剂(对硝基苯偶氮间苯二酚)

$$Mg^{2+} + 镁试剂 \xrightarrow{强碱性介质} 天蓝色沉淀$$

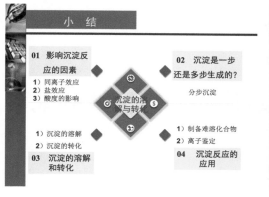

十一、课程资源

［1］李冰.无机化学［M］.北京：化学工业出版社，2021.

［2］宋天佑.简明无机化学［M］.北京：高等教育出版社，2013.

［3］周祖新.无机化学［M］.北京：化学工业出版社，2013.

［4］王元兰.无机化学［M］.北京：化学工业出版社，2011.

［5］宋其圣.无机化学［M］.北京：化学工业出版社，2008.

［6］韩晓霞，杨文远，倪刚.无机化学实验［M］.天津：天津大学出版社，2017.

［7］王新乐.溶解与沉淀平衡的探讨［J］.科技信息，2006，S3：130.

［8］范灵丽.从"难溶电解质的溶解平衡"谈"教学过程三注重"［J］.中国民族教育，2014，10：54-56.

［9］http://www.icourses.cn/sCourse/course_3396.html.吉林大学《无机化学》精品在线课程网.

［10］陈倩，尉忠.创设问题情境线索提升学生核心素养——以"沉淀溶解平衡"为例［J］.中学化学教学参考，2020，49(2): 29-30.

［11］刘臣，左京平."证据推理与模型认知"素养导向的"沉淀溶解平衡"教学实践与反思——以促进学生对沉淀转化实质的认识教学为例［J］.化学教与学，2020，23(9): 63-67.

［12］胡久华，郇乐.沉淀溶解平衡教学中驱动性问题链的设计与实践［J］.化学教育，2012，33(9): 55-59.

［13］刘玉荣，刘倩.基于发展学生化学核心素养的教学设计——以"沉淀溶解平衡"为例［J］.化学教育（中英文），2019，40(19): 41-46.

第9讲　氧化还原方程式的配平

一、课程及章节名称

课程名称	无机化学	适用专业	化学工程与工艺、应用化学、材料化学、制药工程等专业	年级	大学一年级

教材及章节：

　　李冰主编《无机化学》，化学工业出版社2021年出版。选自第6章氧化还原反应与电化学中6.1氧化数与氧化还原反应的配平。

二、教学目标

1. 知识目标

（1）理解氧化数的基本概念；

（2）掌握氧化数升降法进行配平的方法与技巧；

（3）掌握离子-电子法配平的方法与技巧。

2. 能力目标

（1）掌握多角度分析方程式并选择合理方法配平的能力，提升解决问题的能力；

（2）了解方程式配平在科研和工业中的重要作用，激发学生学习解决实际问题的热情。

3. 素养目标

（1）通过多种举例说明方程式可以配平的事实，树立起实事求是的唯物主义观点；

（2）通过举例说明配平方程式在科研和工业中的重要作用，使学生能直观地感到所学知识的实用性，做到学以致用。

4. 思政育人目标

（1）通过化合价升降法配平方程式时存在的不足，引导学生分析问题，开发逻辑思维；在引发认知冲突和解决问题的双向过程中，逐步掌握解决问题的方法。通过对化学方程式书写原则和配平方法的讨论，对学生进行尊重客观事实，遵从客观规律的辩证唯物主义观点的教育，培养严谨求实的科学精神和精益求精的工匠精神。

（2）通过氧化还原反应在生产生活中的应用，了解方程式配平在科研和工业中的重要作用，增强学生高度的社会责任感和开拓创新的精神，培养学生积极进取的人生态度。

三、教学思想

"OBE 教育理念"是一种成果导向教学法，它强调学生预期学习成果的确定、达成方式以及达成度的评价，构建"以学生为中心""以产出为导向"的持续改进的教学模式，通过对氧化数升降法和离子电子法的学习，注重以原子守恒为结果的导向，让学生自主归纳总结正确的逻辑线索。通过建立一个清晰的学习成果蓝图，为学生达到预期结果提供适宜的条件和机会，使学生由知识向能力逐步提升。

四、教学分析

1. 教材结构分析

本节课内容选自第 6 章"氧化还原反应与电化学"第 1 节"氧化数与氧化还原反应的配平"。在知识储备上，学生已掌握了一些简单的氧化还原方程式的配平方法。但学生配平的方法还比较单一，对于复杂方程式以及氧化还原反应的本质理解还不深入，不利于理解原电池的拆分和学习电极电势，因此需要掌握氧化数升降法及离子 - 电子法等方法。氧化还原反应的配平是无机化学、无机及分析化学等基础化学课程教学中一个重要的内容，也是学生较难掌握的知识点，需要在大学一年级夯实基础知识和相关技能，为学生学习后续课程奠定基础。

具体教材结构见图 9-1。

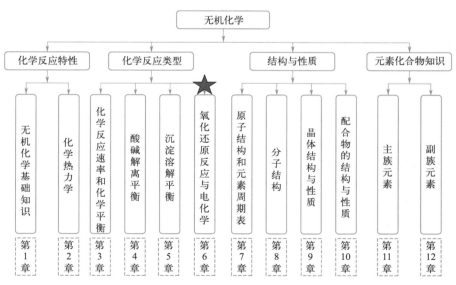

图 9-1　教材结构分析

2. 内容分析

教学内容从学生熟悉的氧化数升降法展开，通过例举、演示等多种形式说明氧化数升降法的优点；并通过分析不同的方程式类型，说明如何巧妙地使用氧化数升降法进行配平。与学生共同探讨氧化数升降法的优缺点，引出离子电子法的配平要点，最后举例说明其配平过程，进一步加深对氧化还原方程式配平和氧化还原本质的理解。

本节内容分析如图9-2所示。

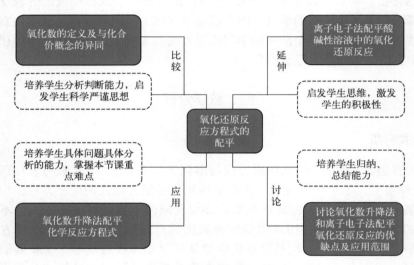

图9-2　内容分析

3. 学情分析

（1）知识基础

无机化学是一门研究无机物质的组成、结构、性质及变化规律的科学，包括无机化学中涉及的氧化还原反应及配平。它对学生比较好地将中学化学和大学化学进行衔接非常重要。

通过对复杂氧化还原方程式的配平，将有效加深学生对平衡概念的理解，将为后续课程的学习奠定基础。

（2）能力基础

在能力储备上，大一的学生能通过对具体反应实例进行简单分析，实现认识的迁移，抽象概念的生成、演绎，但对抽象概念的深入理解还不足。本节将通过离子电子法和氧化数升降法配平复杂方程式，在原有的基础，进一步提升对氧化还原理论的认知，帮助学生理解和掌握化学知识，增进学生对科学探究的理解，发展学生的科学探究能力；在心理特征上，该阶段学生具有较强的探索知识的好奇心，对配平有较大兴趣，通过本节课的学习将进一步锻炼学习者分析和解决问题的能力。

4. 重点难点（包括突出重点、突破难点的方法）

教学重点

离子-电子法配平氧化还原反应。

离子-电子法不仅常用于配平过程，而且在后续原电池的原理等知识点中也有重要的应用。通过反应实例，说明将一个氧化还原反应拆成两个半反应的方法和步骤，通过判断溶液的酸碱性，分析应该加入的是H^+，还是OH^-，通过判断O的数目的多少，教会学生在方程式的两边适时地添加H_2O。进一步通过练习，加深学生的理解。

教学难点

氧化数升降法配平特殊情况的氧化还原反应。

在讲授过程中，借助学生较为熟悉的铜和浓硝酸的反应，说明当氧化数部分变化时，应该从方程式右边配平。并引导学生自行配平铜和稀硝酸的反应，以加深印象。对于某物质氧化数变化不止一个的情况，引导学生分析变化总数，统一后再配平。

五、教学方法和策略

1. 目标教学法

目标教学法是一种以教学目标为核心和主线实施课堂教学的方法。教师以教学目标为导向，在整个教学过程中围绕教学目标展开一系列教学活动，并以此来激发学生的学习兴趣与积极性，激励学生为实现教学目标而努力学习。本节课的教学目标是掌握氧化数的基本概念以及配平方程式的两种方法：氧化还原配平法和离子-电子配平法。学生通过选择合适的配平方法，掌握配平技巧，提升学习能力。运用目标教学法，学生可根据实际情况选择合适的配平方法，充分发挥他们的想象力和创新能力来完成方程式配平的任务，使学生享受到自己学习成功的喜悦感和成就感，激发学生学习兴趣，促使学生更加努力地学习。

2. 问题导向教学法

在高中学习过的氧化还原方程式的配平方法的基础上提出问题，引领学生从中发现问题、启发思维、积极思考，同时借助学生熟悉的物质NaCl、HCl等给出氧化数的概念及含义，再通过问题诱发学生通过氧化数配平方程式。通过系列问题的步步引导，使学生从最基本的化合价升降法配平方程式向氧化数法、离子电子法配平方程式过渡，实现低阶思维向高阶思维的逐步提升。使学生在多种配平方法的合理选择和使用中提升分析问题与解决问题的能力。

六、教学设计思路

教学设计以案例为主线，注重课堂导向问题的设置，引出新方法。从学生熟悉的化合价入手，引出氧化数的概念，注重二者的区别。分析不同情况下的氧化还原方程式，引导学生多角度分析，展开三种不同情况下方法应用的讲解，通过多个例子加以巩固；与学生共同分析氧化数升降法的优缺点，引出离子-电子法，通过分析不同酸碱条件下的配平技巧，总结出规律，为原电池拆分半反应奠定基础。

总设计思路见图9-3。

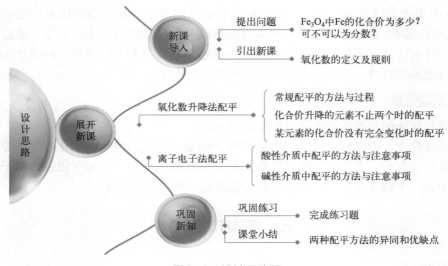

图9-3　设计思路图

七、教学安排

教学环节	教师活动/学生活动设计	设计意图
回顾旧知 导入新课	【回顾旧知】 氧化还原反应 【讲解】由此可见，在许多领域里都涉及氧化还原反应，认识氧化还原反应的实质与规律，对人类的生产和生活都是有意义的。 【提问】同学们会配平氧化还原方程式吗？ 　由于配平是高考必考内容，所以绝大多数同学会进行简单方程式的配平。	回顾氧化还原反应的应用，通过生活现象拉近学生与所学抽象概念的距离，实现微观问题宏观化，激发学生学习兴趣。 　认识氧化还原法在人类生产生活中的重要作用。

回顾旧知 导入新课	【举例】以出学生较熟悉的氨气的催化氧化为例： $NH_3+O_2 \longrightarrow NO+H_2O$ 在复习高中配平方法的基础上，增强学生自信心。 【观察】学生用的方法，单线桥法？双线桥法？化合价升降法？ 【加深难度】请同学们配平反应： $Fe_3O_4+HCl \longrightarrow FeCl_2+FeCl_3+H_2O$ 大多数同学会遇到困难，因为按照化合价的理论：Fe_3O_4中铁为$+8/3$价，化合价中没有分数，学生就遇到了难处。 【讲述】因此有必要把化合价的概念进行延伸，引出"氧化数"的概念。 一、氧化数规则 【提出问题】什么是"氧化数"呢？ 对于离子化合物，简单阴阳离子所带的电荷数就是该元素原子的氧化数。 【举例】NaCl 对于共价化合物，共用电子对偏向吸引电子能力较大的原子。 【举例】HCl 得出氧化数的定义。 【总结】氧化数是元素的原子在其化合态中的形式电荷数。这个电荷数可由假设把每个键中的电子指定给电负性较大的原子而求得。 【规则】（1）H的氧化数一般为$+1$，但活泼金属氢化物为-1。	回顾学过的配平方法，初步建构氧化还原反应的认知模型。

【举例】如

	NaH		CaH$_2$	
	Na	H	Ca	H
氧化数	$+1$	-1	$+2$	-1

（2）O的氧化数一般为-2，但过氧化物中为-1。

如	H$_2$O$_2$		Na$_2$O$_2$	
	H	O	Na	O
氧化数	$+1$	-1	$+1$	-1

（3）中性分子中，各元素原子的氧化数的代数和为零。

如	P$_2$O$_5$	
	P	O
氧化数	$+5$	-2

右栏（上段）：以问题为导向，使学生产生认知冲突，引出新知识。

右栏（下段）：通过举例归纳"氧化数"的概念。

回顾旧知 导入新课	（4）复杂离子中，各元素原子氧化数的代数和等于离子的总电荷。 　　　　$S_4O_6^{2-}$　　　　　　　　　　Fe_3O_4 　　　S　　　　O　　　　　　　Fe　　　　O 　　+5/2　　　−2　　　　　　　+8/3　　　−2 【强调注意事项】 （1）氧化数可以是正数、负数、整数、分数、零。 （2）氧化数与共价数不同。 　　如H_2，氧化数为0，共价数为1		强调新知识点氧化数和旧知识点化合价的区别，重视教学内容结构化设计。
探索新知	二、氧化数升降法配平 【讲述】首先讲明配平原则 （1）元素原子氧化数升高的总数等于元素原子氧化数降低的总数； （2）反应前后各元素的原子总数相等。 【举例】以例举法说明第一种情况。 （1）写出未配平的反应方程式。 　　　　$HClO_3+P_4+H_2O \longrightarrow HCl+H_3PO_4$ （2）找出元素原子氧化数降低值与元素原子氧化数升高值。 　　　+5　　　　0　　　　　　−1　　+5 　　$HClO_3+P_4+H_2O \longrightarrow HCl+H_3PO_4$ （3）根据第一条规则，求出各元素原子氧化数升降值，约分后，十字相乘。 　　　　+5　　　　0　　　　　　−1　　+5 　　$10HClO_3+3P_4+H_2O \longrightarrow 10HCl+12H_3PO_4$ 　　↓6　　↑5×4＝20　　　　约分 　　↓3　　↑10　　　　　　　十字相乘 （4）用观察法配平氧化数未改变的元素原子数目。 　　$10HClO_3+3P_4+18H_2O \Longrightarrow 10HCl+12H_3PO_4$ 【加强练习】 　　$KClO_3+FeSO_4+H_2SO_4 \longrightarrow KCl+Fe_2(SO_4)_3+H_2O$ 【讨论】和同学们一起小结这种情况下配平的过程。 【提问】 　　$PbO_2+MnBr_2+HNO_3 \longrightarrow Pb(NO_3)_2+Br_2+HMnO_4+H_2O$		教学视频 氧化数升降法配平 　　应用举例法提出问题，引发学生学习动机，调动已有的相关经验，使学习的主动性和指向性更强。

	这个方程式和之前的有什么区别？ 　　引导学生观察，发现异同点，互动教学过程。 　　发现 $MnBr_2$ 中两个元素的氧化数都发生了变化，而且都升高了。 　　【提问】当氧化数升降的元素不止两个的时候，该怎么办？ 　　【讲述】（1）可以把同一个物质中的升或降看为一个整体，这样就减少了一个变量。 　　（2）找出元素原子氧化数降低值与元素原子氧化数升高值。 $$\overset{+4}{Pb}O_2+\overset{+2\ -1}{Mn}Br_2+\overset{+2}{H}NO_3\longrightarrow \overset{+2}{Pb}(NO_3)_2+\overset{0}{Br_2}+\overset{+7}{H}MnO_4+H_2O$$ 　　（3）根据第一条规则，求出各元素原子氧化数升降值，约分后，十字相乘。	通过举例说明，紧扣知识脉络，加深学生对氧化数升降法配平的理解。
探索新知	 $$7\overset{+4}{Pb}O_2+2\overset{+2\ -1}{Mn}Br_2+\overset{+2}{H}NO_3\longrightarrow 7\overset{+2}{Pb}(NO_3)_2+2\overset{0}{Br_2}+2\overset{+7}{H}MnO_4+H_2O$$ 　　　↓2　　↑5+1×2＝7　　　约分 　　　　　　　　　　　　十字相乘 　　（4）用观察法配平氧化数未变的元素原子数目。 $$7PbO_2+2MnBr_2+14HNO_3=\!=\!=7Pb(NO_3)_2+2Br_2+2HMnO_4+6H_2O$$ 　　【加强练习】 　　以工业制硫酸的第一步反应为例，练习此种情况下的配平过程。 $$FeS_2+O_2\longrightarrow Fe_2O_3+SO_2$$ 　　【设问】$3Cu+8HNO_3(稀)=\!=\!=3Cu(NO_3)_2+2NO+4H_2O$ 和之前的氧化还原反应又有什么区别？ 　　【引导观察】HNO_3 中 N 的氧化数只有部分变化。 　　建议学生从方程式右面开始配平，就可以成功地避免这一情况。 　　【练习】由学生自行练习，教师观察学生的掌握能力，单独辅导。 　　【加强练习】 $$Cu+HNO_3(浓)\longrightarrow Cu(NO_3)_2+NO_2+H_2O$$ 　　【小结】不同情况下，氧化数升降法的配平过程及优缺点。 　　【设问】$3Fe+4H_2O(g)=\!=\!=Fe_3O_4+4H_2$ 的配平能不能用氧化数升降法。	引导学生观察方程式类型的异同，从全新的视角认识氧化数升降的元素不止两个时的配平方法，更加深入构建氧化还原反应模型。 通过鼓励学生应用氧化还原反应模型解决新情境中综合复杂的问题，进一步深化氧化还原反应模型的应用。

优点：简单、快捷；适用于水溶液和气固相反应中氧化还原反应。

缺点：必须知道元素的氧化数；不适用于氧化数是分数的氧化还原反应。

引出"离子-电子法"的学习。

三、离子-电子法。

【讲解】

1. 在配平时，不需知道元素的氧化数。

2. 能反映在水溶液中的氧化还原本质。

（1）反应过程中氧化剂得到的电子数等于还原剂失去的电子数；

（2）反应前后各元素的原子总数相等。

【练习】（1）写出未配平的离子反应方程式

$$MnO_4^- + SO_3^{2-} + H^+ \longrightarrow Mn^{2+} + SO_4^{2-}$$

（2）将反应分解为两个半反应方程式

$$MnO_4^- \longrightarrow Mn^{2+}$$

$$SO_3^{2-} \longrightarrow SO_4^{2-}$$

① 使半反应式两边相同元素的原子数相等

$$MnO_4^- \longrightarrow Mn^{2+}$$

左边多 4 个 O 原子，右边加 4 个 H_2O，左边加 8 个 H^+

$$MnO_4^- + 8H^+ \longrightarrow Mn^{2+} + 4H_2O$$

$$SO_3^{2-} \longrightarrow SO_4^{2-}$$

右边多 1 个 O 原子，左边加 1 个 H_2O，右边加 2 个 H^+

$$SO_3^{2-} + H_2O \longrightarrow SO_4^{2-} + 2H^+$$

② 使半反应式两边相同元素的原子数相等

$$MnO_4^- + 8H^+ \longrightarrow Mn^{2+} + 4H_2O$$

$$SO_3^{2-} + H_2O \longrightarrow SO_4^{2-} + 2H^+$$

③ 用加减电子数方法使两边电荷数相等

$$MnO_4^- + 8H^+ + 5e^- \longrightarrow Mn^{2+} + 4H_2O$$

$$SO_3^{2-} + H_2O - 2e^- \longrightarrow SO_4^{2-} + 2H^+$$

探索新知

有意识地培养学生归纳总结能力！

通过配平时无需知道元素的氧化数为基础，全面学习氧化还原反应的配平方法——离子-电子法，突破难点，构建起氧化还原反应完整、深入的认知模型。

教学视频

离子-电子法配平

引导学生思考，提高理解能力。

探索新知	④ 求出最小公倍数，乘以两个半反应式，并相加 $$\begin{array}{r|l}2 & MnO_4^-+8H^++5e^-\longrightarrow Mn^{2+}+4H_2O \\ +)5 & SO_3^{2-}+H_2O-2e^-\longrightarrow SO_4^{2-}+2H^+\end{array}$$ $2MnO_4^-+16H^++5SO_3^{2-}+5H_2O=\!=\!=2Mn^{2+}+8H_2O+5SO_4^{2-}+10H^+$ $2MnO_4^-+6H^++5SO_3^{2-}=\!=\!=2Mn^{2+}+3H_2O+5SO_4^{2-}$ **【总结规律】** 在配平半反应式时，如果反应物、生成物所含氧原子数不等，可根据介质的酸碱性来配平。 注意：酸性介质中不能出现 OH^- 　　　碱性介质中不能出现 H^+ | 半反应式	介质	
	酸性	碱性
多氧原子一侧	$+H^+$	$+H_2O$
少氧原子一侧	$+H_2O$	$+OH^-$ | **【加强练习】** $MnO_4^-+SO_3^{2-}+OH^-\longrightarrow MnO_4^{2-}+SO_4^{2-}$ 注意对学生巡视观察，了解掌握情况。	注重观察分析能力的培养，要求学生亲自算出来，而不是看明白就行，杜绝"眼高手低"。
小结	**【小结】** 1.氧化数升降法配平氧化还原反应方程式的方法和步骤； 2.选择不同氧化数升降法的技巧； 3.离子-电子法氧化还原反应方程式的方法和步骤； 4.两种配平方法的优缺点比较。	梳理氧化还原反应的知识点，促进零散到知识网络化、结构化，促进学生对知识形成稳定的理解。
课堂练习	**【巩固提高】** 利用所学知识，独立完成练习题。 1.什么是氧化数？氧化还原反应的实质是什么？ 2.指出下列物质中各元素原子的氧化数。 Cs^+、F^-、H_3O^+、H_2O_2、Na_2O_2、KO_2、CH_3OH、$Cr_2O_7^{2-}$、$KCr(SO_4)_2\cdot 12H_2O$ 3.配平下列反应方程式 $$S_2O_8^{2-}+Mn^{2+}\longrightarrow MnO_4^-+SO_4^{2-}$$ $$S_2O_3^{2-}+I_2\longrightarrow S_4O_6^{2-}+I^-$$	学以致用，通过课后练习有利于学生更好地把握思维过程和知识的整体架构，便于学生将新知识整合到已有知识体系。

预习新课	【结束】下一节将讲授原电池的概念及电极电势，请预习教材相关内容，查阅资料，相互交流。	引出下节课堂学习内容，让学生提前做好预习。

八、教学特色及评价

　　本设计采用案例教学法、问题导向教学法，通过回顾化合价和氧化数的区别，引出配平化学反应方程式的方法，完成课程设计。就氧化还原方程式的不同情况分别予以不同的配平方法，培养学生具体问题具体分析的能力。

　　教学设计以实例为主线，围绕导向性问题展开，遵循学生的认知规律和知识的逻辑顺序，注重新旧知识的衔接。在教学实践过程中，让学生主动参与进来，对已有的知识进行归纳、总结，找到更加合理、有效的学习方法和思路，提高学生学习的效率，掌握氧化还原配平方法。

　　围绕教学目标，学生可有效巩固复习氧化反应方程式配平的内容，并在此基础上进一步掌握氧化数和离子电子配平法，使学生在学习过程中学以致用，培养辩证思维能力和培养学生懂得"具体问题，具体分析"的科学素养。

　　本节课注重通过案例分析、练习来加强氧化数配平方法和离子电子配平法的学习和理解，增加氧化还原反应在生产生活中的应用实例，分析实际工业生产涉及的氧化还原问题，并提升学生学以致用的能力。

　　刚结束高考步入大学生活的大一新生还不能够将高中学习思维进行快速转变，习惯了原来的配平方法，因此本节课对教师如何有效地转变学生的学习思维方式提出了较高的要求。

九、思维导图

　　思维导图见图9-4。

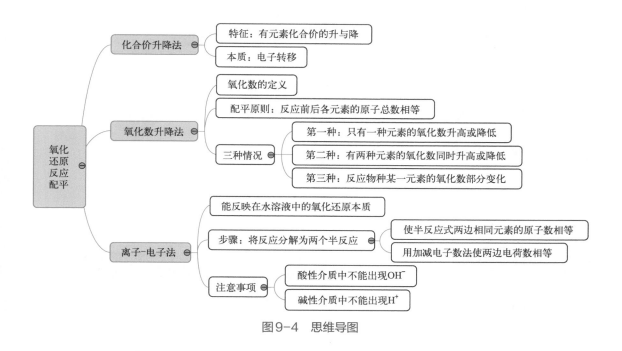

图9-4 思维导图

十、教学课件

氧化数规则

氧化数与共价数不同。如：H_2

注意事项

氧化数可以是正数、负数、整数、分数、零

氧化数升降法配平

反应前各元素的原子总数

反应 各元素的原子总数

配平原则

例 题 1

(1)写出未配平的反应方程式

$$HClO_3 + P_4 + H_2O \longrightarrow HCl + H_3PO_4$$

(2)找出元素原子氧化数降低值与元素原子氧化数升高值

$$\overset{+5}{H}ClO_3 + \overset{0}{P}_4 + H_2O \longrightarrow \overset{-1}{H}Cl + \overset{+5}{H}_3PO_4$$

例 题 1

(3)根据第一条规则，求出各元素原子氧化数升降值，约分后，十字相乘。

$$10\overset{+5}{H}ClO_3 + 3\overset{0}{P}_4 + H_2O \longrightarrow 10\overset{-1}{H}Cl + 12\overset{+5}{H}_3PO_4$$

$\downarrow 6 \quad \uparrow 5\times4=20$ 约分

$\downarrow 3 \quad \uparrow 10$ 十字相乘

(4)用观察法配平氧化数未改变的元素原子数目

$$10HClO_3 + 3P_4 + 18H_2O = 10HCl + 12H_3PO_4$$

例 题 2

（1）写出未配平的反应方程式

$$PbO_2 + MnBr_2 + HNO_3 \longrightarrow Pb(NO_3)_2 + Br_2 + HMnO_4 + H_2O$$

(2)找出元素原子氧化数降低值与元素原子氧化数升高值

$$\overset{+4}{Pb}O_2 + \overset{+2}{M}n\overset{-1}{Br}_2 + HNO_3 \longrightarrow \overset{+2}{Pb}(NO_3)_2 + \overset{0}{Br}_2 + H\overset{+7}{Mn}O_4 + H_2O$$

例 题 2

(3)根据第一条规则，求出各元素原子氧化数升降值，约分后，十字相乘。

$$7\overset{+4}{Pb}O_2 + 2\overset{+2}{M}n\overset{-1}{Br}_2 + HNO_3 \longrightarrow 7\overset{+2}{Pb}(NO_3)_2 + 2\overset{0}{Br}_2 + 2H\overset{+7}{Mn}O_4 + H_2O$$

$\downarrow 2 \quad \uparrow 5+1\times2=7$ 约分

十字相乘

(4)用观察法配平氧化数未变的元素原子数目

$$7PbO_2 + 2MnBr_2 + 14HNO_3 =$$
$$7Pb(NO_3)_2 + 2Br_2 + 2HMnO_4 + 6H_2O$$

氧化还原反应式配平课堂练习

(1) $FeS_2 + O_2 \longrightarrow Fe_2O_3 + SO_2$

(2) $H_2O_2 + Cr_2(SO_4)_3 + KOH$
$\longrightarrow K_2CrO_4 + K_2SO_4 + H_2O$

(3) $KClO_3 + FeSO_4 + H_2SO_4$
$\longrightarrow KCl + Fe_2(SO_4)_3 + H_2O$

氧化数升降法配平法

优点

◆简单、快捷；

◆适用于水溶液和气固相反应中氧化还原反应

不足

◆必须要知道元素的氧化数；

◆ 不适用于氧化数是分数的氧化还原反应

离子-电子法

1 **优点**

1. 在配平时，不需知道元素的氧化数

2. 能反映在水溶液中的氧化还原本质

2 **不足**

不适用于气固相反应的配平

离子-电子法

反应前各元素的原子总数　＝　反应后各元素的原子总数

配平原则

步　骤

（1）写出未配平的离子反应方程式

$$MnO_4^- + SO_3^{2-} + H^+ \longrightarrow Mn^{2+} + SO_4^{2-}$$

（2）将反应分解为两个半反应方程式

$$MnO_4^- \longrightarrow Mn^{2+}$$

$$SO_3^{2-} \longrightarrow SO_4^{2-}$$

$$MnO_4^- + SO_3^{2-} + H^+ \longrightarrow Mn^{2+} + SO_4^{2-}$$

（2）将反应分解为两个半反应方程式

1. 使半反应式两边相同元素的原子数相等

$$MnO_4^- \longrightarrow Mn^{2+}$$

左边多 4 个 O 原子，右边加 4 个 H_2O，左边加 8 个 H^+

$$MnO_4^- + 8H^+ \longrightarrow Mn^{2+} + 4H_2O$$

$$SO_3^{2-} \longrightarrow SO_4^{2-}$$

右边多 1 个 O 原子，左边加 1 个 H_2O，右边加 2 个 H^+

$$SO_3^{2-} + H_2O \longrightarrow SO_4^{2-} + 2H^+$$

步　骤

（2）将反应分解为两个半反应方程式

2. 使半反应式两边相同元素的原子数相等

$$MnO_4^- + 8H^+ \longrightarrow Mn^{2+} + 4H_2O$$

$$SO_3^{2-} + H_2O \longrightarrow SO_4^{2-} + 2H^+$$

步　骤

（2）将反应分解为两个半反应方程式

3. 用加减电子数方法使两边电荷数相等

$$MnO_4^- + 8H^+ + 5e^- \longrightarrow Mn^{2+} + 4H_2O$$

$$SO_3^{2-} + H_2O - 2e^- \longrightarrow SO_4^{2-} + 2H^+$$

注　意

在配平半反应式，如果反应物、生成物所含氧原子数不等时，可根据介质的酸碱性来配平。

注意：酸性介质中不能出现 OH^-
　　　　碱性介质中不能出现 H^+

半反应式	介质	
	酸性	碱性
多氧原子一侧	H^+	H_2O
少氧原子一侧	H_2O	OH^-

步　骤

（3）根据原则 1，求出最小公倍数，乘以两个半反应式，并相加。

$$\begin{array}{r} 2 \\ +)\;5 \end{array} \left| \begin{array}{l} MnO_4^- + 8H^+ + 5e^- \longrightarrow Mn^{2+} + 4H_2O \\ SO_3^{2-} + H_2O - 2e^- \longrightarrow SO_4^{2-} + 2H^+ \end{array} \right.$$

$$2MnO_4^- + 16H^+ + 5SO_3^{2-} + 5H_2O$$
$$\longrightarrow 2Mn^{2+} + 8H_2O + 5SO_4^{2-} + 10H^+$$

$$2MnO_4^- + 5SO_3^{2-} + 6H^+$$
$$\longrightarrow 2Mn^{2+} + 3H_2O + 5SO_4^{2-}$$

例 题 3

（1）写出未配平的离子反应方程式

$$MnO_4^- + SO_3^{2-} + OH^- \longrightarrow MnO_4^{2-} + SO_4^{2-}$$

（2）将反应分解为两个半反应方程式

$$MnO_4^- \longrightarrow MnO_4^{2-}$$
$$SO_3^{2-} \longrightarrow SO_4^{2-}$$

例 题 3

（2）将反应分解为两个半反应方程式

1.使半反应式两边相同元素的原子数相等

$$MnO_4^- \longrightarrow MnO_4^{2-}$$
$$SO_3^{2-} + 2OH^- \longrightarrow SO_4^{2-} + H_2O$$

右边多 1 个O原子，右边加 1 个H_2O，左边加2个OH

例 题 3

（3）根据原则1，求出最小公倍数，乘以两个半反应式，并相加。

$$
\begin{array}{r|l}
2 & MnO_4^- + e^- \longrightarrow MnO_4^{2-} \\
+)\,1 & SO_3^{2-} + 2OH^- - 2e^- \longrightarrow SO_4^{2-} + H_2O
\end{array}
$$

$$2MnO_4^- + SO_3^{2-} + 2OH^-$$
$$=\!=\!= 2MnO_4^{2-} + SO_4^{2-} + H_2O$$

氧化还原反应式配平课堂练习

$$Cr_2O_7^{2-} + Fe^{2+} + H^+ \longrightarrow Cr^{3+} + Fe^{3+} + H_2O$$

$$
\begin{array}{r|l}
1 & Cr_2O_7^{2-} + 14H^+ + 6e^- \longrightarrow 2Cr^{3+} + 7H_2O \\
+)\,6 & Fe^{2+} - e^- \longrightarrow Fe^{3+}
\end{array}
$$

$$Cr_2O_7^{2-} + 14H^+ + 6Fe^{2+}$$
$$=\!=\!= 2Cr^{3+} + 7H_2O + 6Fe^{3+}$$

氧化还原反应式配平课堂练习

(2) $K_2MnO_4 + H_2O \longrightarrow KMnO_4 + MnO_2 + KOH$

$$MnO_4^{2-} + H_2O \longrightarrow MnO_4^- + MnO_2 + OH^-$$

$$
\begin{array}{r|l}
1 & MnO_4^{2-} + 2H_2O + 2e^- \longrightarrow MnO_2 + 4OH^- \\
+)\,2 & MnO_4^{2-} - e^- \longrightarrow MnO_4^-
\end{array}
$$

$$MnO_4^{2-} + 2H_2O + 2MnO_4^{2-}$$
$$\longrightarrow MnO_2 + 4OH^- + 2MnO_4^-$$

整理

$$3MnO_4^{2-} + 2H_2O =\!=\!= 2MnO_4^- + MnO_2 + 4OH^-$$

氧化还原反应式配平课堂练习

(1) $I^- + H_2O_2 + H^+ \longrightarrow I_2 + H_2O$

(2) $OH^- + Cl_2 \longrightarrow Cl^- + ClO^-$

小 结

氧化数升降法配平

02

01   03

氧化数的概念   离子电子法配平

谢谢！

十一、课程资源

［1］李冰.无机化学［M］.北京：化学工业出版社，2021.

［2］宋天佑.简明无机化学［M］.北京：高等教育出版社，2013.

［3］周祖新.无机化学［M］.北京：化学工业出版社，2013.

［4］王元兰.无机化学［M］.北京：化学工业出版社，2011.

［5］宋其圣.无机化学［M］.北京：化学工业出版社，2008.

［6］http://www.icourses.cn/sCourse/course_3396.html.吉林大学《无机化学》精品在线课程网.

［7］侯保林，宋秀丽，李鹏鸽.电子守恒在化学方程式配平中的运用研究［J］.教学与管理，2022，39(6)：97-99.

［8］石磊，李德前.基于学科育人的化学教学设计——以"氧化还原反应方程式的配平"为例［J］.化学教与学，2022，25(3)：39-42.

［9］杨志杰，杭伟华.培养学生化学核心素养的小专题教学案例分析——以"氧化还原反应"单元整体教学设计为例［J］.化学教与学，2020，23(7)：63-67.

［10］冯露.化学方程式的配平多解探究［J］.化学教学，2018，40(4)：78-81.

［11］姬广敏，毕华林.高中生氧化还原反应理论认知水平对其化学方程式学习影响的研究［J］.化学教育，2012，33(12)：32-36.

第10讲　原电池与电极电势

一、课程及章节名称

课程名称	无机化学	适用专业	化学工程与工艺、应用化学、材料化学、制药工程等专业	年级	大学一年级

教材及章节：
　　李冰主编《无机化学》，化学工业出版社2021年出版。选自第6章氧化还原反应与电化学中6.2原电池与电极电势。

二、教学目标

1. 知识目标

（1）理解电极电势产生的原因及标准氢电极的定义；

（2）掌握浓度、酸度对非标准态电极电势的影响；

（3）掌握电极电势在计算电动势、判断氧化剂强弱以及氧化还原反应进行的次序等方面的应用。

2. 能力目标

（1）通过对非标准态电极电势的认识，提升学生具体问题具体分析的能力；对学生进行循序渐进的启发，旨在培养学生系统、整体、精细的化学思维，实现核心知识向应用转化，促进学生理解力、创造力、探索能力及自我表达能力的提升。

（2）将理论中电极电势的计算延伸到生活、生产实际，通过电极电势的数值定量地说明其在判断电池的正负极、氧化剂的相对强弱，氧化反应进行的次序，以及如何选择合适的氧化剂等方面的作用，提升学生综合解决问题的能力。

3. 素养目标

（1）通过"铜锌原电池、铜和锌电极电势的测定"的实例，初步形成利用实验探究解决问题的思维方式，并建立从化学学科视角认识事物和解决问题的思想和方法；

（2）通过电极电势的应用，掌握无机化学学习规律，体会化学学习的螺旋上升式进阶，

从而使学生在学习新知识的同时巩固旧知，体会化学原理的应用价值，做到学以致用，提升化学学科教学的知识素养。

4. 思政育人目标

（1）通过"电池的使用无处不在"的客观存在事实，深入了解社会及生产生活情况，增强学生的社会责任感，进而以"润物无声"的形式将正确的价值追求和理想信念有效传达给学生；

（2）通过学习过程，学会从化学视角去观察生活、生产和社会中有关"电池、电极电势、氧化还原反应"的问题，亲身体验科学探究的喜悦，从而培养学生积极探索的科学精神以及学习化学的兴趣。在 Cu-Zn 原电池的演示实验中，引导学生主动探索，严格要求操作规范，培养学生辩证认识问题的能力及勇于创新的时代精神。

三、教学思想

启发式教学是指教师在教学过程中根据教学任务和知识传递的客观规律，从学生的实际情况出发，采用提示、示范、图示、假设等多种教学方式，启发学生的思维，调动学生学习的积极性和主动性，从而让其在活跃的课堂中完成综合能力提升的一种创新型的教学思想。本节课通过设置一系列由易到难，层层推进的问题，然后充分利用演示实验、多媒体讲解、图示、动画、信息提示等方式启发学生对以上问题进行思考与探索，给学生带来直观的感受，最后运用实验现象和理论解释电极电势产生的原因。让学生经历由发现现象到探究本质的过程，调动学习的积极性，进而引导学生能用理论指导实践，理解电极电势的产生和影响因素，激起学生致力于电化学研究的热情。

四、教学分析

1. 教材结构分析

本节内容选自第 6 章"氧化还原反应与电化学"第 2 节"原电池与电极电势"。在知识储备上，学生已学习掌握了的章节内容有氧化还原反应，原电池，化学反应的质量关系和能量关系，化学反应的方向、速率和限度，酸碱反应和沉淀反应等，为本章节的学习奠定了一定的知识基础。

本节内容主要包括电极电势产生的原因及标准氢电极的定义；浓度、酸度对非标准态电极电势的影响；电极电势在计算电动势、判断氧化剂强弱以及氧化还原反应进行的次序方面的应用等。学习内容层层递进，螺旋式上升。

具体教材结构见图 10-1。

2. 内容分析

在知识储备上，通过高中化学必修和选择性必修课程的学习，学生对氧化还原反应以及原电池的相关知识有了初步了解，同时，学生在物理课中学过的电动势、电势差、电势等概

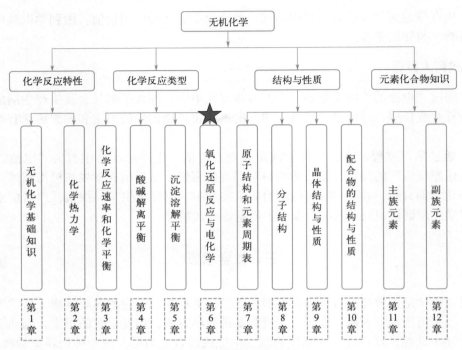

图10-1 教材结构分析

念，为本节课的探究奠定了一定的知识基础，但是上升到应用层面仍然存在一定困难，尤其是学生还未掌握非标准态电极电势和标准电极电势等"量"的概念，以及浓度、酸度对非标准态电极电势的影响。

教学过程以铜锌原电池为例，归纳总结原电池的组成和工作原理，分析原电池中闭合电路的形成过程。通过介绍能斯特的双电层理论，辅以示意图，向学生说明电极电势的产生过程。通过标准电极电势的数值定量地说明其在判断电池的正负极、氧化剂的相对强弱，氧化反应进行的次序，以及如何选择合适的氧化剂等方面的作用，让学生感受到所学知识的实用性。

本节内容分析如图10-2所示。

3. 学情分析

（1）知识基础

"原电池"内容作为氧化还原反应理论重要的延伸和应用，既体现了化学反应中能量转化的规律，又反映了化学与生产生活实际的重要联系，是电化学知识的基础。从知识层面上看，学生对金属活动性顺序、氧化还原反应、原电池的相关知识、化学反应的能量变化等知识已经有一定了解，同时，学生在物理课中学过的电动势、电势差、电势等概念，为本节课的探究也奠定了一定的知识基础。本节内容是本科生学习"电化学"的启蒙课，也是高中"电化学"部分知识的重要延伸，在无机化学教学中占重要地位。

通过本节课程的学习，使学生对物质的结构、物理性质和化学性质有基本了解，对化学中的五大平衡有基本掌握，并能进行基本计算，为后续课程的学习奠定基础。

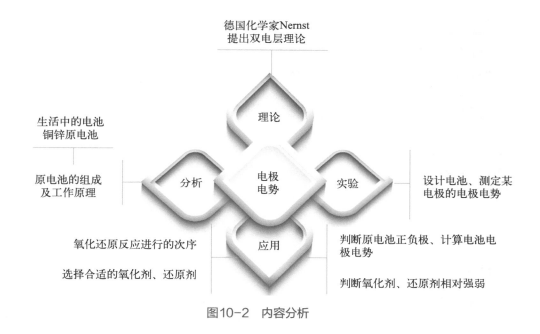

图10-2　内容分析

（2）能力基础

在能力储备上，大一的学生经过高中化学必修课程的学习，已经基本掌握了化学学科的学习特点和方法，同时也具备了对所学知识进行初步整合的能力。但是学生还不了解非标准态电极电势和标准电极电势的区别与联系，还未掌握浓度、酸度对非标准态电极电势的影响。通过本节学习，培养学生自主探究和归纳、总结的能力，养成科学严谨的治学态度；在心理特征上，该阶段学生具有较强的探索知识的好奇心，对设计化学实验有较大兴趣，可以充分利用学生对实验的浓厚兴趣组织教学。

4.　重点难点（包括突出重点、突破难点的方法）

❋ 教学重点

（1）原电池的组成和工作原理

本节课对原电池的教学采取引导回顾的方法，鼓励学生主动回忆（提出问题：什么是原电池？铜锌原电池的组成等），同时教师进行总结，借助课件以铜锌原电池示意图为例（便于学生更好地理解），介绍原电池的组成和工作原理，分析原电池中闭合电路的形成过程。

（2）电极电势的产生及测量方法

电极电势的产生及测量方法等知识点要循序渐进，借助对原电池闭合电路的形成分析，针对连接原电池两极的电极电势的产生及测量方法，导线有电流通过，说明两电极之间有电势差存在这一现象，引导学生提出疑问：电势差是怎样产生的呢？通过介绍能斯特的双电层理论，辅以示意图，向学生说明电极电势的产生过程。

教学难点

（1）理解非标准态电极电势和标准电极电势的区别与联系

通过对比法使学生认识到电极电势在标准态和非标准态下的差异，明确标准电极电势含义、表示符号及其物理意义。

（2）掌握电极电势在计算电动势、判断氧化剂强弱以及氧化还原反应进行的次序方面的应用

电极电势的应用，通过标准电极电势的数值定量地说明其在判断电池的正负极、氧化剂的相对强弱，氧化反应进行的次序，以及如何选择合适的氧化剂等方面的作用，让学生感受到所学知识的实用性。

五、教学方法和策略

1. 问题导向教学法

本节课通过"这是什么样的能量转换装置？电子、电流流动方向如何？哪一极是正极？哪一极是负极？"等问题，一环接一环地提问，设置问题冲突，引导学生主动建构原电池的知识结构，进一步提出"为什么两极的电势不相等？电势差是如何产生的？如何去测量电极的电势？电极电势的物理意义及用途"等问题发散思考，在解决问题的过程中，充分发挥学生的主体地位，将学生的创造性思维、批判性思维、复杂问题的解决思维融为一体。

通过设计确定"铜、锌电极的电极电势"的实例，突出标准氢电极的组成和意义，使得学生明确待测电极的电极电势是相对值的含义，从而引出新知识，展开新内容的学习。学生的思维也在潜移默化中得到不断的锻炼与提升，帮助学生更好地理解新知识。

2. 启发式教学法

本节课采用回顾旧知设置由易到难，层层递进的一系列问题，例如在"原电池"的讲解时，设置以下问题：（1）这是什么样的能量转换装置？（2）电子、电流流动方向如何？（3）哪一极是正极？哪一极是负极？（4）正极负极分别发生什么反应？（5）盐桥的作用是什么？（6）什么样的反应才能组成原电池？这些问题的内容和顺序适应学生的逻辑思维。在教师问题的引导下，让学生由实验的宏观现象逐步理解微观本质，注重宏观现象观察与微观本质分析的紧密结合。学生根据实验现象分析问题、解决问题，在感性认识的基础上，经过认真的思考、分析、总结，上升到理性认识。通过Cu-Zn原电池演示实验启发学生对以上问题进行思考与探索，不仅锻炼学生的思维能力，也可以培养学生主动思考、主动探索的良好学习习惯。

采取这样逐步深入的启发式教学法，可以使学生的思维处于兴奋状态，将学生的兴奋点和注意力集中到中心问题上。

3. 实验教学法

化学是一门以实验为基础的自然学科，实验是化学的灵魂，是化学的魅力和激发学生学习兴趣的主要源泉，更是培养和发展学生思维能力和创新能力的重要方法和手段。本节课中

原电池的工作原理抽象、难以理解，整个环节以实验为线索展开。实验设计一环扣一环，通过演示 Cu-Zn 原电池实验的方式将对原电池概念的理解进行拆解，逐个击破。教师以 Cu-Zn 原电池演示实验为推理的证据，通过一步步实验，直观地观察正负极的现象，展现对原电池理解的思维过程，最后再从氧化还原反应的角度再认识各类新型原电池，在此过程中学生学会运用创造性、批判性思维解决复杂问题，加深学生对概念的理解，提升学生的化学学科核心素养。

六、教学设计思路

教学设计秉承"知识问题化、问题情境化、情境生活化"的设计理念。从生活中各式各样的电池入手，结合在高中选修化学中对原电池的了解，以及在物理课中学过的电动势、电势差、电势等概念，以"铜锌原电池"为例，设置一系列问题启发引导学生思考与探索化学电池的基本原理，然后着重介绍原电池的组成和工作原理，分析原电池中闭合电路的形成过程。通过介绍能斯特的双电层理论，辅以示意图，向学生说明电极电势的产生过程，领会科学家在研究过程中的思路和方法。通过标准电极电势的数值定量地说明其在判断电池的正负极、氧化剂的相对强弱，氧化反应进行的次序，以及如何选择合适的氧化剂等方面的作用，逐步解答课堂开始时提出的几个问题，进一步加深对电极电势的认识。

本节内容采用"亦步亦趋"的讲授法讲解电极电势，从开始关注生活中的化学问题，到电极电势的测定、物理意义，再到电极电势的应用。对学生进行循序渐进的启发，旨在培养学生系统、整体、精细的化学思维，实现核心知识向应用转化，促进学生理解力、创造力、探索能力及自我表达能力的提升。

以学生为主体，充分调动学生的积极性。设计案例分析具体的实验，紧密联系实际，兼顾教材内容，拓宽视野。总设计思路见图 10-3。

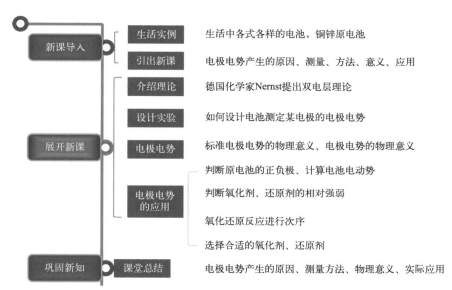

图 10-3　设计思路图

七、教学安排

教学环节	教师活动/学生活动设计	设计意图
回顾旧知 导入新课	【回顾旧知】  　　展示原电池在生活中经常遇到，以铜锌原电池为例说明其作用原理。 【演示实验】Cu-Zn原电池  【提问】依据视频回顾所学内容，回答以下问题。 （1）这是什么样的能量转换装置？ （2）电子、电流流动方向如何？ （3）哪一极是正极？哪一极是负极？ （4）正极负极分别发生什么反应？ （5）盐桥的作用是什么？ （6）什么样的反应才能组成原电池？ 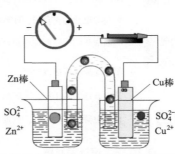	选用真实生活用品作为整体性的情境素材，由学生最熟悉的电池引入课程，从生活实际的角度突出本节课的重要性，了解化学与生产生活的有机联系。 　　通过Cu-Zn原电池演示实验视频，加深学生对于原电池的印象，直观的实验现象能够增强学生对本节内容的宏观认识，引导学生主动探索，基于实验事实和证据，培养学生的实证意识和严谨的求知态度。

<table>
<tr><td rowspan="5">回顾旧知
导入新课</td><td>

【设问】1. 为什么两极的电势不相等?

　　　　2. 电势差是如何产生的?

　　　　3. 如何去测量电极的电势?

　　　　4. 电极电势的物理意义及用途?

【提示】通过分析原电池的工作原理,解答前两个问题。

【解答问题】(1) 两极的电势不相等的原因是:由于两个电极分别发生了反应,使电子沿着导线做定向移动,因而两个电极的电势不同,以此产生电流。

(2) 电势差是如何产生的? 即"电极的电势是如何产生的?"

【过渡】这一问题的解决要借助今天学习的新内容——双电层理论。

【导入新课】Nernst 双电层理论

【史实】1889 年,德国能斯特首先提出,后经过其他科学家完善,建立了双电层理论,对电极电势产生的机理做了很好的解释。

【讲解】金属浸入其盐溶液时会出现两种倾向:

1. 金属以离子形式进入溶液

金属越活泼或溶液中金属离子越小,这种倾向越强。

2. 溶液中的金属离子沉淀在金属表面

金属越不活泼或溶液中金属离子越大,这种倾向越强。

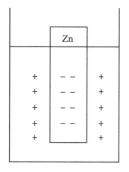 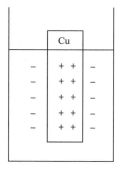

【讲解】以上两种情况都会使金属与溶液之间形成双电层。当金属在溶液中溶解和沉积速率相等时,则达到动态平衡。由于金属溶解的倾向大于沉积的倾向,导致达到平衡时,金属表面带负电荷与其盐溶液带正电荷之间就会产生电势差,这种电势差称为该金属的平衡电极电势,简称"电极电势"。

以学生非常熟悉的活泼金属钠与水的反应说明双电层理论的合理性。

</td><td>

设置四个核心问题使学生进入问题情境,激发学生学习电极电势的欲望,启发学生思考,引导学生进入新的学习环节。

引导学生依据原电池的原理展开分析,解决问题。

通过能斯特的科研经历阐明科学研究的严谨性。

理论源于实践,通过展示能斯特双电层理论的发展历程,了解古今中外人文领域的智慧成果,体验科学探究的艰辛与喜悦,增强学生的科学态度。

通过双电层理论的分析,解决实际问题,使学生明确电极电势产生的原因。

</td></tr>
</table>

一、电极电势的测定方法

【讲解】

以珠穆朗玛峰为例，其高度为8848.86米，并不是其绝对高度，而是以海平面为基准的高度，说明电极电势也是相对值。

电极电势的绝对值现还无法测知，但可用比较方法确定它的相对值。

选用标准氢电极作为比较标准规定它的电极电势值为零，即$\varphi(H^+/H_2)= 0V$。

【展示】进一步通过动画加深学生对标准氢电极的理解。

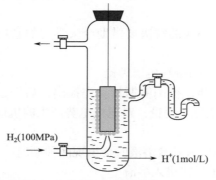

H₂(100MPa)

H⁺(1mol/L)

探索新知

【设问】如何测定某电极的电极电势？

【讲解】欲确定某电极的电极电势，可把该电极与标准氢电极组成原电池，测其电动势(E)，则E即为待测电极的电极电势。

以测定$\varphi^\ominus(Cu^{2+}/Cu)$、$\varphi^\ominus(Zn^{2+}/Zn)$为例，教会学生设计简单的原电池，并会计算电极电势。

【提问】测定非金属活动顺序表中电对的电极电势，如何设计原电池？

二、标准电极电势及其物理意义

$$\varphi=\varphi^\ominus+\frac{0.0591}{n}\lg\frac{[氧化型]}{[还原型]}$$

【课件演示】

待测电极处于标准态，也就是说，物质皆为纯净物，有关物质的浓度为$1mol\cdot L^{-1}$，涉及的气体分压为100kPa时，所测得的电极电势即为标准电极电势，记为$\varphi^\ominus(M^+/M)$。

以常见电对的标准电极电势数据为例，说明其物理意义。

电对	$\varphi^\ominus/V$
Li⁺/Li	−3.040

以珠穆朗玛峰为例，增加学生对电极电势是相对值的理解，培养学生的爱国主义情怀。

通过举例说明，加深学生对电极电势概念的理解。

用动画模拟，加深学生对标准氢电极的理解，将抽象的知识形象化，增强学生的求真精神。通过提出问题，激发学生思考，引出新课。

提出问题，让学生思考，学会设计实验，诊断并发展学生的实验设计水平，培养学生独立思考、独立判断、多角度分析问题的能力。

续表

电对	$\varphi^{\ominus}/\text{V}$
K^+/K	−2.924
Zn^{2+}/Zn	−0.7626
H^+/H_2	0
Cu^{2+}/Cu	0.340
Cl_2/Cl^-	1.229
$XeF/Xe(g)$	3.4

$\varphi^{\ominus}(Li^+/Li)$ 最小，Li 的还原性最强，Li^+ 的氧化性最弱。

$\varphi^{\ominus}(XeF/Xe)$ 最大，XeF 的氧化性最强，Xe 的还原性最弱。

【总结规律】电极电势的物理意义。

φ 的数值越小，该电对对应的还原型物质的还原能力越强，氧化型物质的氧化能力越弱。

φ 的数值越大，该电对对应的还原型物质的还原能力越弱，氧化型物质的氧化能力越强。

三、影响电极电势的因素

【讲解】标准电极电势是在标准态、298.15K 之下测定的，如果外界条件如温度、浓度、压力等发生变化，则反应就处于非标准状态。此时，电极电势也发生了变化，因此就必须讨论非标准态的电极电势。

【提问】依据能斯特方程，你能看出某一确定电对的电极电势受哪些因素影响吗？

【讲解】对于一个确定的电对，当体系温度一定时，其非标准态的电极电势 φ 主要与标准电极电势 $\varphi^{\ominus}$ 有关，浓度的大小对其也有一定的影响。

【举例】已知 $2H^+ + 2e^- === H_2$，$\varphi^{\ominus}=0$，求算 $[HAc]=0.10\text{mol} \cdot \text{dm}^{-3}$、$p_{H_2}=100\text{kPa}$ 时，氢电极的电极电势 φ。通过此例题，你能得出电极电势的其他影响因素吗？

【小结】电极电势的影响因素：当有 H^+ 或 OH^- 参与反应时，溶液的 pH 对电极电势有很大的影响。

四、电极电势的应用

【课件演示】

1. 判断原电池的正、负极，计算原电池的电动势

【举例】例1：由电对 Fe^{3+}/Fe^{2+}、Sn^{4+}/Sn^{2+} 构成原电池，判断原电池正、负极，计算其电动势。

$$\varphi^{\ominus}(Fe^{3+}/Fe^{2+})=+0.771\text{V}$$
$$\varphi^{\ominus}(Sn^{4+}/Sn^{2+})=+0.154\text{V}$$

探索新知

通过真实数据，实现精准化教学，改善教学的模糊性，培养学生尊重事实和证据，严谨求学的科学态度。

通过问题及实例引导学生思考电极电势的影响因素。

根据电极电势大的做正极的原则，判断出$\varphi^{\ominus}(Fe^{3+}/Fe^{2+})$为正极。

而电动势$E = \varphi^{\ominus}(+) - \varphi^{\ominus}(-) = 0.771V - 0.154V = 0.617V$

2.判断氧化剂、还原剂的相对强弱

例2：试比较$KMnO_4$、Cl_2、$FeCl_3$在酸性介质中的氧化能力。

【提问】学生们知道答案吗？

大多数学生会根据高中习题里的知识，定性地给出答案。

【继续提问】为什么$KMnO_4$的氧化性最强，能不能定量地说明？

电对	MnO_4^-/Mn^{2+}	Cl_2/Cl^-	Fe^{3+}/Fe^{2+}
$\varphi^{\ominus}$/V	1.51	1.3583	0.771

根据$\varphi^{\ominus}$的数值越大，氧化型物质的氧化能力越强的原理，得到答案。

氧化能力：$KMnO_4 > Cl_2 > FeCl_3$

3.氧化还原反应进行的次序

【总结规律】一般而言，反应首先发生在电极电势差值较大的两个电对之间。

在Br^-和I^-的混合溶液中加入Cl_2，哪种离子先被氧化？

$\varphi^{\ominus}(Cl_2/Cl^-) - \varphi^{\ominus}(Br_2/Br^-) < \varphi^{\ominus}(Cl_2/Cl^-) - \varphi^{\ominus}(I_2/I^-)$

反应首先在Cl_2和I^-之间进行。

4.选择合适的氧化剂或还原剂

【讲解】从$Fe_2(SO_4)_3$和$KMnO_4$中选择一种合适的氧化剂，使含有Cl^-、Br^-和I^-混合溶液中的I^-被氧化，而Cl^-、Br^-不被氧化。

【引导】引导学生查表分别得知各个电对的电极电势。

电对	$\varphi^{\ominus}$/V
I_2/I^-	0.5355
Br_2/Br^-	1.065
Cl_2/Cl^-	1.3583
Fe^{3+}/Fe^{2+}	0.771
MnO_4^-/Mn^{2+}	1.51

【解答】$\varphi^{\ominus}(MnO_4^-/Mn^{2+})$的电极电势最大，可以把其他还原剂均氧化，所以不能选！

而$\varphi^{\ominus}(Fe^{3+}/Fe^{2+})$只大于$\varphi^{\ominus}(I_2/I^-)$，所以可选。

探索新知

继续加深学生对电极电势数值的理解。

小结	【小结】本节课以生活中原电池的应用为线索，学习了正负两极电势不相等的原因、电势差产生的原因、电极电势的测定方法及电极电势的物理意义和用途，其中电极电势的测定方法是本节课的重点学习内容。 教学视频 电极电势	引导学生及时对本节内容基本知识和思路进行概况、整理，帮助学生对所学知识进行加工处理，使之结构化、条理化，提升学生对知识的归纳总结能力。
课堂练习	【巩固提高】 利用所学知识，独立完成作业。 　1.试用标准电极电势值，判断下列每种物质能否共存，并说明理由。 　（1）Fe^{3+}和Sn^{2+}；（2）Fe^{3+}和Cu；（3）Fe^{3+}和Fe；（4）Fe^{2+}和Fe（酸性介质）；（5）Cl^-、Br^-和I^-；（6）I_2和Sn^{2+} 　2.下列物质在一定条件下均可作为还原剂：$SnCl_2$、$FeCl_2$、KI、Zn、H_2、Mg、Al、H_2S。试根据它们在酸性介质中对应的标准电极电势数据按其还原能力递增顺序重新排列，并写出它们对应的氧化产物。	通过完成作业，进一步复习电极电势的相关知识，学会运用电极电势的知识解决问题。
预习新课	【结束】提出问题，引导学生思考。 　1.用能斯特方程式计算非标准态电极电势有哪些注意事项。 　2.电极电势与氧化还原反应的方向和限度有什么关系？ 课后预习教材相关内容，查阅资料，相互交流。	引出下节课堂学习内容，让学生做好准备。

八、教学特色及评价

　　在教学过程中通过图片、视频、动画，教师引导推演、学生思考-分析-归纳、师生积极互动等，促进学生设计方案、实验探究等，使用对比、归纳、整合提升等方法解决问题，将传统教学媒体与现代教学媒体有机结合起来，帮助学生串联、理解和消化知识，从宏观与微观视角解决问题，从而达到更好的教学效果。

　　教学设计根据学生层次的不同改变展开形式及问题梯度。如，电极电势的测定是本节课的重难点，通过播放动画加深学生对标准氢电极的理解，突破本节课的难点。通过课件演示，以图表形式展示常见电对的标准电极电势数据，设置合理台阶，帮助学生理解其物理意义。教学以科学家史为载体，将科学家研究理论的过程、思考方式在教学中呈现。

　　在教学目标达成方面，通过设计确定"铜、锌电极的电极电势"的实例，突出了标准氢电极的组成和意义，使得学生明确了待测电极的电极电势是相对值的含义，从而引出新知识，学生的思维也在潜移默化中得到不断的锻炼与提升。培养学生设计实验理念，提高创新意识，教学目标可顺利达成，使学生在学习过程中感觉到所学知识的实用性，从而改变以往基础课过于注重原理，忽视实验实践工作的弊端。

　　本节课通过回顾旧知，以生活中各种原电池为例，创设实际生活情境，从原电池到电极电势的测定，再到电极电势的应用，从生活经验到化学知识的学习，降低了学生对新知识的陌生感，减缓认知坡度，同时感受化学在满足实现人们美好生活中的贡献。

九、思维导图

思维导图见图10-4。

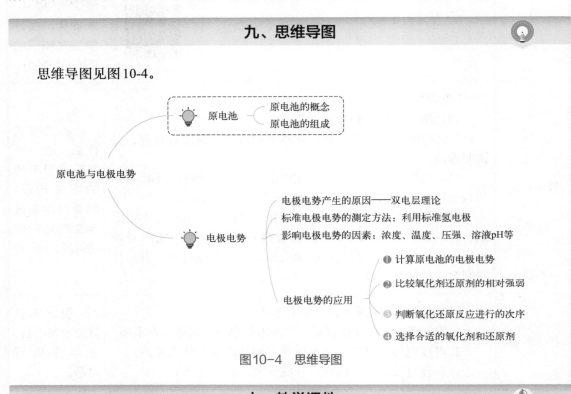

图10-4　思维导图

十、教学课件

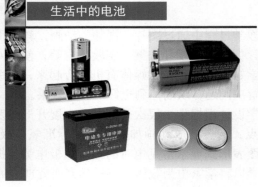

回顾复习

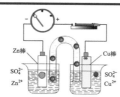

原电池是将化学能转变为电能的装置!

$$Zn + Cu^{2+} \longrightarrow Zn^{2+} + Cu$$

电池的电压：$E = E_{(+)} - E_{(-)}$

一、电极电势的产生

在 Cu-Zn 原电池中，电流由 Cu 极流向 Zn 极，说明 Cu 极的电势比 Zn 极高。

1. 为什么两极的电势不相等？
2. 电势差是如何产生的？
3. 如何去测量电极的电势？
4. 电极电势的物理意义及用途？

重点

一、电极电势的产生

德国化学家 Nernst 提出"双电层理论"

金属浸入其盐溶液时会出现两种倾向：

1. 金属以离子形式进入溶液

金属越活泼或溶液中金属离子越小，这种倾向越强。

2. 溶液中的金属离子沉淀在金属表面

金属越不活泼或溶液中金属离子越大，这种倾向越强。

一、电极电势的产生

金属在溶液中的溶解和沉淀速率相等时达到如下平衡：

$$M(s) \rightleftharpoons M^{n+} + ne^-$$

1. 为什么两极的电势不相等？
2. 电势差是如何产生的？

二、电极电势的测定

电极电势的绝对值现还无法测知，但可用比较法确定它的相对值

选用标准氢电极作为比较标准，规定它的电极电势值为零。

即 $\varphi^{\ominus}(H^+/H_2) = 0V$

二、电极电势的测定

1. 标准氢电极

$H_2 \leftarrow$

$\varphi^{\ominus}(H^+/H_2) = 0V$

$Pt -$

$H_2(100kPa) \rightarrow$

$H^+(1mol \cdot L^{-1})$

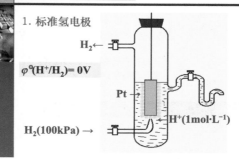

二、电极电势的测定

2. 电极电势的测定——设计实验

欲确定某电极的电极电势，

可把该电极与标准氢电极组成原电池

测其电动势（E），

则 E 即为待测电极的电极电势

二、电极电势的测定

例1. 测定 $\varphi(Cu^{2+}/Cu)$

设计原电池

$(-) \ Pt, \ H_2(100kPa) \ | \ H^+(1mol \cdot L^{-1}) \ \| \ Cu^{2+}(1mol \cdot L^{-1}) \ | \ Cu \ (+)$

测得原电池电动势：$\varphi = 0.340V$

$\varphi = \varphi_{(+)} - \varphi_{(-)} = \varphi(Cu^{2+}/Cu) - \varphi(H^+/H_2)$

$\varphi(Cu^{2+}/Cu) = \varphi - \varphi^{\ominus}(H^+/H_2)$

$= 0.340V - 0V = +0.340V$

二、电极电势的测定

例2. 测定 $\varphi(Zn^{2+}/Zn)$

设计原电池

$(-)\ Zn\ |\ Zn^{2+}(1mol\cdot L^{-1})\ \|\ H^+(1mol\cdot L^{-1})\ |\ H_2(100kPa),\ Pt\ (+)$

测得原电池电动势：$\varphi = 0.7626V$

$\varphi = \varphi_{(+)} - \varphi_{(-)} = \varphi^{\ominus}(H^+/H_2) - \varphi(Zn^{2+}/Zn)$

$\varphi(Zn^{2+}/Zn) = \varphi^{\ominus}(H^+/H_2) - \varphi$

$= 0V - 0.7626V = -0.7626V$

二、电极电势的测定

测定非金属活动顺序表中电对的电极电势，如何设计原电池？

三、标准电极电势及其物理意义

待测电极处于标准态

物质皆为纯净物

有关物质的浓度为 $1mol\cdot L^{-1}$

涉及的气体分压为 $100kPa$

所测得的电极电势即为标准电极电势

记为 $\varphi^{\ominus}(M^+/M)$

常用电对的标准电极电势(298.15K)

电对	电极反应	$\varphi^{\ominus}/V$
Li^+/Li	$Li^+ + e^- \rightleftharpoons Li$	-3.040
K^+/K	$K^+ + e^- \rightleftharpoons K$	-2.924
Zn^{2+}/Zn	$Zn^{2+} + 2e^- \rightleftharpoons Zn$	-0.7626
H^+/H_2	$2H^+ + 2e^- \rightleftharpoons 2H_2$	0
Cu^{2+}/Cu	$Cu^{2+} + 2e^- \rightleftharpoons Cu$	0.340
O_2/H_2O	$O_2 + 4H^+ + 4e^- \rightleftharpoons 2H_2O$	1.229
Cl_2/Cl^-	$Cl_2 + 2e^- \rightleftharpoons 2Cl^-$	1.229
$F_2/HF(aq)$	$F_2 + 2H^+ + 2e^- \rightleftharpoons 2HF(aq)$	3.053
$XeF/Xe(g)$	$XeF + e^- \rightleftharpoons Xe(g) + F^-$	3.4

电极电势的物理意义

E 的数值越小，该电对 $\begin{cases} 还原型物质的还原能力越强 \\ 氧化型物质的氧化能力越弱 \end{cases}$

E 的数值越大，该电对 $\begin{cases} 还原型物质的还原能力越弱 \\ 氧化型物质的氧化能力越强 \end{cases}$

E 的数值越大，氧化型物质的氧化能力越强！

四、 电极电势的应用

1. 判断原电池的正、负极 计算原电池的电动势

原电池中，$\varphi^{\ominus}(+) > \varphi^{\ominus}(-)$；电动势 $\varphi = \varphi^{\ominus}(+) - \varphi^{\ominus}(-)$

在标准态下：只需比较 $\varphi^{\ominus}$

例1：由电对 Fe^{3+}/Fe^{2+}、Sn^{4+}/Sn^{2+} 构成原电池，判断原电池正、负极，计算其电动势。

解：$\varphi^{\ominus}(Fe^{3+}/Fe^{2+}) = +0.771V$ （+）极

$\varphi^{\ominus}(Sn^{4+}/Sn^{2+}) = +0.154V$ （-）极

电动势 $\varphi^{\ominus} = \varphi^{\ominus}(+) - \varphi^{\ominus}(-) = 0.771V - 0.154V = \textbf{0.617V}$

四、电极电势的应用

2. 判断氧化剂、还原剂的相对强弱

例2：试比较 $KMnO_4$、Cl_2、$FeCl_3$ 在酸性介质中的氧化能力。

解：

电对	MnO_4^-/Mn^{2+}	Cl_2/Cl^-	Fe^{3+}/Fe^{2+}
$\varphi^{\ominus}/V$	1.51	>1.3583	>0.771

氧化能力：$KMnO_4 > Cl_2 > FeCl_3$

3.氧化还原反应进行的次序

一般而言，反应首先发生在电极电势差值较大的两个电对之间。

例

在 Br^- 和 I^- 的混合溶液中加入 Cl_2，哪种离子先被氧化？

解：

电对	Cl_2/Cl^-	Br_2/Br^-	I_2/I^-
$\varphi^{\ominus}$	1.3583	1.065	0.5355

反应首先在 Cl_2 和 I^- 之间进行。

$\varphi^{\ominus}(Cl_2/Cl^-) - \varphi^{\ominus}(Br_2/Br^-) < \varphi^{\ominus}(Cl_2/Cl^-) - E^{\ominus}(I_2/I^-)$

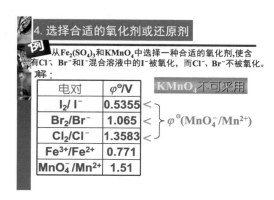

4. 选择合适的氧化剂或还原剂

例　从$Fe_2(SO_4)_3$和$KMnO_4$中选择一种合适的氧化剂,使含有Cl^-、Br^-和I^-混合溶液中的I^-被氧化,而Cl^-、Br^-不被氧化。

解:

$KMnO_4$不可采用

电对	$\varphi^{\ominus}$/V
I_2/I^-	0.5355
Br_2/Br^-	1.065
Cl_2/Cl^-	1.3583
Fe^{3+}/Fe^{2+}	0.771
MnO_4^-/Mn^{2+}	1.51

$\left. \begin{array}{l} < \\ < \\ < \end{array} \right\} \varphi^{\ominus}(MnO_4^-/Mn^{2+})$

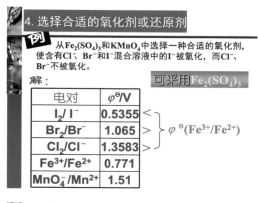

4. 选择合适的氧化剂或还原剂

例　从$Fe_2(SO_4)_3$和$KMnO_4$中选择一种合适的氧化剂,使含有Cl^-、Br^-和I^-混合溶液中的I^-被氧化,而Cl^-、Br^-不被氧化。

解:

可采用$Fe_2(SO_4)_3$

电对	$\varphi^{\ominus}$/V
I_2/I^-	0.5355
Br_2/Br^-	1.065
Cl_2/Cl^-	1.3583
Fe^{3+}/Fe^{2+}	0.771
MnO_4^-/Mn^{2+}	1.51

$\left. \begin{array}{l} < \\ > \\ > \end{array} \right\} \varphi^{\ominus}(Fe^{3+}/Fe^{2+})$

小　结

1　为什么两极的电势不相等?

2　电势差是如何产生的?

3　如何去测量电极的电势?

4　电极电势的物理意义及用途?

预习与思考!

1. 非标准态时,电极电势怎么计算?

2. 能否通过范德霍夫方程推出能斯特方程?

十一、课程资源

[1] 李冰. 无机化学 [M]. 北京: 化学工业出版社, 2021.

[2] 宋天佑. 简明无机化学 [M]. 北京: 高等教育出版社, 2013.

[3] 周祖新. 无机化学 [M]. 北京: 化学工业出版社, 2013.

[4] 王淑涛, 刘春英, 吕仁庆, 等. 能斯特方程式教学中一个重要关系的理解——电极电势与反应商 [J]. 高等函授学报(自然科学版), 2012, 25(2): 45-47.

[5] 章应辉. 不同标态下标准电极电势间关系的热力学解释 [J]. 大学化学, 2015, 30(3): 66-70.

[6] 任红艳, 黄宇. 大学无机化学"原电池"翻转课堂教学研究 [J]. 化学教育, 2017, 38(4): 26-29.

[7] http://www.icourses.cn/sCourse/course_3396.html. 吉林大学《无机化学》精品在线课程网.

[8] 罗玉梅, 吕银华. 在无机化学教学中关于原电池设计的探讨 [J]. 高等理科教育, 2006(6): 49-51.

[9] 梁爱琴, 钱备, 宁静, 等. 翻转课堂教学模式下知识迁移能力的培养——以"复杂氧化还原电对电极电势的计算"为例 [J]. 化学教育(中英文), 2022, 43(6): 39-44.

[10] 王雪飞, 高鹏, 高美, 等. 电极电势: 从电化学势说起 [J]. 化学教育(中英文), 2022, 43(6): 126-129.

[11] 郝蓓, 王澍. 基于学生高阶思维培养的高中化学教学策略研究——以"电池构造的改进与发展"教学为例 [J]. 化学教学, 2022(3): 32-37.

[12] 许玉明. 变异理论视域下"原电池原理"教学研究 [J]. 化学教学, 2022(6): 47-52.

第11讲 元素电势图及其应用

一、课程及章节名称

课程名称	无机化学	适用专业	化学工程与工艺、应用化学、材料化学、制药工程等专业	年级	大学一年级
教材及章节： 　　李冰主编《无机化学》，化学工业出版社2021年出版。选自第6章氧化还原反应与电化学中6.4元素电势图及其应用。					

二、教学目标

1. 知识目标

（1）理解元素电势图的定义和意义；

（2）掌握元素电势图的应用，计算电对的标准电极电势，判断能否发生歧化反应，解释元素的氧化还原特性。

2. 能力目标

（1）学会从电极电势图所提供的数据描述元素的性质，培养归纳总结能力；

（2）能够应用元素电势图解释元素的氧化还原特性，培养深入分析能力。

3. 素养目标

使学生了解元素不同氧化态之间的联系，培养学生应用原理知识解决问题的能力，让学生从死记硬背中解脱出来，激发学生的学习兴趣。

4. 思政育人目标

（1）通过巧妙设计问题，制造认知冲突，培养学生辩证认识问题的能力和积极进取的精神，将教育与科学精神的培养结合起来；

（2）以元素的电势图为主导，帮助学生有效解决问题，并注重学生科学思维的训练和提升，依据元素电势图，通过例证，培养学生探索未知、追求真理的责任感和使命感。

三、教学思想

通过本节课的教学使学生掌握元素电势图的应用，增强学生对元素化学的学习兴趣，注重培养学生识图表的能力，归纳、总结能力。教学过程中以学生为主体，通过举例说明电极电势图的优点。将所学知识融会贯通，加深对电极电势图应用的理解。

贯穿"以学生为中心"的教学思想是本节课的教学主线，主要以学生熟悉的 Cu 和 Fe 元素的性质为切入点思考"为什么 Cu^+ 在酸性溶液中会生成 Cu 和 Cu^{2+}，而 Fe^{2+} 不会生成 Fe 和 Fe^{3+}"，在高中阶段已经初步学习了歧化反应，但并不知道其为何能够发生反应，这让学生产生认知冲突，激发学生深入探究的兴趣，进而引入元素电势图的内容，通过举例，学生依据元素电势图、氧化数及标准电极电势进行计算，从而解答其真正原因。

四、教学分析

1. 教材结构分析

本节内容选自第 6 章"氧化还原反应与电化学"第 4 节"元素电势图及其应用"，是"氧化还原反应"章节的重要内容，也是指导"元素化合物"教学的理论基础。理解和掌握本节内容可以进一步开阔学生视野，促进学生高阶思维的发展。教材结构分析如图 11-1 所示。

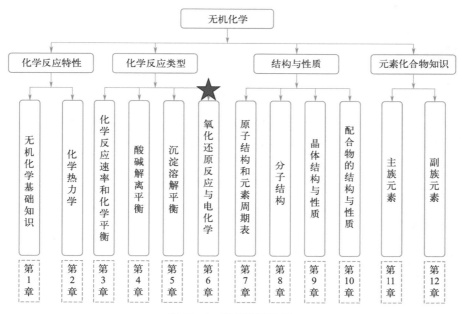

图 11-1　教材结构分析

2. 内容分析

本节内容主要介绍元素电势图及其应用。在此之前，教材已经安排了原电池与电极电势、氧化还原反应的方向和限度、氧化数和标准电极电势等知识内容的学习，为本节课的学

习做铺垫。本节课的内容也将为学生学习元素化合物的性质打下坚实的理论基础。

　　大一学生在高中阶段已经接触过一些简单的氧化还原反应，能够初步建构氧化还原反应的认知模型。本节课注重高中和大学的衔接，内容上安排具体实例，由表及里，难度层层推进。为了激发学生的学习兴趣，以高中学到的化学反应 $2Cu^+ \Longrightarrow Cu+Cu^{2+}$ 为例，引起学生的学习兴趣。本节内容分析如图11-2所示。

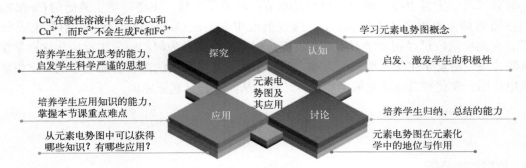

图11-2　内容分析

3. 重点难点（包括突出重点、突破难点的方法）

教学重点

（1）元素电势图的书写及通过元素电势图计算未知电对的电极电势；
（2）通过多个计算例题，加深对电极电势图概念和计算的理解。

教学难点

通过元素电势图计算未知电对的电极电势。

　　引用大量实例，步步研讨，层层分析，应用多媒体讲解，使学生形象直观地了解元素电势图及其应用，结合具体案例，深入讲解，进一步提高学生对元素电势图广泛应用的理解，以此突出本节课的重点，突破难点，巩固知识，全面提高学生的化学学科核心素养。

五、教学方法和策略

1. 问题驱动教学法

　　本节课通过创设有效的问题"为什么 Cu^+ 在酸性溶液中会生成 Cu 和 Cu^{2+}，而 Fe^{2+} 不会生成 Fe 和 Fe^{3+}"导入，启发引导学生，发现问题，继续探索，让学生不断产生兴趣，激发学生求知欲，从而引出本节课要学习的内容：元素电势图。依据元素电势图分析上述问题，在解决问题的过程中，培养学生证据推理思维以及严谨求实的科学态度。

2. 案例教学法

　　本节课的教学始终围绕着多个案例展开，通过分析典型案例 O_2、H_2O_2、H_2O 三者之间相互转化的元素电势图，依据各物质的氧化数以及各电对之间的标准电极电势进行计算。以计

算$\varphi^{\ominus}$（BrO^-/Br_2）为例说明元素电势图的应用能计算未知电对的电极电势；又利用元素电势图计算佐证Cu^+可以发生歧化反应。通过以上元素电势图的应用及分析解决为什么Fe^{2+}不会发生歧化反应生成Fe和Fe^{3+}。最后又以铁在非氧化性稀酸中被氧化成Fe^{2+}，而Fe^{2+}在空气中被进一步氧化成Fe^{3+}为案例，解释元素的氧化还原特性。

通过一系列案例，一步步地引导，提出问题，分析原因，最后依据元素电势图解决问题，不仅帮助学生更好地理解新知识，学生的思维也在潜移默化中得到不断的锻炼与提升，这一教学方法与问题驱动教学法相辅相成。

六、教学设计思路

教学设计以问题为主线，注重课堂导向问题的设置，发散思维。通过回顾旧知法提出问题，引出新内容电极电势图，以此激发学生学习的兴趣。在学生对电极电势图有定性认识的基础上，适当增加难度，要求学生掌握其写法。借助具体实例，使学生明白电极电势图的计算方法，并总结出计算公式。注重核心问题的设置与解决，课堂中既充分调动学生的主观能动性，又准确把握课堂节奏，最后，以多个实验为例，说明元素电极电势图的应用，并做好练习。

以学生为主体，充分调动学生的积极性。对学生进行循序渐进的启发，让学生跟随教师的思路一步一步进行自主探究，培养学生分析问题及解决问题的能力。总设计思路见图11-3。

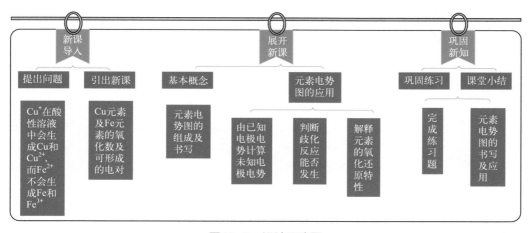

图11-3　设计思路图

七、教学安排

教学环节	教师活动/学生活动设计	设计意图
回顾旧知，提出问题，导入新课	【回顾旧知】上一节我们学习了氧化还原反应的方向和限度，$\lg K^{\ominus} = \dfrac{nE^{\ominus}}{0.0592} = \dfrac{n(\varphi_+^{\ominus} - \varphi_-^{\ominus})}{0.0592}$	用回顾旧知识法提出问题，制造认知

回顾旧知， 提出问题， 导入新课	【提出问题】为什么Cu^+在酸性溶液中会生成Cu和Cu^{2+}，而Fe^{2+}不会生成Fe和Fe^{3+}？ 【讨论】列出Cu元素及Fe元素的氧化数及可形成的电对。 【导出新课】通过本节课元素电势图的学习，我们就能够解释上面的问题。 【设问】什么是元素电势图呢？	冲突，培养学生辩证认识问题的能力和积极进取的精神。
探索新知	【讲解】元素电势图定义：把同一元素不同氧化数的各物质的氧化数由高到低顺序排列，并在两种物质之间标出对应电对的标准电极电势。 【举例】 $\varphi_A^\ominus/V$　　$O_2\ \xrightarrow{0.695}\ H_2O_2\ \xrightarrow{1.763}\ H_2O$ 　　　　　　0　　　　　　-1　　　　　　-2 　　　　　　　　　　1.299 $\varphi_B^\ominus/V$　　$O_2\ \xrightarrow{-0.076}\ HO_2^-\ \xrightarrow{0.867}\ H_2O$ 　　　　　　　　　　0.3955 【归纳总结】元素电势图的应用1——计算未知电对的电极电势 $A\ \xrightarrow[z_1]{\varphi_1^\ominus}\ B\ \xrightarrow[z_2]{\varphi_2^\ominus}\ C\ \xrightarrow[z_3]{\varphi_3^\ominus}\ D$ 　　　　　　　　$\xrightarrow[z]{\varphi^\ominus}$ $z\varphi^\ominus=z_1\varphi_1^\ominus+z_2\varphi_2^\ominus+z_3\varphi_3^\ominus$ $\varphi^\ominus=(z_1\varphi_1^\ominus+z_2\varphi_2^\ominus+z_3\varphi_3^\ominus)/z$ 【举例】 $\varphi_B^\ominus/V$　　$BrO_3^-\ \xrightarrow[z_1]{?}\ BrO^-\ \xrightarrow[z_2]{?}\ Br_2\ \xrightarrow[z_3]{1.065}\ Br^-$ 　　　　　　　　　　　　　$\xrightarrow[z_4]{0.76}$ 　　　　　　　　　　$\xrightarrow[z]{0.61}$ $\varphi_B^\ominus(BrO^-/Br_2)=\dfrac{z_4\varphi_B^\ominus(BrO^-/Br^-)-z_3\varphi_B^\ominus(Br_2/Br^-)}{z_2}$ $=\dfrac{(2\times0.76-1\times1.065)}{1}V$ $=0.455V$	引导学生观察规律，使其感受到分析讨论的重要性，激发学生深入分析的兴趣。 通过举例说明使学生了解元素电势图的书写与溶液酸碱性的密切相关。 通过讲解，使学生熟悉并掌握元素电势图，由已知电极电势求算未知电极电势。 例题解析可以加深学生对知识的理解。

探索新知	【讲解】元素电势图的应用2——判断歧化反应能否进行 反应 $2Cu^+\!=\!\!=\!Cu^{2+}+Cu$ $$Cu^{2+} \quad \underline{\quad 0.159 \quad} \quad Cu^+ \quad \underline{\quad 0.520 \quad} \quad Cu$$ $$\underline{\quad\quad\quad\quad 0.340 \quad\quad\quad\quad}$$ $\varphi^\ominus(Cu^+/Cu)=0.520V > \varphi^\ominus(Cu^{2+}/Cu)=0.159V$ 结论：$\varphi^\ominus($右$) > \varphi^\ominus($左$)$，Cu^+ 易发生歧化反应。 【讲解】歧化反应：当一种元素处于中间氧化数时，它一部分向高的氧化数状态变化(被氧化)，另一部分向低的氧化数状态变化(被还原)，这类反应称为歧化反应。 【提问】为什么 Fe^{2+} 不会发生歧化反应生成 Fe 和 Fe^{3+}？ 【讲解】如：$\varphi_A^\ominus/V$ $$Fe^{3+} \quad \underline{\quad 0.771 \quad} \quad Fe^{2+} \quad \underline{\quad -0.44 \quad} \quad Fe$$ （1）因 $\varphi^\ominus(Fe^{2+}/Fe)<0$，而 $\varphi^\ominus(Fe^{3+}/Fe^{2+})>0$ 故不能发生歧化反应，只能发生归中反应 【讲解】元素电势图的应用3——解释元素的氧化还原特性在非氧化性稀酸(如稀盐酸或稀硫酸)中 金属铁只能被氧化为 Fe^{2+}，$Fe+2H^+\!=\!\!=\!Fe^{2+}+H_2\uparrow$ （2）$\varphi^\ominus(O_2/H_2O)=1.229V > \varphi^\ominus(Fe^{3+}/Fe^{2+})$ 所以 Fe^{2+} 在空气中不稳定，易被空气中氧氧化为 Fe^{3+} $$4Fe^{2+}+O_2+4H^+\!=\!\!=\!4Fe^{3+}+2H_2O$$	解释上课开始提出的问题，引出歧化反应的概念以及怎样判断歧化反应能否发生。 利用元素电势图分析歧化反应能否发生，能够帮助学生在纷繁复杂的化学反应中找其本质规律，培养学生应用原理知识解决问题的能力。 步步研讨，层层分析，解释上课开始提出的问题，结合具体案例，巩固知识，全面提高学生的素养。
课堂小结	【小结】通过本节课的学习，知道了元素电势图的定义是把同一元素不同氧化数物质所对应电对的标准电极电势，按各物质的氧化数由高到低的顺序排列，并在两种物质之间标出对应电对的标准电极电势。也了解了元素电势图在计算未知电对的电极电势、判断歧化反应能否进行、解释元素的氧化还原特性中的应用。	帮助学生对所学知识进行条理化，培养归纳总结的能力。
课堂练习	【巩固提高】 利用所学知识，独立完成课后作业。 根据下列元素电势图回答问题。	培养学生融会贯通和综合分析的能力。

课堂练习	$$\begin{array}{ccccc} Cu^{2+} & \overset{0.159}{\rule{3em}{0.4pt}} & Cu^+ & \overset{0.52}{\rule{3em}{0.4pt}} & Cu \\ & \underset{1.980}{} & & \underset{0.799}{} & \\ Ag^{2+} & \overset{}{\rule{3em}{0.4pt}} & Ag^+ & \overset{}{\rule{3em}{0.4pt}} & Ag \\ & \overset{0.770}{} & & \overset{-0.44}{} & \\ Fe^{3+} & \rule{3em}{0.4pt} & Fe^{2+} & \rule{3em}{0.4pt} & Fe \\ & \underset{1.36}{} & & \underset{1.83}{} & \\ Au^{3+} & \rule{3em}{0.4pt} & Au^+ & \rule{3em}{0.4pt} & Au \end{array}$$ 【提问】 （1）Cu^+、Ag^+、Fe^{2+}、Au^+等离子中哪些能发生歧化反应？ （2）在空气中（注意氧气的存在），上述四种元素各自最稳定的是哪种离子？	
预习新课	【结束】下一节我们将讲授实用电池，请同学们预习教材相关内容，查阅资料，相互交流。	引出下节课堂学习内容，让学生做好预习。

八、教学特色及评价

本设计采用问题驱动教学法和案例教学法。通过精心设计探究问题，为学生打造高质量、全维度的高效课堂。设置的多个问题，一环接一环地提问，让学生在课堂积极思考中完成任务，促进学生主动思考。问题设计中突出元素电势图的应用。教学设计过程中主要采用讲授法，讲授元素电势图应用过程中引入例题，加强学生对知识的掌握和理解。

从教学情境创设方面来看，本节内容创设的情境紧扣课题，设问有梯度。例如："为什么Cu^+在酸性溶液中会生成Cu和Cu^{2+}，而Fe^{2+}不会生成Fe和Fe^{3+}？""什么是元素电势图？"这些问题既运用了原有知识，又提供新信息做参考，知识的出现不显突兀。本节课通过创设问题情境，引发一系列有思维容量、有层次的思考，为学生的思维活动打开一扇窗，使学生在解决问题中主动调用知识和技能，在思维火花的碰撞中慢慢接近事实的真相。

本节课的教学以案例和问题解决为主，通过系列驱动性学习任务，融合元素电势图的核心知识，使各教学环节环环相扣，始终贯穿"以学生为中心"的教学主线，创设多个问题情境，采用提问的方式，准确把握学生的学习情况，使教学活动和学习评价有机结合，进而促进学生对知识的理解和掌握。

对学生而言，元素电极电势图的概念是个重要知识点，若在教学中能引入情境化的知识的问题，将进一步调动学生学习的积极性，从而使整节课课堂气氛更加活跃，学习学习更加轻松，进而促进学生对于知识的理解和掌握。

九、思维导图

思维导图见图11-4。

$$z^\ominus = z_1^\ominus + z_2^\ominus + z_3^\ominus$$

元素的电极电势图及应用

电极电势的应用

计算电对的标准电极电势

判断能否发生歧化反应

解释元素的氧化还原特性

图11-4　思维导图

十、教学课件

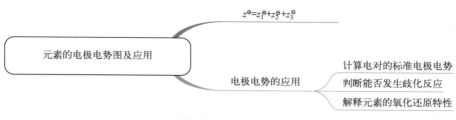

无机化学
Inorganic Chemistry
——第11讲　元素电势图及其应用

元素标准电极电势图及其应用

★ **定义:**
把同一元素不同氧化数物质所对应电对的标准电极电势,按各物质的氧化数由高到低的顺序排列,并在两种物质之间标出对应电对的标准电极电势。

$$\varphi_A^\ominus/V \qquad \begin{array}{cccccc} 0 & & -1 & & -2 \\ O_2 & \dfrac{0.695}{} & H_2O_2 & \dfrac{1.763}{} & H_2O \\ & & 1.229 & & \end{array}$$

$$\varphi_B^\ominus/V \qquad \begin{array}{ccccc} O_2 & \dfrac{-0.076}{} & HO_2^- & \dfrac{0.867}{} & H_2O \\ & & 0.3955 & & \end{array}$$

元素标准电极电势图及其应用

应用:1　计算电对的标准电极电势

$$A \ \dfrac{\varphi_1^\ominus}{z_1} \ B \ \dfrac{\varphi_2^\ominus}{z_2} \ C \ \dfrac{\varphi_3^\ominus}{z_3} \ D$$
$$\dfrac{\varphi^\ominus}{z}$$

$$z\varphi^\ominus = z_1\varphi_1^\ominus + z_2\varphi_2^\ominus + z_3\varphi_3^\ominus$$

$$\boxed{\varphi^\ominus = \dfrac{z_1\varphi_1^\ominus + z_2\varphi_2^\ominus + z_3\varphi_3^\ominus}{z}}$$

z、z_1、z_2、z_3 分别为各电对中氧化型与还原型的氧化数之差。

元素标准电极电势图及其应用

应用:1 $\quad \varphi^\ominus = \dfrac{z_1\varphi_1^\ominus + z_2\varphi_2^\ominus + z_3\varphi_3^\ominus}{z}$

例1:
$$\varphi_B^\ominus/V \quad BrO_3^- \ \dfrac{?}{z_1} \ BrO^- \ \dfrac{?}{z_2} \ Br_2 \ \dfrac{1.065}{z_3} \ Br^-$$
$$\dfrac{0.76}{z_4}$$
$$\dfrac{0.61}{z}$$

$$\varphi_B^\ominus(BrO^-/Br_2) = \dfrac{z_4\,\varphi_B^\ominus(BrO^-/Br^-) - z_3\varphi_B^\ominus(Br_2/Br^-)}{2}$$
$$= \dfrac{(2\times0.76 - 1\times1.065)V}{1}$$
$$= 0.455V$$

元素标准电极电势图及其应用

应用:1 $\quad \varphi^\ominus = \dfrac{z_1\varphi_1^\ominus + z_2\varphi_2^\ominus + z_3\varphi_3^\ominus}{z}$

例1:
$$\varphi_B^\ominus/V \quad BrO_3^- \ \dfrac{?}{z_1} \ BrO^- \ \dfrac{0.455}{z_2} \ Br_2 \ \dfrac{1.065}{z_3} \ Br^-$$
$$\dfrac{0.76}{z_4}$$
$$\dfrac{0.61}{z}$$

$$\varphi^\ominus(BrO_3^-/BrO^-) = \dfrac{z\varphi^\ominus(BrO_3^-/Br^-) - z_4\,\varphi^\ominus(BrO^-/Br^-)}{z_1}$$
$$= \dfrac{(6\times0.61 - 2\times0.76)V}{4}$$
$$= 0.535V$$

元素标准电极电势图及其应用

应用:2 　判断能否发生歧化反应

反应　　$2Cu^+ \longrightarrow Cu^{2+} + Cu$

$$\varphi_A^\ominus/V \qquad Cu^{2+} \ \dfrac{0.159}{} \ Cu^+ \ \dfrac{0.520}{} \ Cu$$
$$0.340$$

$\varphi^\ominus(Cu^+/Cu)=0.520V > \varphi^\ominus(Cu^{2+}/Cu^+)=0.159V$

结论: 　$\varphi^\ominus$(右) > $\varphi^\ominus$(左), Cu^+易发生歧化反应

当一种元素处于中间氧化数时,它一部分向高的氧化数状态变化(被氧化),另一部分向低的氧化数状态变化(被还原),这类反应称为歧化反应。

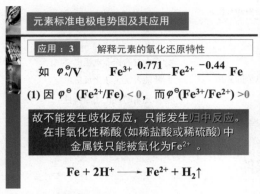

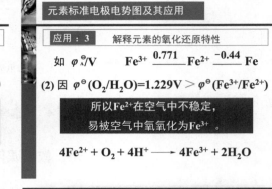

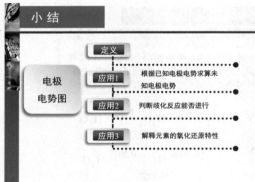

十一、课程资源

［1］李冰. 无机化学［M］. 北京：化学工业出版社，2021.

［2］宋天佑. 简明无机化学［M］. 北京：高等教育出版社，2013.

［3］张天蓝. 无机化学［M］. 北京：人民卫生出版社，2016.

［4］北京师范大学无机化学教研室编. 无机化学［M］. 北京：高等教育出版社，2003.

［5］孟长功. 无机化学［M］. 北京：高等教育出版社，2018.

［6］李淑妮，崔斌，唐宗薰. 元素电势图及其应用［J］. 宝鸡文理学院学报(自然科学版)，2001，1：39-44.

［7］邓朝丽. 电极电势及元素电势图在元素化学教学中的应用［J］. 五邑大学学报(自然科学版)，1996，1：43-50.

［8］http://www.icourses.cn/sCourse/course_3396.html. 吉林大学《无机化学》精品在线课程网.

［9］翁雪香，张瑞允，郑慧纯，等. 碘化钾溶液露置空气后发生的氧化反应及歧化反应［J］. 化学教学，2021(7):69-75.

第12讲　原子中电子的排布

一、课程及章节名称

课程名称	无机化学	适用专业	化学工程与工艺、应用化学、材料化学、制药工程等专业	年级	大学一年级
教材及章节：　李冰主编《无机化学》，化学工业出版社2021年出版。选自第7章原子结构和元素周期表中7.3核外电子排布和元素周期律。					

二、教学目标

1. 知识目标

（1）掌握电子在原子核外排布的三大规律（能量最低原理、泡利不相容原理、洪德规则）；

（2）掌握多电子原子轨道近似能级图中轨道的填充次序；

（3）能正确书写基态原子的电子排布式。

2. 能力目标

（1）通过观察分析元素周期表，提高学生分析整合的能力；

（2）通过例题的讲解，既了解检验了学生掌握知识、理论的程度，又培养了学生运用基本理论解决实际问题的能力。

3. 素养目标

（1）通过元素周期表发展史的学习，体会科学发展的艰辛，培养学生开拓创新、积极进取的精神；

（2）通过学习原子的核外电子排布和填充次序，逐步融入科学活动和科学思维中，体验科学研究的过程和认知的规律性，提高学生逻辑推理能力。

4. 思政育人目标

（1）通过原子结构的分析，找准切入点，从微观层面认识物质世界，将微观的世界由抽象到具体，树立结构决定性质的观念；以洪德等科学家实验总结出来的结果为例，使学生认

识理论是在实践中不断发展和完善的，科学地认识自然科学发展规律，培养学生探索未知、追求真理、勇攀科学高峰的责任感和使命感。

（2）通过元素周期表的发展史，让学生了解历史发展的轨迹，体验化学家的研究精神和勤于钻研、严谨求实的科学态度，激发青年学生的爱国热情，树立为中华民族伟大复兴而奋斗的信念。

三、教学思想

针对学生对基本假说、理论的内涵、外延理解不深、消化不透、掌握不准、运用不灵的情况，启发学生的思维，引导学生积极思考，突出以教师为主导，以学生为主体的教学思想，以生动活泼的形式学好抽象的理论课。

整个教学过程中通过理论讲解，练习分析，掌握三大规律及元素的分区依据，注重引导学生形成认识核外电子运动特征的基本视角，掌握元素周期系与核外电子分布的关系，教师通过比较、对比、归纳、概括等方法对原子的结构和元素周期律进行讲解，学生通过自主练习、主动分析加强对所学知识的理解。

教学设计牢牢把握"以学生为中心"的教学思想，从学生已有学习基础出发，通过学生熟悉的构造原理及原子核外电子排布规律学习本节课的重点内容，进一步掌握原子中电子的排布及规律，从中树立循序渐进的学习思想。

四、教学分析

1. 教材结构分析

本节课内容选自第7章"原子结构和元素周期表"第3节"核外电子排布和元素周期律"。原子结构、元素周期系一章是无机化学的难点，是"教"与"学"应努力突破的关键一环，对化学键的形成、分子的结构与性质、元素及化合物的相互依存、互变、衍生关系的理解具有重要的作用，为学生学习专业知识奠定必要的基础。具体的教材结构见图12-1。

2. 内容分析

在知识储备上，大一学生通过前期的学习，不仅了解了原子中核外电子的运动状态（原子轨道的大小、能量的高低次序及形成的基本原因），而且对原子轨道的形状及在空间的伸展方向有了一定的了解，这些知识为本节课的学习奠定了一定的理论知识基础，学生通过与老师共同回顾旧知识，引出多电子原子核外排布遵循的三大规律（能量最低原理、泡利不相容原理、洪德规则），而这只是一般规律，随着原子序数、核外电子及电子间相互作用的复杂改变，排布出现了一些例外现象，因而掌握近似能级图中轨道填充顺序具有重要作用。

3. 学情分析

（1）知识基础

原子结构理论是高中化学和大学无机化学的重要组成部分和学习难点，通过高中阶段的

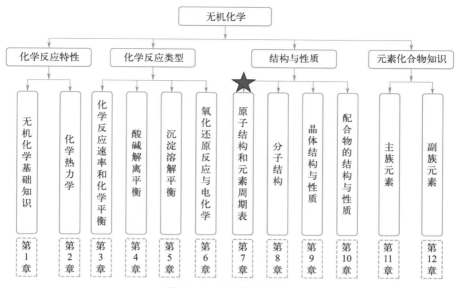

图12-1　教材结构分析

学习，学生已经初步了解原子结构模型，知道原子是由原子核和核外电子构成的，原子核是由质子和中子构成的以及初步了解核外电子排布情况，基本形成基于微观粒子尺度认识化学微观世界的化学思维。

学生虽然学习了核外电子的运动状态，并对能级排布顺序、电子填充的三大规律有初步了解，但对一些特例和元素分区的理解有些困难，通过本节课的学习，使学生对物质的结构、物理性质和化学性质有更深的了解，进而为推测物质的性质，为后续分子、固体结构与性质的学习奠定基础。

（2）能力基础

在能力储备上，大一的学生具备一定的空间想象力，经过高中化学课程的学习，学生具备基本的微粒观及运用实验事实、数据等证据素材证实事物之间联系的能力，但学生数据信息归纳得出结论的能力不足。通过本节课的学习，培养学生自主探究的能力和归纳、总结能力，养成科学严谨的治学态度，从微观视角和思路认识化学世界；在心理特征上，该阶段学生具有较强的探索知识的好奇心，原子结构的探究会引起学生对物质结构及性质的兴趣，因而有助于培养学生的探索能力。在价值观层面上，通过对原子结构进行分析，体验科学探究从宏观辨识到微观探析的演化进程。

学情分析如图12-2所示。

4.　重点难点（包括突出重点、突破难点的方法）

✿ **教学重点**

（1）书写特殊元素的核外电子结构排布式

在讲授过程中，借助多媒体和近似能级图的排布，使学生能深入地理解电子的填充顺序。

（2）元素的原子结构与元素周期表结构的关系

用多媒体和实例分析得到元素的原子结构与元素周期表结构的关系。

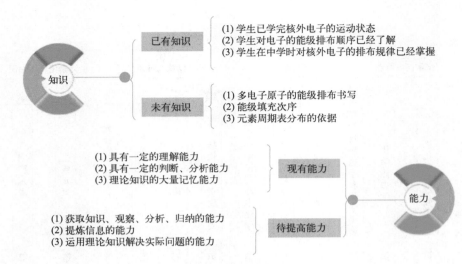

图12-2　学情分析

⬡ 教学难点

（1）近似能级图的填充顺序

借助于多媒体软件展示填充顺序，并对其进行讲解，试写具体的元素电子排布式，加深学生的理解。

（2）半满、全满、全空规则

举例说明各个情况的电子排布情况。

教学重难点如图12-3所示。

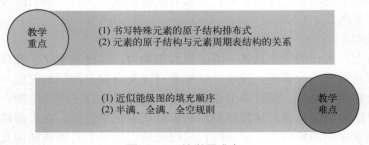

图12-3　教学重难点

五、教学方法和策略

1. 案例教学法

教师结合相关案例，调动学生的知识储备，在对案例进行分析解构的过程中得出结论，加深对相关概念的理解，实现知识向素养转化，最终使学生获得灵活利用知识的能力。整节课的教学都始终围绕着案例展开，通过对不同元素原子核外电子排布的讲解与分析，在问题的引导下，通过回顾核外电子排布遵循的三大规律，练习具体元素的核外电子排布，进而发现有些元素的核外电子排布的书写存在特例，并对原因进行分析。

2. 归纳总结法

通过观察分析原子轨道近似能级图，归纳总结出原子轨道能级的排布规则，有利于学生系统地掌握知识，补充和完善学生的已有认知，加强学生对电子排布的理解。

六、教学设计思路

教学设计以讲解案例为主线，注重课堂导向实例的设置，发散思维。从回顾旧知入手，在学生对原子核外电子运动状态有初步了解的基础上学习核外电子排布及元素周期表的有关知识，结合高中所学的内容进一步学习原子的核外电子排布原理和填充次序，通过实例讲解、归纳总结，将知识系统化，有助于学生更好地掌握知识，通过实例讲解分析，使学生深刻理解，改变了以往死记硬背的学习习惯，而且教师与学生互动，使学生由被动学习变为主动学习。本节课程注重案例分析，举一反三，对学生进行循序渐进的启发，让学生跟随教师的思路一步一步进行深入探讨。

本节课以学生为主体，充分调动学生的积极性。设计案例具体分析，紧密联系实际，兼顾教材内容，并深入挖掘原子电子排布式的本质，拓宽视野。总设计思路见图12-4。

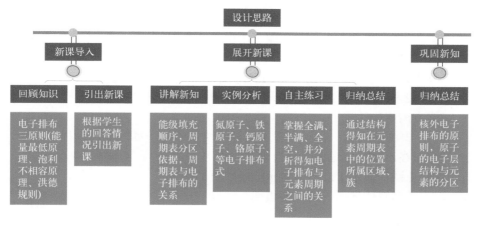

图12-4　设计思路图

七、教学安排

教学环节	教师活动/学生活动设计	设计意图
课前自学 回顾旧知 导入新课	【回顾旧知】核外电子的排布原则 【设问】核外电子的排布原则有哪些? 【多媒体展示】 1.能量最低原理 2.泡利不相容原理	用回顾旧知识法提出问题，激发学生学习的欲望。

课前自学 回顾旧知 导入新课	**3.洪德规则** 【资料】现代元素周期律的建立；核外电子排布规则的史料 　　1869年，门捷列夫(D.I. Mendeleev)提出的元素周期表，是以1803年道尔顿(J. Dalton)提出的原子论为思想基础的(元素不可变,原子不可分)。门捷列夫以原子量大小(周期)和化学性质的相似性(族)为2个维度，将当时已知的63种化学元素形成有周期性规律的体现，开创了将化学知识系统化的历史先河，使化学研究减少了盲目性。 【讨论】泡利不相容原理和洪德规则的具体要求，并举相应的例子简单阐述说明。 【自学汇报】核外电子的排布原则 【提问】请同学们写出氮原子的核外电子排布，并说明是怎样写的。	通过元素周期律的发展史，培养学生的科学精神，促进学生科学素养的提升。
构建知识 探索新知	【引导】书写氮原子的核外电子排布式，电子排布要遵循能量最低原理，由低能级向高能级排列。此外，还要遵循什么规则呢？ 【课件演示】一、基态原子中电子分布原理 【讲解】1.能量最低原理：原子为基态时，电子尽可能地分布在能级较低的轨道上，使原子处于能级最低状态。 　　2.泡利不相容原理：每一个原子轨道最多只能容纳两个自旋方向相反的电子。 　　3.洪德规则：在同一亚层的等价轨道中电子尽可能地单独分布在不同的轨道上，且自旋方向相同。 【课件演示】二、多电子原子轨道的能级 【多媒体展示】近似能级图 原子轨道近似能级图 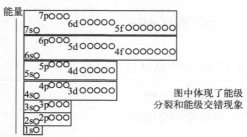 图中体现了能级分裂和能级交错现象 【讲解】能级排布规则 【总结】1. 能级K<L<M<N<O<P	通过举例说明电子分布原理。加深学生对新知识的理解。 　　从原子、电子等微观层面认识物质世界，通过例举洪德等科学家实验总结出来的结果，使学生认识理论是在实践中不断发展和完善的，科学地认识自然科学发展规律，树立终身学习的目标。

2. 同一电子层：$E_{ns} < E_{np} < E_{nd} < E_{nf}$

3. 同一原子，不同电子亚层有能级交错现象：如 $E_{5s} < E_{4d} < E_{5p}$

【补充】对近似能级图的几点说明：

（1）电子在轨道上的能级与原子序数有关。

（2）只能反映同一原子外电子层中原子轨道能级的相对高低，不一定能完全反映内电子层中原子轨道能级的相对高低。

（3）只能反映同一原子内各原子轨道能级的相对高低，不能比较不同元素原子轨道能级的相对高低。

（4）它是从周期系中各元素原子轨道图中归纳出的一般规律，不能反映每种元素原子轨道能级的相对高低，所以是近似的。

三、基态原子中电子的分布

【多媒体展示】核外电子填入轨道的顺序

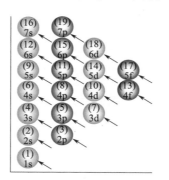

【讲解】应用核外电子填入轨道顺序图，根据泡利不相容原理、能量最低原理、洪德规则，可以写出元素原子的核外电子分布式。

【练习】^{19}K　　$1s^2 2s^2 2p^6 3s^2 3p^6 4s^1$

^{26}Fe　　$1s^2 2s^2 2p^6 3s^2 3p^6 3d^6 4s^2$

【引导】19 种元素原子的外层电子分布有例外

全充满：^{29}Cu　　$1s^2 2s^2 2p^6 3s^2 3p^6 3d^{10} 4s^1$

同样有：^{46}Pd、^{47}Ag、^{79}Au

半充满：^{24}Cr　　$1s^2 2s^2 2p^6 3s^2 3p^6 3d^5 4s^1$

同样有：^{42}Mo、^{64}Gd、^{96}Cm

【总结】当电子分布为全充满（p^6、d^{10}、f^{14}）、半充满（p^3、d^5、f^7）、全空（p^0、d^0、f^0）时，原子结构较稳定。

例外的还有：^{41}Nb、^{44}Ru、^{45}Rh、^{57}La、^{58}Ce、^{78}Pt、^{89}Ac、^{90}Th、^{91}Pa、^{92}U、^{93}Np。

四、简单基态阳离子的电子分布

【讲解】基态原子外层电子填充顺序：

$$\rightarrow n s \rightarrow (n-2)f \rightarrow (n-1)d \rightarrow np$$

构建知识探索新知

通过归纳、总结帮助学生系统地掌握知识。

通过讲解、分析，加强学生对知识的理解。培养学生运用科学思维认识事物、解决问题的能力。

构建知识
探索新知

价电子电离顺序：

$$\rightarrow np \rightarrow ns \rightarrow (n-1)d \rightarrow (n-2)f$$

【案例】 ^{26}Fe $1s^2 2s^2 2p^6 3s^2 3p^6 3d^6 4s^2$

或 $[Ar]3d^6 4s^2$

Fe^{2+} $1s^2 2s^2 2p^6 3s^2 3p^6 3d^6$

或 $[Ar]3d^6$

五、元素周期系与核外电子分布的关系

【讲解】最后一个电子填入的亚层为：

最外层的 s 亚层，s 区

最外层的 p 亚层，p 区

一般为次外层的 d 亚层，d 区

一般为次外层的 d 亚层，且为 d^{10}，ds 区

一般为外数第三层的 f 亚层，f 区

【总结】根据最后一个电子填入的亚层确定

最后一个电子填入的亚层	区
最外层的 s 亚层	s
最外层的 p 亚层	p
一般为次外层的 d 亚层	d
一般为次外层的 d 亚层，且为 d^{10}	ds
一般为外数第三层的 f 亚层	f

【总结】根据区和最外层、次外层电子数确定

区	族
s、p	主族(A)，族数＝最外层电子数
d	副族(B)， 族数＝(最外层＋次外层 d)电子数
ds	副族(B)，族数＝最外层电子数
f	镧系、锕系

六、元素周期表

【讲解】元素在周期表的位置（周期、区、族）取决于该元素原子核外电子的分布。

【案例】 ^{20}Ca

写出电子排布式 $1s^2 2s^2 2p^6 3s^2 3p^6 4s^2$

【总结】

● 周期数＝电子层数   四周期

● 最后一个电子填入 s 亚层   s 区元素

● 族数＝最外层电子数＝2   ⅡA

Ca 为第四周期、ⅡA 族元素

将知识系统化、简单化，便于学生掌握。

举例讲解便于理解，表格清晰明了，便于记忆。培养学生自觉、有效地获取、评估、鉴别信息的能力。

通过原子最外层电子的分析，注重学生科学思维方法的训练，培养学生探索未知、追求真理的信念。

构建知识探索新知	【案例】^{24}Cr 写出电子排布式　　　　　$1s^22s^22p^63s^23p^63d^54s^1$ 【总结】 ● 周期数＝电子层数　　　　　　四周期 ● 最后一个电子填入次外层d亚层　d区元素 ● 族数＝(最外层＋次外层d)电子数 　　　　＝(1+5)=6　　　　　ⅥB Cr 为第四周期、ⅥB族元素 【案例】^{47}Ag 写出电子排布式　　　　　　　　[Kr]$4d^{10}5s^1$ 【小结】 ● 周期数＝电子层数　　　　　　五周期 ● 最后一个电子填入次外层d亚层，而d电子数为10，ds区元素 ● 族数＝最外层电子数＝1　　　　　ⅠB Ag 为第五周期、ⅠB族元素	以实例证明结论，加强理解，引发思考，增强学生的注意力，培养学生缜密的化学逻辑思维能力。 锻炼分析能力，学会总结归纳知识。
总结	【总结】根据多电子原子轨道的能级分布，运用泡利不相容原理、洪德规则、能量最低原理（即基态原子中电子分布原理），写出原子核外电子的排布，进而写出简单基态阳离子的电子分布。原子核外电子分布决定该元素在周期表的位置，周期数等于电子层数，族序数等于最外层电子数。	帮助学生对所学知识进行加工处理，使之结构化、条理化，培养学生对知识的归纳总结能力。
课后作业	【巩固提高】 利用所学知识，独立完成课后作业。 1.试解释为什么在氢原子中3s和3p轨道的能量相等，而在氯原子中3s轨道的能量比3p轨道的能量要低。 2.试判断满足下列条件的元素有哪些？写出它们的电子排布式，元素符号，中、英文名称。 （1）有6个量子数为n=3、l=2的电子，有2个量子数为n=4、l=0的电子 （2）第五周期的稀有气体元素 （3）第四周期的第六个过渡元素 （4）电负性最大的元素 （5）基态4p轨道半充满的元素 （6）基态4s轨道只有1个电子的元素	培养学生融会贯通和综合分析能力。
预习新课	【结束】请同学们预习原子性质的周期性，下节课讲解相关内容，查阅资料，相互交流。	引出下节课堂学习内容，让学生做好准备。

八、教学特色及评价

　　本节课围绕教学目标，通过学习元素周期表发展过程，让学生身临其境地感受到科学探究的艰辛，了解元素周期表的发展历史。以洪德、泡利等科学家实验总结出来的结果为例，掌握电子在原子核外排布的规律，促进学生思维的发散，培养学生多角度分析问题、思考问题的能力及勤于钻研和严谨求实的科学态度。

　　从教学实施效果上看，本节内容厘清知识本体与情境素材的逻辑关系，实现了知识与情境的统一。深入贯彻"教师为主导，学生为主体"的教学原则，教师作为各教学环节的协调者、组织者，在每一个环节都注意保护学生的好奇心、求知欲。从学生已有认知出发，对核外电子进行本质性思考和结构化认识，结合高中所学的知识进一步学习原子的核外电子排布原理和填充次序，抽提出学科本质性问题和具有化学科学特质的认识视角，并通过实例讲解、归纳总结，将知识系统化，有助于学生更好地掌握核外电子排布规律。通过实例讲解分析，使学生更深入理解，改变了以往死记硬背的学习习惯，而且教师与学生互动，使学生由被动学习变为主动学习。

　　本节课理论阐述较多，逻辑思维较强，通过精心设计教学活动，选择恰当的教学素材，创设生动活泼的教学情境，设置合理的学习任务，构建核外电子排布原理的层次结构。在实际教学中，设计案例具体分析，紧密联系实际，各个时段时间安排得当，紧扣教材内容，注重学生知识的自我建构。在实施探究教学环节时，教师善于抓住机会，充分展现学生的思维。例如，在学习氮原子的核外电子排布的教学环节，教师积极引导学生，将问题进行有效拆解，给学生充分的思考时间，减少学生的畏难情绪。

九、思维导图

　　思维导图见图12-5。

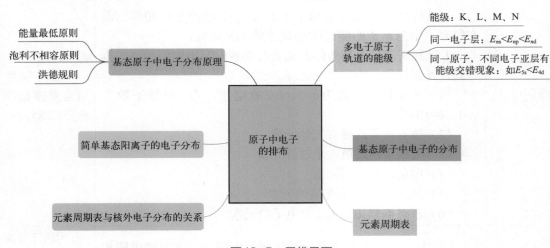

图12-5　思维导图

十、教学课件

无机化学
Inorganic Chemistry
——第12讲 原子中电子的排布

7.3.1 基态原子中电子分布原理

泡利不相容原理	洪德规则	能量最低原理
每个原子轨道最多只能容纳两个自旋方向相反的电子。	同一亚层等价轨道，电子尽可能单独排在不同轨道上，自旋方向相同。	原子为基态时电子尽可能地分布在能级较低的轨道上，原子能级最低。

如　^7N　$1s^22s^22p^3$　　　1s　2s　2p

7.3.2 多电子原子轨道的能级

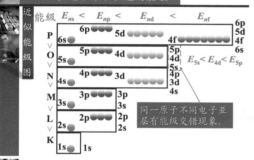

近似能级图

能级　$E_{ns} < E_{np} < E_{nd} < E_{nf}$

$E_{5s} < E_{4d} < E_{5p}$

同一原子不同电子亚层有能级交错现象。

7.3.2 多电子原子轨道的能级

对近似能级图的几点说明

- 电子在轨道上的能级与原子序数有关
- 不能比较不同元素原子轨道能级的相对高低
- 不能反映每种元素原子轨道能级的相对高低
- 不一定能完全反映内电子层中原子轨道能级的相对高低

7.3.3 基态原子中电子的分布

核外电子填入轨道的顺序

(16) 7s
(19)
(12) 6s　(15)　(18) 6d
(9) 5s　(11)　(14)　(17) 5f
(6) 4s　(8)　(10)　(13) 4f
(5)　(7) 3d　4d
(4) 3s
(2) 2s　(3)
(1) 1s

- 泡利不相容原理
- 能量最低原理
- 洪德规则

例：

^{19}K　$1s^22s^22p^63s^23p^64s^1$

^{26}Fe　$1s^22s^22p^63s^23p^63d^64s^2$

原子的核外电子分布式

7.3.3 基态原子中电子的分布

基态原子电子分布

19种元素原子的外层电子分布有例外

1.全充满　^{29}Cu　$1s^22s^22p^63s^23p^63d^{10}4s^1$

同样有：^{46}Pd、^{47}Ag、^{79}Au

2.半充满　^{24}Cr　$1s^22s^22p^63s^23p^63d^54s^1$

同样有：^{42}Mo、^{64}Gd、^{96}Cm

例外：

^{41}Nb、^{44}Ru、^{45}Rh、^{57}La、^{58}Ce、^{78}Pt、^{89}Ac、^{90}Th、^{91}Pa、^{92}U、^{93}Np

基态原子的价层电子构型

价层——价电子所在的亚层

价层电子构型——指价层的电子分布式

	I A												ns^2np^{1-6}				0
一	1 $1s^1$	II A											III A	IV A	V A	VI A	VII A	2
二	3	4											5	6	7	8	9	10
三	11	12	III B	IV B	V B	VI B	VII B		VIII		I B	II B	13	14	15	16	17	18
四	19	20	21	22	23	24	25	26	27	28	29	30	31	32	33	34	35	36
五	37	38	39	40	41	42	43	44	45	46	47	48	49	50	51	52	53	54
六	55	56	71	72	73	74	75	76	77	78	79	80	81	82	83	84	85	86

ns^{1-2}　　　$(n-1)d^{1-9}ns^{1-2}$　　　$(n-1)d^{10}ns^{1-2}$

7.3.4 简单基态阳离子的电子分布

经验规律

基态原子外层电子填充顺序：

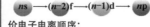

$ns \longrightarrow (n-2)f \longrightarrow (n-1)d \longrightarrow np$

价电子电离顺序：

$np \longrightarrow ns \longrightarrow (n-1)d \longrightarrow (n-2)f$

例　^{26}Fe　$1s^22s^22p^63s^23p^63d^64s^2$ 或 $[Ar]3d^64s^2$

　　Fe^{2+}　$1s^22s^22p^63s^23p^63d^6$ 或 $[Ar]3d^6$

原子实——原子中除去最高能级组以外的原子实体

7.3.5 元素周期系与核外电子分布的关系

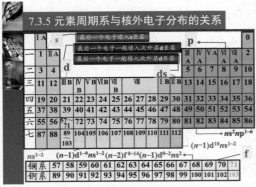

7.3.5 元素周期系与核外电子分布的关系

最后一个电子一般填入外层p亚层

ns^2np^{1-6}

$(n-1)d^{1-9}ns^{1-2}$

f

ns^{1-2}　$(n-1)d^{1-9}ns^{1-2}(n-2)f^{0-14}(n-1)d^{0-2}ns^2$

| 镧系 | 57 | 58 | 59 | 60 | 61 | 62 | 63 | 64 | 65 | 66 | 67 | 68 | 69 | 70 | 71 |
| 锕系 | 89 | 90 | 91 | 92 | 93 | 94 | 95 | 96 | 97 | 98 | 99 | 100 | 101 | 102 | 103 |

最后一个电子一般填入外数第三层f亚层

7.3.5 元素周期系与核外电子分布的关系

根据最后一个电子填入的亚层确定 ▶ 区

最后一个电子填入的亚层	区
最外层的 s 亚层	s
最外层的 p 亚层	p
一般为次外层的 d 亚层	d
一般为次外层的 d 亚层，且为 d^{10}	ds
一般为外数第三层的 f 亚层	f

7.3.5 元素周期系与核外电子分布的关系

根据区和最外层、次外层电子数确定 ▶ 族

区	族
s、p	主族(A)，族数 = 最外层电子数
d	副族(B) 族数 = (最外层 + 次外层d)电子数
ds	副族(B)，族数 = 最外层电子数
f	镧系、锕系

7.3.5 元素周期系与核外电子分布的关系

元素在周期表中的位置

取决于该元素原子核外电子的分布

例：^{20}Ca

电子排布式　$1s^2 2s^2 2p^6 3s^2 3p^6 4s^2$

- 周期数 = 电子层数　　　四周期
- 最后一个电子填入s亚层　　s区元素
- 族数 = 最外层电子数 = 2　　ⅡA

Ca 为第四周期、ⅡA 族元素

7.3.5 元素周期系与核外电子分布的关系

元素在周期表中的位置

取决于该元素原子核外电子的分布

例：^{24}Cr

电子排布式　$1s^2 2s^2 2p^6 3s^2 3p^6 3d^5 4s^1$

- 周期数 = 电子层数　　　四周期
- 最后一个电子填入次外层d亚层　d区元素
- 族数 = (最外层+次外层d)电子数　ⅥB
　　 = (1+5)=6

Cr 为第四周期、ⅥB族元素

小　结

原子核外电子排布

- 基态原子中电子的分布
  - 多电子原子轨道的能级
  - 基态原子中电子分布原理
- 简单基态阳离子的电子分布
- 元素周期系与核外电子分布的关系

谢谢！

十一、课程资源

［1］李冰.无机化学［M］.北京：化学工业出版社，2021.

［2］宋天佑.简明无机化学［M］.北京：高等教育出版社，2013.

［3］周祖新.无机化学［M］.北京：化学工业出版社，2013.

［4］梁爱琴，曲宝涵，宋祖伟."原子结构"入门知识的教学设计［J］.广东化工，2014,41(8): 164-165.

［5］杨天林.原子结构和元素周期系教学方案设计［J］.固原师专学报，2000, 21(3): 83-85.

［6］薛守成，齐志众，张翔宇.元素核外电子排布的本质［J］.哈尔滨师范大学自然科学学报，2009, 25(4): 61-64.

［7］http://www.icourses.cn/sCourse/course_3396.html.吉林大学《无机化学》精品在线课程网.

［8］陈彬，周仕东，郑长龙.现代元素周期律的化学微观视角探析［J］.化学教育（中英文），2020, 41(3):1-4.

［9］王娟娟，徐光静.基于深度学习的单元整合教学策略研究——以"原子结构与元素性质"教学设计为例
　　［J］.化学教与学，2021(14): 37-39+59.

［10］刘志宏，胡满成，高胜利.无机化学教学中"原子结构"内容怎样突破重点和难点［J］.化学教育（中
　　英文），2021, 42(12): 23-29.

［11］刘林，朱斌，徐光宪.原子核外电子排布近似规律及其应用［J］.化学教育，2016,37(2): 14-17.

［12］焦利燕，郑长龙，娄延果，等.基于建模思想的元素周期表教学［J］.化学教育（中英文），2022,
　　43(19): 40-46.

［13］李强，郑长龙，陈彬，等."基于尺度再探原子结构"的教学设计与实施［J］.化学教育（中英文），
　　2022, 43(5): 49-54.

第13讲　元素的电离能、亲和能和电负性

一、课程及章节名称

课程名称	无机化学	适用专业	化学工程与工艺、应用化学、材料化学、制药工程等专业	年级	大学一年级

教材及章节：
　　李冰主编《无机化学》，化学工业出版社2021年出版。选自第7章原子结构和元素周期表中7.4.2、7.4.3、7.4.4 电离能、电子亲和能和电负性。

二、教学目标

1.　知识目标

　　（1）理解元素电离能 I 的概念及变化规律，了解第一电离能与第二电离能的区别；
　　（2）掌握元素电子亲和能 E 的概念和变化规律，理解副族元素的变化规律；
　　（3）掌握元素电负性的概念和周期性变化规律。

2.　能力目标

　　（1）培养学生分析归纳元素基本性质、变化规律的逻辑思维能力；
　　（2）通过对电离能、电子亲和能、电负性图表的研讨与分析，提升学生信息提取与数据分析能力。

3.　素养目标

　　（1）培养学生尊重客观规律和严谨求实的科学态度；
　　（2）培养学生发现规律、总结规律、应用规律的创新精神。

4.　思政育人目标

　　（1）通过实际测得的电离能、亲和能以及电负性变化情况，得到电离能的变化规律，并意识到化学规律来源于生活实践，实践是检验真理的唯一标准；
　　（2）通过对宏观现象的微观本质分析，帮助学生形成辩证联系观。

三、教学思想

以科学家门捷列夫发现元素周期表的化学史实引出元素周期表及元素周期律。元素周期表是元素周期律的具体表现形式，是元素的性质随着元素原子核外电子数的增加而呈现出的周期性变化规律，各元素原子核外电子排布的周期性变化是元素性质周期性变化的根本所在，而元素电离能、亲和能、电负性与元素原子核外电子的排布有紧密联系。运用原子结构与性质基础理论知识和实验事实，结合研讨式教学法以及案例分析教学法，解释原子半径、电离能、电子亲和能和电负性是决定元素及其化合物性质的重要参数，引导学生对"结构-位置-性质"关系的认识有一个本质的提升，使学生建立"结构决定性质，性质反映结构"的化学科学观念。

四、教学分析

1. 教材结构分析

本节课内容选自第7章"原子结构和元素周期表"第4节的第2、第3和第4课时"电离能、电子亲和能和电负性"。本节内容是在学生学习了原子结构的基础上，进一步学习元素基本性质：电离能、电子亲和能和电负性的周期性变化规律。本节学习的课程内容与之前学习过的原子结构、元素周期表以及即将学到的元素的金属或非金属性有着密切的联系。

具体教材结构见图13-1。

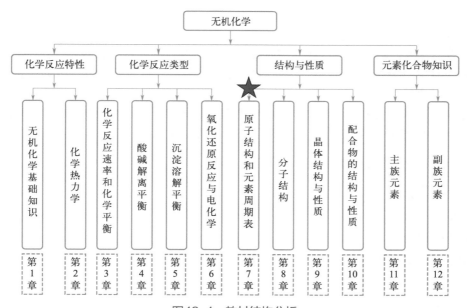

图13-1 教材结构分析

2. 内容分析

通过之前的学习，学生已经掌握了原子结构、元素周期表的基础知识，本节将重点讲解

电离能、电子亲和能和电负性的意义。理解并掌握电离能、电子亲和能及电负性的周期性变化规律。本节内容分析见图13-2。

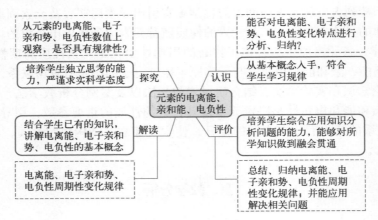

图13-2　内容分析

3. 学情分析

（1）知识基础

在知识基础方面，学生已经学习了原子和元素、原子结构的相关概念、微观粒子的运动特点、四个量子数、核外的电子排布和元素周期表等知识。学生对原子结构、核外的电子排布、元素周期表有初步的了解，对于元素的电离能、电子亲和能、电负性的学习起到了铺垫作用。

（2）能力基础

在能力基础方面，学生经过初高中阶段化学理论知识的积累，已具备一定的自主探究能力和联系、对比、分析问题的能力。同时学生有对物质结构内部进行深入研究的兴趣和欲望，有探求新事物的渴望与自信。因此本节课学生能够在元素周期表、元素周期律的基础上，通过对元素电离能、电子亲和能、电负性概念的界定，进一步分析总结其周期性的变化规律，培养学生宏微结合、实事求是的科学态度，提高学生自主分析及解决问题的能力。

4. 重点难点（包括突出重点、突破难点的方法）

教学重点

电离能（包括第一、第二电离能）、电子亲和能、元素电负性的概念，以及它们在族、周期中的变化规律。

调动学生的主观能动性，能够利用所学电离能、电子亲和势、电负性周期性变化规律解决实际问题。

教学难点

电离能变化的反常情况。

列举事实说明第三周期非金属元素的电子亲和能均高于第二周期的同族元素，引导学生发现规律的反常情况。

五、教学方法和策略

1. 案例分析法

　　教师通过对基本知识点的介绍，引发学生思考：同一主族元素核外电子排布规律及得失电子的性质、同周期元素核外电子的排布规律及得失电子的性质等；在此基础上，对知识点进行扩展：如元素电离能概念、亲和能概念、电负性等概念。进而分析讨论，得到元素原子电离能、电子亲和能、电负性等的周期性变化规律。

2. 研讨式教学法

　　结合教材，提出问题，为学生探索研究提供思考和讨论问题的环境，引导学生在思考、讨论、解决问题的过程中掌握理解元素的电离能、电子亲和能、电负性的基本概念，同时通过讨论适时引导学生思考，分析周期性变化的规律和特例。

3. 分析归纳法

　　通过分析观察教材中所附元素的第一电离能变化规律图和数据表、主族元素的电子亲和能数据表和主族元素的第一电子亲和能的变化规律图、元素电负性的数据，归纳它们在族、周期中的变化规律性。

六、教学设计思路

　　本节课以之前学过的核外电子排布、原子结构和元素周期表为基础，围绕"元素的电离能、电子亲和能、电负性"概念展开学习，运用现代教育技术手段，通过回顾旧知、引出新课、逐步引导、总结规律、巩固练习等环节启发引导学习者分析、理解和解决问题，促进思维发展，优化学习结果。总设计思路见图13-3。

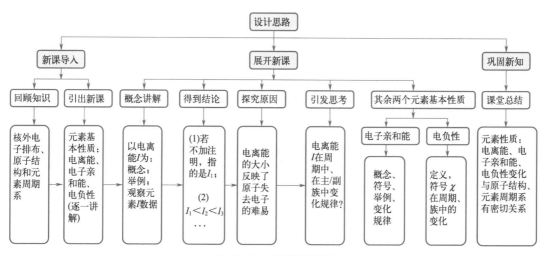

图13-3　设计思路图

七、教学安排

教学环节	教师活动/学生活动设计	设计意图
知识回顾 导入新课	【回顾知识】回顾上节课原子中的电子分布的内容以及随着元素荷电荷数的递增，元素原子外层的结构呈周期性变化，导致元素性质呈周期性变化的元素周期律。 【学生活动】整理思路，积极回顾上节课内容。 【问题一】什么是电离能？ 【讲解】基态气态原子失去电子变为气态阳离子，克服核电荷对电子的引力所消耗的能量，称为电离能，用 I 表示，I 的单位为 $kJ \cdot mol^{-1}$。原子失去电子的难易程度用电离能来衡量。 【举例讲解】某元素 1mol 基态气态原子，失去最高能级的 1mol 电子，形成 1mol 气态离子 (M^{+}) 所吸收的能量，叫这种元素的第一电离能 (I_1)。 例如：$Mg(g)-e^- \rule{1cm}{0.4pt} Mg^{+}(g)$　$I_1=\Delta H_1=738kJ \cdot mol^{-1}$ 1mol 气态离子 (M^{+}) 继续失去最高能级的 1mol 电子，则为第二电离能 (I_2)。 例如：$Mg^{+}(g)-e^- \rule{1cm}{0.4pt} Mg^{2+}(g)$　$I_2=\Delta H_2=1451kJ \cdot mol^{-1}$ 其余依次类推，I_3，I_4，……，I_n。	回顾旧知识，达到巩固作用。 应用回顾旧知识，提出问题，激发学生思考，引出新课。

I_n	$I_n/kJ \cdot mol^{-1}$
I_1	738
I_2	1451
I_3	7733
I_4	10540
I_5	13629
I_6	17994

教学环节	教师活动/学生活动设计	设计意图
	【讲解】通常所讲的电离能，若不加注明，指的是第一电离能。	
探索新知 学生思考	【问题二】以 Mg 的电离能数据为例，请观察，试着总结有何规律。 【讨论】电离能的大小反映原子失去电子的难易程度。 【分析】电离能用来衡量气态原子失去电子的难易。电离能越小，原子越易失去电子；电离能越大，原子越难失去电子。	通过实际测得的电离能变化情况，得到电离能的变

化规律，并意识到化学规律来源于生活实践，实践是检验真理的唯一标准。

电离能的周期性变化：

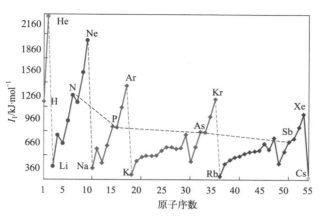

【得出结论】同一周期主族元素，从左到右，电离能逐渐增大；

同一周期副族元素，从左到右，电离能变化不规律；

同一主族元素，从上往下，电离能逐渐减小；

同一副族元素，从上往下，电离能变化不规律！

【学生活动】积极思考，总结规律。

【引入知识】下面将介绍另一个元素性质——电子亲和能，什么是电子亲和能？

【讲解】基态气态原子得到电子变为气态阴离子，所放出的能量，称为电子亲和能。用 E_A 表示，E_A 的单位为 $kJ \cdot mol^{-1}$。

第一电子亲和能（E_{A1}）——基态气态原子得到一个电子形成气态阴离子所放出的能量。

【举例说明】例如：$O(g)+e^- \rightleftharpoons O^-(g)$　$E_{A1}=-141kJ \cdot mol^{-1}$

其余依次类推……，有 E_{A2}，E_{A3}，E_{A4}，……，E_{An} 等。

例如：$O^-(g)+e^- \rightleftharpoons O^{2-}(g)$　$E_{A2}=+780kJ \cdot mol^{-1}$

【问题三】根据 O 的电子亲和能数据，请观察，试着总结有何规律。

【学生回答】电子亲和能用来衡量气态原子得电子的难易，电子亲和能代数值越小，原子越易得到电子。

【讲解】同上，通常讲的电子亲和能，若不加注明，指的是第一电子亲和能 E_{A1}。

【问题四】从原子结构、元素周期表角度，结合电子亲和能数据，试问，E_A 是否也具有周期性变化特点？

【学生活动】翻开教材，边查看相关数据，边思考。

【引导】同周期中，E_{A1} 将如何变化？

探索新知
学生思考

教师引导提问，促进学生主动思考问题，培养学生类比学习的能力，同时能够使学生更好地理解所学知识。

思考练习

【学生活动】同周期中，从左向右E_{A1}逐渐变大。

【引导】请同学们再仔细观察一下，有无特例？

【讲解】第二周期的氮原子N的E_{A1}为负值！因为N的电子结构为[He]$2s^2 2p^3$，2p轨道半充满，比较稳定，不易得电子，如果得到电子，非但不释放能量，反而要吸收能量，所以E_{A1}为负值。

【学生活动】理解记录，并在教材上标注。

【问题五】请大家再观察：第一电子亲和能在族中的变化。

【学生活动】同族中，从上向下E_{A1}逐渐变小。也有特例。第7主族的F元素E_{A1}反常。

【讲解】F元素反常的原因：因为半径比较小，电子云密度大，排斥外来电子，不易与之结合，所以E反而比较小。由于同种原因，O元素比同族的S元素和Se元素的电子亲和能小。

【总结】电离能I：表示元素气态原子形成正离子的能力大小；电子亲和能E：表示元素气态原子形成负离子的能力大小。

【分析引导】在许多反应中，电子并非完全发生得失，而常出现电子的偏移，如何体现元素的这一性质？1932年，Pauling提出了电负性的概念。

【得出结论】电负性：表示一个元素的原子在分子中吸引电子的能力，用χ表示。鲍林电负性是一个相对值，无单位；现已有多套电负性数据，应尽可能采用同一套数据。

氟原子的电负性约为4.0，其他原子与氟相比，得出相应数据。一般情况下：金属$\chi_p < 2.0$；非金属$\chi_p > 2.0$。（此分界为经验判断，不是绝对的！）

电负性

	IA	IIA	IIIB	IVB	VB	VIB	VIIB	VIII			IB	IIB	IIIA	IVA	VA	VIA	VIIA
一	H 2.1																
二	Li 1.0	Be 1.5											B 2.0	C 2.5	N 3.0	O 3.5	F 4.0
三	Na 0.9	Mg 1.2											Al 1.5	Si 1.8	P 2.1	S 2.5	Cl 3.0
四	K 0.8	Ca 1.0	Sc 1.3	Ti 1.5	V 1.6	Cr 1.6	Mn 1.5	Fe 1.8	Co 1.9	Ni 1.9	Cu 1.9	Zn 1.6	Ga 1.6	Ge 1.8	As 2.0	Se 2.4	Br 2.8
五	Rb 0.8	Sr 1.0	Y 1.2	Zr 1.4	Nb 1.6	Mo 1.8	Tc 1.9	Ru 2.2	Rh 2.2	Pd 2.2	Ag 1.9	Cd 1.7	In 1.7	Sn 1.8	Sb 1.9	Te 2.1	I 2.5
六	Cs 0.7	Ba 0.9	Lu 1.2	Hf 1.3	Ta 1.5	W 1.7	Re 1.9	Os 2.2	Ir 2.2	Pt 2.2	Au 2.4	Hg 1.9	Tl 1.8	Pb 1.9	Bi 1.9	Po 2.0	At 2.2

【问题六】同学们，请打开教材，观察"元素的电负性"数据表，试着寻找一下，有何变化规律？

【学生活动】观察数据，思索片刻。

通过反常的部分元素，帮助学生形成正确的物质观，认识到物质是客观存在的。

通过对元素电离能、电负性图表的分析，提升学生信息提取与数据分析能力。

思考练习	【讲解归纳】 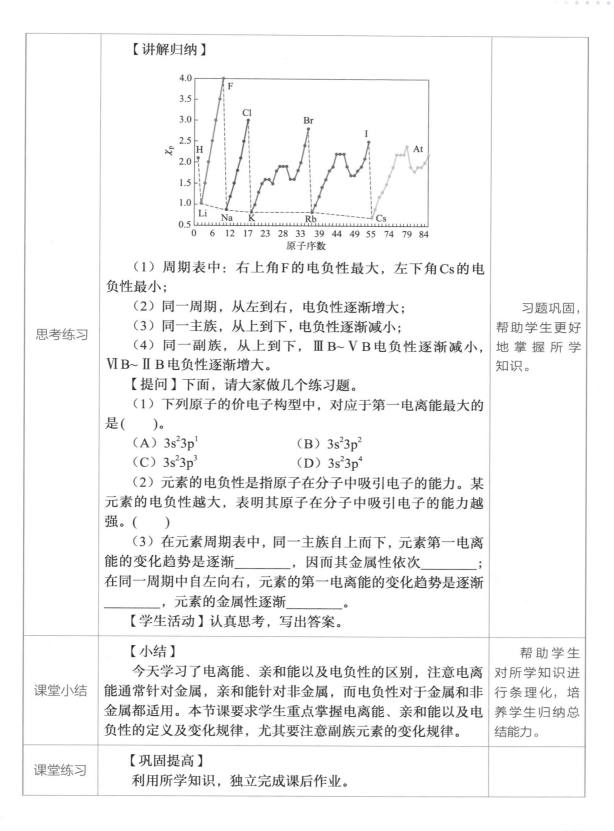 （1）周期表中：右上角F的电负性最大，左下角Cs的电负性最小； （2）同一周期，从左到右，电负性逐渐增大； （3）同一主族，从上到下，电负性逐渐减小； （4）同一副族，从上到下，ⅢB~ⅤB电负性逐渐减小，ⅥB~ⅡB电负性逐渐增大。 【提问】下面，请大家做几个练习题。 （1）下列原子的价电子构型中，对应于第一电离能最大的是（　　）。 （A）$3s^23p^1$　　　　　　（B）$3s^23p^2$ （C）$3s^23p^3$　　　　　　（D）$3s^23p^4$ （2）元素的电负性是指原子在分子中吸引电子的能力。某元素的电负性越大，表明其原子在分子中吸引电子的能力越强。（　　） （3）在元素周期表中，同一主族自上而下，元素第一电离能的变化趋势是逐渐＿＿＿＿，因而其金属性依次＿＿＿＿；在同一周期中自左向右，元素的第一电离能的变化趋势是逐渐＿＿＿＿，元素的金属性逐渐＿＿＿＿。 【学生活动】认真思考，写出答案。	习题巩固，帮助学生更好地掌握所学知识。
课堂小结	【小结】 　　今天学习了电离能、亲和能以及电负性的区别，注意电离能通常针对金属，亲和能针对非金属，而电负性对于金属和非金属都适用。本节课要求学生重点掌握电离能、亲和能以及电负性的定义及变化规律，尤其要注意副族元素的变化规律。	帮助学生对所学知识进行条理化，培养学生归纳总结能力。
课堂练习	【巩固提高】 利用所学知识，独立完成课后作业。	

课堂练习	1. 试给出电子亲和能和电负性的定义。它们都能表示原子吸引电子的难易程度，请指出两者有何区别。 2. 已知元素^{55}Cs、^{36}Sr、^{34}Se、^{17}Cl试回答下列问题。 （1）原子半径由小到大的顺序； （2）第一电离能由小到大的顺序； （3）电负性由小到大的顺序。	培养学生融会贯通和综合分析能力。
预习新课	【结束】下一章将讲授分子的结构与性质，预习教材相关内容，查阅资料，相互交流。	引出下节课堂学习内容，让学生做好准备。

八、教学特色及评价

　　本节设计紧紧围绕元素电离能、亲和能、电负性这一主题展开教学，通过回顾元素周期表及元素周期律等相关知识，引出原子结构并展开对原子核外电子排布、元素基本性质的讨论。教师运用案例教学法提供信息，帮助学生分析现实生活中的实例，避免由于纯理论的学习而产生的空洞说教。把理论与实践相结合，把教学过程转向培育学习环境的过程，把理论与实践相结合，创造了良好的课堂氛围，为学生提供了参与的机会。

　　本设计同时结合启发式教学法和分析归纳教学法。以问题为主线，启发引导学生动脑、动口、动手分析和解决问题，促使学生主动内化学习。通过对元素周期表中各元素原子核外电子的排布规律的研究，提出问题，引导学生思考、分析、讨论、归纳知识点。并通过对元素电离能、电子亲和能、电负性相关概念、符号、规定的解释说明，形成了以问题为导向，以学生为中心的主体教育观，加强了师生双方的情感交流，营造和谐、愉悦的课堂氛围，学生对知识的掌握更加牢靠，逻辑推理能力得到了提升，情感态度与价值观目标得以达成。

九、思维导图

思维导图如图13-4所示。

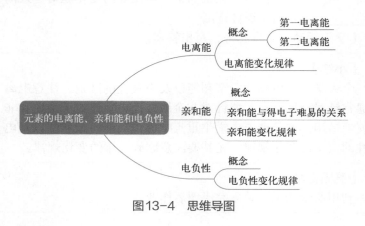

图13-4　思维导图

十、教学课件

无机化学
Inorganic Chemistry
——第13讲 元素的电离能、亲和能和电负性

电离能和电子亲和能

一、电离能(I)

基态气态原子**失去电子**变为气态阳离子，克服**核**电荷对电子的引力所消耗的能量，单位为$kJ·mol^{-1}$。

原子失去电子的难易程度用电离能来衡量

1.第一电离能(I_1)

$$中性原子(g) - e^- \longrightarrow 阳离子（+1）(g) \quad I_1$$

例：$Mg(g) - e^- \rightleftharpoons Mg^+(g) \quad I_1 = \Delta H_1 = 738 kJ·mol^{-1}$

2.第二电离能(I_2)

$$阳离子（+1）(g) - e^- \longrightarrow 阳离子（+2）(g) \quad I_2$$

例：$Mg^+(g) - e^- \rightleftharpoons Mg^{2+}(g) \quad I_2 = \Delta H_2 = 1451 kJ·mol^{-1}$

其余依次类推......

电离能和电子亲和能

一、电离能(I)

基态气态原子**失去电子**变为气态阳离子，克服**核**电荷对电子的引力所消耗的能量，单位为$kJ·mol^{-1}$。

I_n	$I_n/kJ·mol^{-1}$	
I_1	738	$\longleftarrow Mg(g) - e^- \rightleftharpoons Mg^+(g)$
I_2	1451	$\longleftarrow Mg^+(g) - e^- \rightleftharpoons Mg^{2+}(g)$
I_3	7733	......
I_4	10540	
I_5	13629	$I_1 < I_2 < I_3 < I_4 < \cdots\cdots$
I_6	17994	

电离能用来衡量气态原子失去电子的难易
电离能越小，原子越易失去电子
电离能越大，原子越难失去电子

电离能和电子亲和能

一、电离能(I)

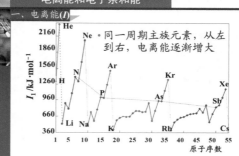

·同一周期主族元素，从左到右，电离能逐渐增大

电离能和电子亲和能

一、电离能(I)

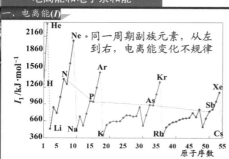

·同一周期副族元素，从左到右，电离能变化不规律

电离能和电子亲和能

一、电离能(I)

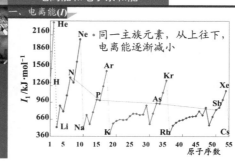

·同一主族元素，从上往下，电离能逐渐减小

电离能和电子亲和能

一、电离能(I)

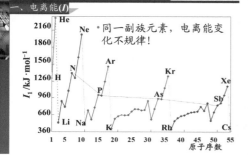

·同一副族元素，电离能变化不规律！

电离能和电子亲和能

二、电子亲和能(E_A)

基态气态原子**得到电子**变为气态阴离子所放出的能量

1.第一电子亲和能(E_{A1})

$$中性原子(g) + e^- \longrightarrow 阴离子（-1）(g) \quad E_{A1}$$

例：$O(g) + e^- \rightleftharpoons O^-(g) \quad E_{A1} = -141 kJ·mol^{-1}$

2.第二电子亲合能(E_{A2})

$$阴离子（-1）(g) + e^- \longrightarrow 阴离子（-2）(g) \quad E_{A2}$$

例：$O^-(g) + e^- \rightleftharpoons O^{2-}(g) \quad E_{A2} = +780 kJ·mol^{-1}$

其余依次类推......

电子亲和能用来衡量气态原子得电子的难易

电子亲和能代数值越小，原子越易得到电子

电离能和电子亲和能

二、电子亲和能(E_A)

1.第一电子亲和能(E_{A1})在周期表中的变化

①同周期

核电荷z大 ⎫
原子半径r小 ⎪
核对电子引力大 ⎬ 电子亲和能E大
结合电子后释放的能量大 ⎭

(测得的数据不全，有些是计算出来的)

电离能和电子亲和能

二、电子亲和能(E_A)

1.第一电子亲和能(E_{A1})在周期表中的变化

①同周期

同周期	B	C	N	O	F
$E/kJ\cdot mol^{-1}$	23	122	(-58)	141	322

因为N的电子结构为[He]$2s^2 2p^3$，$2p$轨道半充满，比较稳定，不易得电子；如果得到电子，非但不释放能量，反而要吸收能量，所以E为负值。

电离能和电子亲和能

二、电子亲和能(E_A)

1.第一电子亲和能(E_{A1})在族中的变化
②同族

F元素反常的原因：因为半径比较小，电子云密度大，排斥外来电子，不易与之结合，所以E反而比较小。由于同种原因，O元素比同族的S元素和Se元素的电子亲和能小。

同主族	F	Cl	Br	I
$E/kJ\cdot mol^{-1}$	322	348.7	324.5	295

逐渐变小
(F元素除外)

电负性

分子中元素原子吸引电子的能力以最活泼非金属元素原子$\chi_p(F)=4.0$为基础，计算其他元素原子的电负性值。

电负性越**大**：元素原子吸引电子能力越强；元素原子越易得到电子

电负性越**小**：元素原子吸引电子能力越弱；元素原子越难得到电子

电负性

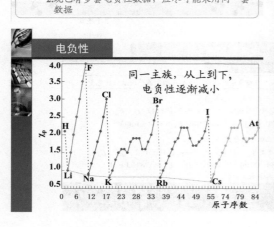

	I A														III A	IV A	V A	VI A	VII A
一	H 2.1	II A																	
二	Li 1.0	Be 1.5													B 2.0	C 2.5	N 3.0	O 3.5	F 4.0
三	Na 0.9	Mg 1.2	III B	IV B	V B	VI B	VII B		VIII			I B	II B		Al 1.5	Si 1.8	P 2.1	S 2.5	Cl 3.0
四	K 0.8	Ca 1.0	Sc 1.3	Ti 1.5	V 1.6	Cr 1.6	Mn 1.5	Fe 1.8	Co 1.9	Ni 1.9	Cu 1.9	Zn 1.6	Ga 1.6	Ge 1.8	As 2.0	Se 2.4	Br 2.8
五	Rb 0.8	Sr 1.0	Y 1.2	Zr 1.4	Nb 1.6	Mo 1.8	Tc 1.9	Ru 2.2	Rh 2.2	Pd 2.2	Ag 1.9	Cd 1.7	In 1.7	Sn 1.8	Sb 1.9	Te 2.1	I 2.5
六	Cs 0.7	Ba 0.9	Lu 1.2	Hf 1.3	Ta 1.5	W 1.7	Re 1.9	Os 2.2	Ir 2.2	Pt 2.2	Au 2.4	Hg 1.9	Tl 1.8	Pb 1.9	Bi 1.9	Po 2.0	At 2.2

说明：1.鲍林电负性是一个相对值，无单位

2.现已有多套电负性数据，应尽可能采用同一套数据

电负性

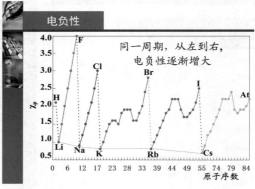

同一周期，从左到右，电负性逐渐增大

电负性

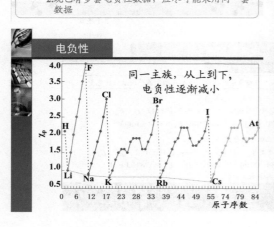

同一主族，从上到下，电负性逐渐减小

电负性

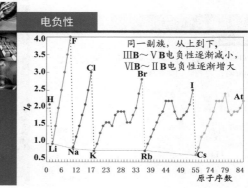

同一副族，从上到下，III B～V B电负性逐渐减小，VI B～II B电负性逐渐增大

练习

1. 下列原子的价电子构型中对应于第一电离能最大的是:

√(A)$3s^23p^1$　(B)$3s^23p^2$　(C)$3s^23p^3$　(D)$3s^23p^4$

2. 元素的电负性是指原子在分子中吸引电子的能力。某元素的电负性越大,表明其原子在分子中吸引电子的能力越强。　(√)

3. 在元素周期表中,同一主族自上而下,元素第一电离能的变化趋势是逐渐 减小 ,因而其金属性依次增强;在同一周期中自左向右,元素的第一电离能的变化趋势是逐渐 增加 ,元素的金属性逐渐 降低 。

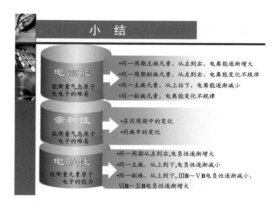

小　结

电离能	能衡量气态原子失电子的难易	•同一周期主族元素,从左到右,电离能逐渐增大
		•同一周期副族元素,从左到右,电离能变化不规律
		•同一主族元素,从上往下,电离能逐渐减小
		•同一副族元素,电离能变化不规律
亲和性	能衡量气态原子得电子的难易	•在同周期中的变化
		•同族中的变化
电负性	能衡量元素原子得电子的能力	•同一周期从左到右,电负性逐渐增大
		•同一主族,从上到下,电负性逐渐减小
		•同一周期,从左到右,ⅢB~ⅤB电负性逐渐减小,ⅥB~ⅡB电负性逐渐增大

十一、课程资源

[1] 李冰.无机化学 [M].北京:化学工业出版社,2021.

[2] 王运,胡先文.无机及分析化学 [M].北京:科学出版社,2016.

[3] 宋其圣.无机化学学习笔记[M].北京:科学出版社,2009.

[4] 陈嘉勤,岳文博.师范专业认证背景下无机化学课程教学改革探索 [J].化学教育（中英文）,2022,43(16):11-15.

[5] 徐晓峰."元素第一电离能"教学实录 [J].化学教学,2012(5):44-46+54.

[6] 于晓洋,罗亚楠,杨艳艳,等.浅谈电负性课程教学研究与探讨 [J].山东化工,2017,46(23): 147-148.

[7] 张太平,邵文松.元素的电离能、电子亲和能、电负性、电极电势四者的联系与区别 [J].高等函授学报(自然科学版),2001,6: 15-18.

[8] 陈莎莎,官福荣,宋立坤."电离能及其变化规律"课堂教学实践与反思 [J].中学化学教学参考,2021,(4):15-16.

[9] 李燃,林红焰,魏锐,等.高中化学"电负性"的项目式教学——甲醛的危害与去除 [J].化学教育（中英文）,2022,43(5):40-48.

[10] 叶明富,陈丙才,肖雪,等.关于电负性的一些思考 [J].长春师范大学学报,2018,37(6):117-120.

第14讲　**价键理论**

一、课程及章节名称

课程名称	无机化学	适用专业	化学工程与工艺、应用化学、材料化学、制药工程等专业	年级	大学一年级

教材及章节：

　　李冰主编《无机化学》，化学工业出版社2021年出版。选自第8章分子结构中8.3价键理论。

二、教学目标

1. 知识目标

（1）理解键能、键长、键角等基本参数；

（2）掌握价键理论的基本要点，共价键的特征、类型；

（3）掌握离子键的形成过程，理解键型过渡过程。

2. 能力目标

（1）理解价键理论，合理解释一些化合物的形成过程，培养空间思维能力；

（2）根据价键理论的要点、特征和轨道重叠的对称性原则，培养分析简单分子结构的能力。

3. 素养目标

（1）培养学生学会从化学视角去观察有关分子结构的问题，体验科学探究的乐趣，从而培养学生积极探索的科学精神及学习化学的兴趣；

（2）通过科研中的探究实验，使学生认识和体验证据推理与模型认知的化学学科核心素养在价键理论学习中的重要性。

4. 思政育人目标

（1）通过理论证明价键理论在分子形成机理中的作用，树立起实事求是的唯物主义观点；

（2）通过类比、归纳、推理，掌握学习抽象概念的方法，形成科学的物质观。

三、教学思想

　　化学是在原子、分子层次上研究物质的组成、结构、性质及其物质变化规律的自然科学，分子的性质不仅取决于组成原子的种类和数目，也取决于分子的结构。价键理论作为大学无机化学中的基础理论，就其本身而言是较为抽象的知识。教学过程以 H_2 分子共价键的形成为例，通过回顾化学键的基本类型和键参数，化抽象为具体，引导学生进入对化学键的形成机理有着理论指导作用的价键理论的学习。以知识与技能教学目标为导向，通过对 N_2 分子的分析阐明共价键的特征，提出共价键中原子轨道重叠的对称性匹配原则，借助形象直观的图形及分子结构模型，通过观察法让学生进一步强化对价键理论的认识和理解。借助课件演示辅以教师的讲述，将抽象枯燥的知识形象化，调动学生内在的认知需求，促进学生对知识进行有意义的建构，达到掌握知识的目的。

四、教学分析

1. 教材结构分析

　　本节课内容选自第8章"分子结构"第3节"价键理论"。学生已经学过一些简单分子的键参数和分子结构，通过本节内容的学习，将深化学生对物质结构理解，为后续配合物以及元素化合物的学习奠定基础。

　　具体教材结构见图14-1。

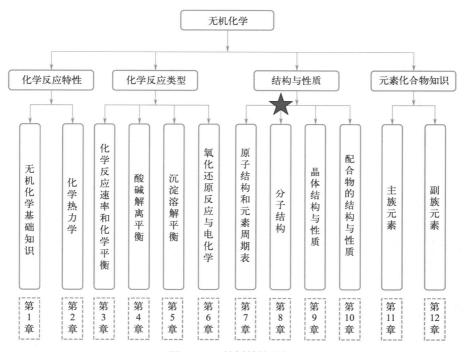

图14-1　教材结构分析

2. 内容分析

以 H_2 分子共价键的形成展开教学内容，重点分析了价键理论的基本原理、要点以及共价键的特征、类型、原子轨道重叠的对称性原则等，同时拓展引申出离子键的形成机理、基本特征及键型过渡等知识点。

本节内容分析如图14-2所示。

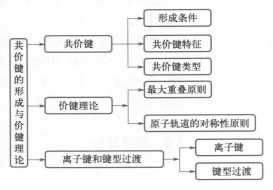

图14-2 内容分析

3. 学情分析

（1）知识基础

在知识储备上，学生已掌握了一些简单分子的键参数和分子结构等基本理论知识。但是学生还未掌握如何从原子层面分析价键理论对化学键形成机理的指导作用，由此引出本节课的重点阐述内容——价键理论，将所学过的定性知识融会贯通，理解并掌握价键理论在化合物形成过程中的理论支撑作用。

（2）能力基础

大学生具备一定的观察能力、空间思维能力。在心理特征上，学生对将要学的专业知识充满热情，思维活跃，对将要探索的知识有着强烈的好奇心。但是学生对从原子层面分析价键理论还存在知识上的欠缺和能力上的不足。通过本节课的学习，培养学生理论分析、实验探究能力和解决问题的能力，养成严谨求实的科学态度，形成认真负责的学习习惯。

4. 重点难点（包括突出重点、突破难点的方法）

教学重点

从定性的角度理解价键理论对分子形成机理的作用。

掌握价键理论的基本原理、要点、共价键的基本特征、类型、原子轨道重叠的对称性结构等。结合多媒体立体直观地展现价键理论对分子形成机理过程中的理论指导，使抽象内容具体化、直观化和形象化。

教学难点

价键理论的基本原理、要点，原子轨道重叠的对称性结构。

利用多媒体，展现立体的、直观的价键形成的过程机理，帮助学生多角度认识价键理论。

五、教学方法和策略

1. 案例教学法

整节课的教学都始终围绕着案例展开，通过对不同案例进行分析讨论，在实验数据及分子结构模型的双向支撑下，回顾了化学键的基本类型和键参数，并由此引申出对化学键的形成机理有着理论指导作用的价键理论。引出新知识，展开新内容的学习。在解决案例的过程中学生的思维也在潜移默化中得到不断的锻炼与提升，帮助学生更好地理解新知识，诱发学生的创造潜能。

2. PBL 问题教学法

在教学过程中，以问题为导向，从"化学键的类型有哪些""表示化学键性质的键能参数有哪些"等这些问题的解决入手。学生在真实情境中在任务的驱动下，对问题展开探究，引导学生主动学习，化抽象为具体，降低学生的认知困难，充分调动学生学习的积极性。在解决问题的过程中，教师、学生共同协作，寻找问题的答案，通过设计的问题把"价键理论"一课的主干知识串联起来，使单调枯燥的内容变得丰富直观，加深对共价键、离子键、键型过渡等相关知识点的理解与巩固，提高了学生学习的积极性和主动性，使学生更易于接受知识。

3. 目标教学法

以教学目标为主线实施课堂教学，围绕知识与技能的掌握，优化教学的过程与方法，提升情感态度与价值观等目标而展开一系列教学活动，并以此来激发学生的学习兴趣与积极性，激励学生为掌握价键理论的基本要点，提升科学探究能力而努力学习。引导学生对所学知识进行加工处理，使之结构化、条理化，培养学生对知识的归纳总结能力，加深对所学知识的理解。

六、教学设计思路

教学设计以教学目标为主线，注重课堂导向问题的设置，发散思维。教学内容从物质的性质、原子结构及分子空间构型等基本知识入手，深入学习化学键的类型及键参数。在学生对化学键的基本类型和键参数有着定性认识的基础上，提出问题，引导学生对化学键的形成机理展开探究，进一步展开本节课重点讲授的内容——价键理论。借助分子基本参数的相关概念，结合具体实验数据和模型展示，辅以课件演示和讲述，使学生能从定性的角度理解并掌握价键理论。

本节课注重案例分析，以 H_2、NH_3 分子共价键的形成为例，通过层层递进的讲解，着重分析了价键理论的基本原理、要点、共价键的特征、类型、原子轨道重叠的对称性原则等，同时拓展引申出离子键的形成机理、特征及键型过渡等知识点。

教学设计以学生为主体，充分调动学生的积极性。对学生进行循序渐进的启发，让学生跟随教师的思路一步一步进行自主探究，培养学生分析问题及解决问题的能力。总设计思路见图 14-3。

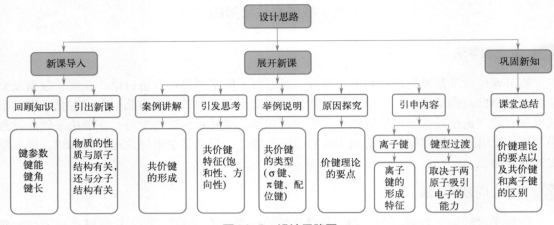

图14-3　设计思路图

七、教学安排

教学环节	教师活动/学生活动设计	设计意图
回顾旧知 引出新课	【回顾旧知】 　　在自然界里，通常所遇到的物质，多数不是以单原子存在，而是以原子间相互作用结合成分子或晶体的状态存在。如：$O_2(g)$：双原子分子；金属铜：金属晶体；$NaCl(s)$：离子晶体。 　　【引入新知】所以物质的性质不仅与原子结构有关，还与分子的结构有关。物质的分子结构是由化学键的类型及分子的几何构型决定的。 　　【问题】化学键一般包括几种类型？表示化学键性质的键参数都有哪些？（由分子结构引出化学键的相关概念，回顾所学知识，激发学生思考的欲望。） 　　【课件演示＋讲述】化学键的类型及键参数 　　化学键包括三种类型：电价键(离子键)、共价键(原子键)、金属键。 　　凡能表示化学键性质的量都可以成为键参数，如键能、键长和键角。 　　【讨论】1.键能：气体分子每断开1mol某键时的焓变。 　　如：$HCl(g) \xrightarrow[\text{标准态}]{298.15K} H(g)+Cl(g)$ 　　$E_{(H—Cl)}=\Delta H=431kJ \cdot mol^{-1}$ 　　键能可以衡量化学键的牢固程度：键能越大，化学键越牢固。对双原子分子，键能＝键的解离能。	回顾旧知识，达到巩固作用，提出问题，激发学生思考。

导入新课

【讨论】2. 键长(L_b)：分子内成键两原子核间的平衡距离。

键	L_b/pm	键	L_b/pm
H—H	74.0	H—F	91.8
Cl—Cl	198.8	H—Cl	127.4
Br—Br	228.4	H—Br	140.8
I—I	266.6	H—I	160.8

同一种键在不同分子中，键长基本是个定值。

键	C—C	金刚石	乙烷	丙烷
L_b/pm	154	153	154	155

【分析】键长越短，键能越大，化学键越牢固。

键	C—C	C=C	C≡C
L_b/pm	154	134	120
E/kJ · mol^{-1}	356	598	813
键	N—N	N=N	N≡N
L_b/pm	146	125	109.8
E/kJ · mol^{-1}	160	418	946
键	C—N	C=N	C≡N
L_b/pm	147	132	116
E/kJ · mol^{-1}	285	616	866

【结论】3. 键角：在分子中两个相邻化学键之间的夹角，已知分子的键长和键角，就可确定分子的几何构型。

【提问】化学键的形成机理是什么呢？（让学生带着问题继续学习！）

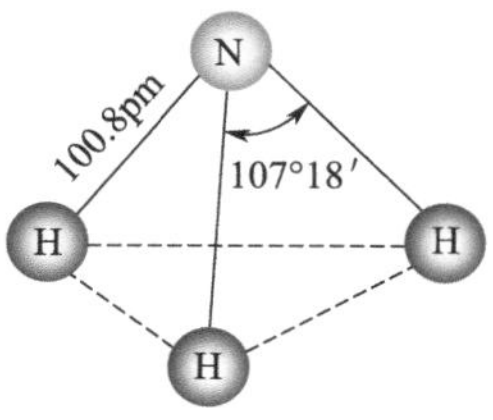

三角锥形

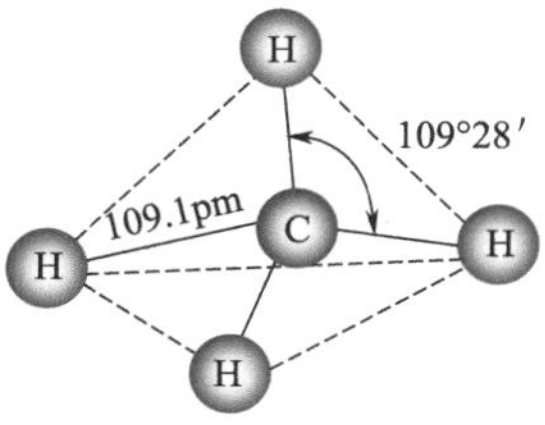

正四面体形

通过实验得到的实际参数进行分析推理，帮助学生认识到物质规律的客观存在，树立实事求是的唯物主义观点。

回顾旧知识，由分子结构引出化学键的基本类型、键参数等相关概念，提出问题，引发学生思考，引出新课——价键理论。

探索新知

【导入新课】内容深化，探究化学键的形成机理，引出价键理论。

探索新知	【课件演示＋讲述】1. 现代价键理论建立在量子力学基础上，主要有（重点探讨共价键理论）： 价键理论：认为成键电子只能在以化学键相连的两原子间的区域内运动。 分子轨道理论：认为成键电子可以在整个分子的区域内运动。 【举例】共价键的形成——以H_2为例 实验测知：H_2核间距＝74pm；H玻尔半径＝53pm，说明H_2分子形成时成键电子的轨道发生了重叠，使核间形成了电子概率密度较大的区域，削弱了两核间的正电排斥，增强了核间电子云对核的吸引，使体系能量降低，形成共价键。 【讨论分析】学生进行讨论分析。 【得出结论】由以上案例分析可归纳出共价键的定义：原子间由于成键电子的原子轨道重叠而形成的化学键。 【课件演示＋讲述】2. 价键理论(电子配对法)要点 （1）两原子靠近时，自旋方向相反的未成对的价电子可以配对，形成共价键。 （2）成键电子的原子轨道重叠越多，形成的共价键越牢固——最大重叠原理。 【课件演示＋讲述】3.共价键特征 【举例】以N_2为例 例：　N ↑↑↑ 2p 　　　　　　　　　　　　N_2　:N≡N: 　　　N ↓↓↓ 2p 【讲解】（1）饱和性：原子有几个未成对的价电子，一般只能和几个自旋方向相反的电子配对成键。在特定的条件下，有的成对的价电子能被拆开为单电子参与成键。 （2）方向性：为满足最大重叠原理，成键时原子轨道只能沿着轨道伸展的方向重叠。 【课件演示＋讲述】4.原子轨道重叠的对称性原则 当原子轨道对称性相同的部分(即"＋"与"＋"、"－"与"－")重叠，原子间的概率密度才会增大，形成化学键。当两原子轨道以对称性不同的部分(即"＋"与"－")重叠，原子间的概率密度几乎等于零，难以成键。	以H_2分子共价键的形成为例，阐明了共价键的定义及价键理论的基本原理和要点，使学生充分理解价键理论，进一步强化知识。 通过案例分析，阐明共价键的两个特征，提出共价键中原子轨道重叠的对称性原则，进一步强化学生对价键理论的认知和理解，培养学生形成科学的物质观。

探索新知	【引导提问】以上探讨了共价键的定义、特征及原子轨道重叠的对称性原则，那么共价键的类型是如何划分的呢？（让学生带着问题继续学习！） 【课件演示＋讲述】5.共价键的类型 　按键是否有极性分：极性共价键，非极性共价键。 　按原子轨道重叠部分的对称性分：σ键、π键、δ键。 【讲解】σ键：原子轨道以"头碰头"的形式重叠所形成的键。  π键：原子轨道以"肩并肩"的形式重叠所形成的键。  【引导】下面介绍一类特殊的共价键，即配位共价键。 【课件演示＋讲述】6.配位共价键 　含义：共用电子对由一个原子单方面提供所形成的共价键。 　形成条件： 　（1）一个原子价层有孤电子对(电子给予体)； 　（2）另一个原子价层有空轨道(电子接受体)。 　接下来简单了解一下化学键中的电价键（离子键）的形成机理及特征。 【讨论理解】学生进行讨论，充分理解。 【课件演示＋讲述】7.离子键 　本质：阳、阴离子之间的静电引力 　存在：离子晶体和少量气态分子中 　特征：无方向性和饱和性 【问题引导】以上学习了共价键和离子键的基本知识，那么两原子是形成离子键还是共价键取决于什么因素呢？（让学生带着问题继续学习！）	以形象直观的模型展示及案例分析，引导学生了解共价键的类型及配位共价键的含义。 通过配位键中特殊的共价键，强化对价键理论的认识和理解。通过知识点迁移，学习离子键的特征及键型过渡的深刻含义。

探索新知	【讲述】8.键型过渡 　　两原子是形成离子键还是共价键取决于两原子吸引电子的能力，即两元素原子电负性的差值（$\Delta\chi$）。$\Delta\chi$越大，键的极性越强。极性键含有少量离子键和大量共价键成分，大多数离子键只是离子键成分占优势而已。	通过数据说明共价键的关系，培养学生明确的物质观。
小结	【小结】 　　（1）学习了价键理论的要点及共价键的定义、特征、类型以及原子轨道重叠的对称性原则等。 　　（2）简单了解了离子键的形成机理、特征，阐明了两原子是形成离子键还是共价键主要取决于原子电负性的差值。	帮助学生对所学知识进行加工处理，使之结构化、条理化，培养学生对知识的归纳总结能力。
课堂练习	【巩固提高】 　　利用所学知识，独立练习题。 　　1.离子键是怎样形成的？离子键的特征和本质是什么？为什么离子键无饱和性和方向性，而在离子晶体中每个正负离子周围都有一定数目的带相反电荷的离子？ 　　2.说明共价键的形成、本质和特点。	培养学生融会贯通和综合分析能力。
预习新课	【结束】下一节将讲授杂化轨道理论，请预习教材相关内容，查阅资料，相互交流。	引出下节课堂学习内容，让学生做好准备。

八、教学特色及评价

　　本设计采用案例教学法、目标教学法及PBL教学法，将抽象而枯燥的价键理论讲授得生动而具体。通过对不同案例进行分析讨论，借助于形象直观的图片及分子结构模型，回顾了化学键的类型及键参数等分子结构的基本知识，引出价键理论，展开新内容的学习。

　　教学设计注重课堂导向问题的设置，围绕问题展开教学，通过发现原有理论在解决问题时存在的不足，启发学生发散思维，进行深入思考。教学内容从分子结构的基本知识入手，建立在学生对化学键的类型和键参数有着定性认识的基础上，引出本节课内容——价键理论。借助实验数据、图形和分子模型展示，将微观角度的抽象概念宏观具体化，使学生能从物质联系角度定性理解并掌握价键理论在化合物形成过程中的作用。

　　本节课程注重案例分析，以H_2分子共价键的形成为例，通过层层递进的讲解，分析讨论了价键理论的基本原理、要点以及共价键的特征、类型、原子轨道重叠的对称性原则等，同时拓展引申出离子键的形成机理、特征及键型过渡等知识点。

　　本节课紧紧围绕课程提升能力的教学目标，通过案例分析对价键理论的基本原理及要点进行深入浅出的讲解，以思维导图的形式对课堂重点内容进行总结，使知识系统化、模块

化。以学生为主体，教师为主导，充分调动学生的积极性，对学生进行循序渐进的引导，让学生跟随教师的思路一步一步进行自主探究，学生分析问题及解决问题的综合能力得以提升，达到既定的教学目标。

九、思维导图

思维导图见图14-4。

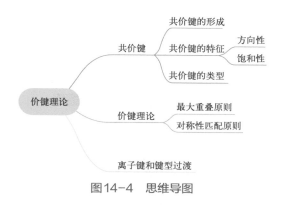

图14-4　思维导图

十、教学课件

共价键

价键理论要点

两原子靠近时，自旋相反的未成对价电子可以配对，形成共价键

电子配对法 1 2

成键电子的原子轨道重叠越多，形成的共价键越牢固——最大重叠原理

共价键

2.共价键特征

饱和性

原子有几个未成对的价电子，一般只能和几个自旋方向相反的电子配对成键。

共价键特征

例：

N 2p　　N_2　:N≡N:

N 2p

共价键

2.共价键特征

饱和性

原子有几个未成对的价电子，一般只能和几个自旋方向相反的电子配对成键。

S ⊕ ⊕⊕⊕ ○○○○○ 3s 3p 3d ——→ ⊕ ⊕⊕⊕ ⊕⊕⊕ 3s 3p 3d

$$[\cdot\ddot{S}\cdot] + 6[\cdot\ddot{F}:] \rightarrow \begin{matrix} F & F \\ \backslash & / \\ F-S-F \\ / & \backslash \\ F & F \end{matrix}$$

★在特定条件下，有的成对价电子能被拆开为单电子参与成键

共价键

2.共价键特征

共价键特征

为满足最大重叠原理，成键时原子轨道只能沿着轨道伸展的方向重叠

方向性

不能成键

能成键

共价键

原子轨道重叠的对称性原则

只有当原子轨道对称性相同的部分重叠，原子间的概率密度才会增大，形成化学键。

1.当两原子轨道以对称性相同的部分重叠
—— (即 "+" 与 "+"、"—" 与 "—")

s-s

p_y-p_y　d_{xy}-p_y

p_x-s

共价键

原子轨道重叠的对称性原则

2.当两原子轨道以对称性不同部分重叠（即 "+" 与 "—"），原子间的概率密度几乎等于零，难以成键

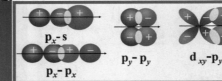

p_x-s

p_x-p_x　p_y-p_y　d_{xy}-p_y

共价键

❖ σ键

原子轨道以 "头碰头" 的形式重叠所形成的键

x　　　　x

对键轴(x轴)具有圆柱形对称性

x

$\sigma_{p\text{-}p}$

σ电子
形成σ键的电子

共价键

❖ π键

原子轨道以 "肩并肩" 的形式重叠所形成的键

对xy平面具有反对称性

即重叠部分对xy平面的上、下两侧，形状相同、符号相反

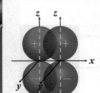

π　p_z-p_z

π电子
形成π键的电子

共价键

例: N_2化学键示意图

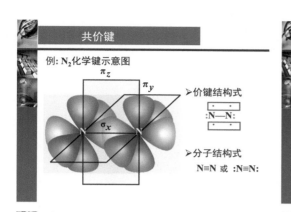

➤价键结构式

:N—N:

➤分子结构式

N≡N 或 :N≡N:

共价键

3. 配位共价键

★配位共价键: 共用电子对由一个原子单方面提供所形成的共价键

形成条件:

1. 一个原子价层有孤电子对(电子给予体)
2. 另一个原子价层有空轨道(电子接受体)

共价键

3. 配位共价键

例: **CO**

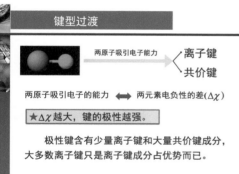

价键结构式

:C⋮⋮O: C≡O

电子式   分子结构式

离子键

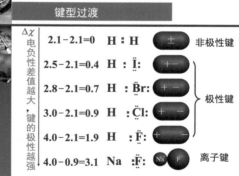

① 本质: 阳、阴离子之间的静电引力

② 存在: 离子晶体和少量气态分子中

③ 特征: 无方向性和饱和性

键型过渡

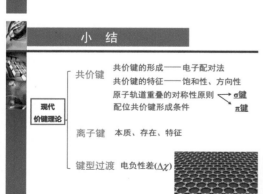

两原子吸引电子能力 —— 离子键、共价键

两原子吸引电子的能力 ⟷ 两元素电负性的差($\Delta\chi$)

★$\Delta\chi$越大, 键的极性越强。

极性键含有少量离子键和大量共价键成分, 大多数离子键只是离子键成分占优势而已。

键型过渡

$\Delta\chi$ 电负性差值越大,键的极性越强			
2.1 - 2.1 = 0	H : H	±	非极性键
2.5 - 2.1 = 0.4	H : $\ddot{\text{I}}$:	+ −	
2.8 - 2.1 = 0.7	H : $\ddot{\text{B}}$r:	+ −	极性键
3.0 - 2.1 = 0.9	H : $\ddot{\text{C}}$l:	+ −	
4.0 - 2.1 = 1.9	H : $\ddot{\text{F}}$:	+ −	
4.0 - 0.9 = 3.1	Na : $\ddot{\text{F}}$:	Na F	离子键

小 结

现代价键理论	共价键	共价键的形成——电子配对法 共价键的特征——饱和性、方向性 原子轨道重叠的对称性原则 → σ键、π键 配位共价键形成条件
	离子键	本质、存在、特征
	键型过渡	电负性差($\Delta\chi$)

谢谢!

十一、课程资源

［1］李冰.无机化学［M］.北京：化学工业出版社，2021.

［2］宋天佑.简明无机化学［M］.北京：高等教育出版社，2013.

［3］周祖新.无机化学［M］.北京：化学工业出版社，2013.

［4］屈红强，舒尊哲.无机化学［M］.成都：四川大学出版社，2015.

［5］韩晓霞，杨文远，倪刚.无机化学实验［M］.天津：天津大学出版社，2017.

［6］林旭辉.分子内和分子间电子转移的价键理论研究［D］.厦门：厦门大学，2019.

［7］龙琪，宋怡，陈凯.共价键理论的教学地位、现存问题与解决策略［J］.化学教育，2016, 37 (4): 17-21.

［8］侯华，黄智超，王宝山.对结构化学中价键理论教学的若干思考［J］.大学化学，2016, 31(9): 24-28.

［9］蔡建民，解庆范.浅谈《共价键的形成》的教学——关于新课程下教学有效性的落实［J］.厦门大学学报（自然科学版），2011, 50（S1）: 225-227.

［10］汪羽翎，马荔，谢少艾，等.课程思政在"无机化学"课程教学中的探索［J］.大学化学，2021, 36(3):32-37.

［11］蒋文霞，庄辛秘.浅谈几种理论模型对认识分子结构的帮助［J］.化学教与学，2021, (16):18-20.

第15讲　分子轨道理论及应用

一、课程及章节名称

课程名称	无机化学	适用专业	化学工程与工艺、应用化学、材料化学、制药工程等专业	年级	大学一年级
教材及章节： 　　李冰主编《无机化学》，化学工业出版社2021年出版。选自第8章分子结构中8.6分子轨道理论。					

二、教学目标

1. 知识目标

（1）了解价键理论的局限性及分子轨道的基本概念；

（2）掌握分子轨道的形成机理并能够预测分子的磁性，判断分子的稳定性。

2. 能力目标

（1）提升学生利用分子轨道理论解释化合物形成过程的能力；

（2）培养学生将分子轨道理论应用在分析分子稳定性以及材料性能（例如磁性材料）方面的逻辑推理能力。

3. 素养目标

（1）通过学习分子轨道理论，帮助学生理解物质宏观表现出来的性质与微观之间的关系，并能理论联系实际；

（2）通过对本节课的学习，使学生感受化学的严谨，培养学生缜密的逻辑思维。

4. 思政育人目标

（1）通过实验证明分子轨道客观存在，树立实践是检验真理的唯一标准的科学本质观；

（2）引导学生预测分子的磁性，培养学生树立实事求是的科学态度及辩证认识问题的能力。

三、教学思想

  学生已经学习了价键理论、杂化轨道理论和价层电子对互斥理论，这些较为直观的理论很好地说明了共价键的形成和分子的空间构型问题，但它们存在局限性，进而让学生认识到学习分子轨道理论的重要意义。在教学过程中可以依据学生学习过的原子杂化轨道理论，采用回顾、类比的方法，使学生更好地理解知识，并通过实例分析，问题引导，促进教学效果，同时对所学知识加以应用，使学生充分掌握分子轨道理论，最后对所学知识进行总结。

  教学过程要以学生为中心，以教师为主体，教学围绕素养为本、学科育人的教学目标，将"科学探究与创新意识"学科核心素养融入分子轨道理论教学当中，既丰富了教学内容，增加了课程多元性，又有助于在掌握理论知识的同时增强学生的创新意识，达到课程立德树人的目的。

四、教学分析

1. 教材结构分析

  本节课内容选自第8章"分子结构"第6节"分子轨道理论"。在本节课之前，学生已经学习了杂化轨道理论以及价电子互斥理论，通过本次课程的学习，使学生对物质的结构、物理性质和化学性质有更深的了解，为后续课程的学习奠定基础。

  具体教材结构见图15-1。

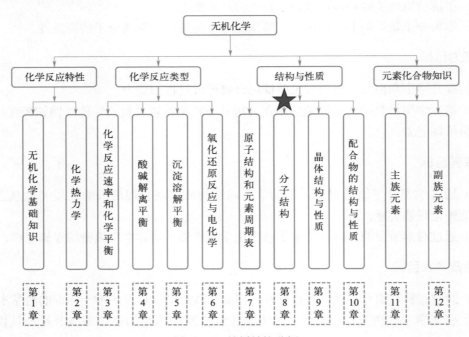

图15-1　教材结构分析

2. 内容分析

教学内容从化合物的性质入手，让学生分析价键理论的局限性，进而引出分子轨道理论；从推测分子的存在和阐明分子的结构、分子的结构稳定性解释及预言分子的磁性等方面加深对分子轨道理论知识的学习与应用。

本节内容分析如图15-2所示。

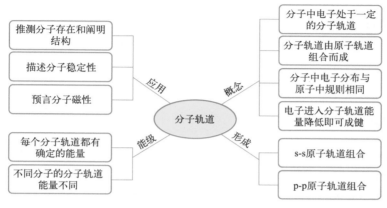

图15-2 内容分析

3. 学情分析

（1）知识基础

在知识储备上，学生已掌握了价键理论，为本节课的探究奠定了一定的知识基础。但是由于价键理论的局限性，学生还不能根据价键理论来解释部分化合物分子的结构和性质，因此通过复习原子轨道理论与价键理论所解释不了的性质来引出分子轨道理论，并从分子轨道的基本概念、分子轨道的形成以及分子轨道的能级等方面，来理解分子轨道所解决的问题。将前面所学原子结构与性质和分子结构与性质中的价键理论知识融汇在这里，来综合地理解分子轨道理论及其应用。

（2）能力基础

在能力储备上，大一的学生具备基本的观察能力，但是学生缺少从分子的结构与性质关系的维度对分子的性质进行诠释的能力。通过本节学习，培养学生自主探究和分析问题、解决问题的能力，养成科学严谨的治学态度；在心理特征上，该阶段学生自控能力有所提高，能够主动探索知识以满足自己的好奇心，对用实验现象解释理论问题有浓厚兴趣，通过本节课的学习将引导学生建立"有因得果"的分析和研究问题的能力。

4. 重点难点（包括突出重点、突破难点的方法）

教学重点

（1）分子轨道理论的要点

从微观以及能量的角度理解分子轨道形成过程及作用机理。

（2）分子轨道的形成

在讲授过程中，借助图例、动画形象使学生能深入地从多方面理解分子轨道的概念及分子轨道的形成过程。

◈ 教学难点

（1）分子轨道的概念

从价键理论的局限性出发分析分子轨道形成的原理和过程。原子轨道的线性组合得分子轨道。理解分子轨道在判断分子稳定性和磁性方面的作用。

（2）分子轨道的形成

以问题为导向激发学生的学习兴趣，通过多个案例分析启发学生掌握分子轨道形成的过程。

五、教学方法和策略

1. 综合讲授法

在教学过程中，教师在现有物质结构理论知识基础上，提出问题，发现价键理论解释问题的局限性，引出新的分子轨道理论，分析具体应用。在讲授过程中教师以N_2为例解释了分子轨道的形成及能级，结合板书、图例、动画等引出分子轨道形成过程及作用机理这一重点、难点内容的学习。学生在教师的引导下，紧跟课堂教学环节，思维在不断思考分子轨道形成原理和作用机制中得到训练与提升，帮助学生理解分子轨道在判断分子稳定性和磁性方面的作用，开拓微观层面理论视野。整个课堂在师生互动、生生互动下进行，使分子轨道形成过程的内容讲授具体化，课堂气氛活跃，学生学习热情高涨，帮助学生更好地把握分子轨道的形成。

2. 启发式教学法

在教学过程中，教师根据教学任务和学习的客观规律，从学生现有知识和能力基础出发，采用多种教学方式，以启发学生的思维为核心，调动学生的学习主动性和积极性，促使他们生动活泼地学习。本节课教师通过光谱实验，确定分子轨道的能量，进而确定不同分子的分子轨道能量，通过展示一些分子轨道能级示意图，启发学生思考并推测分子的存在性，并结合分子轨道式、价键结构式及键型阐明分子的结构，再利用键级这一参数分析分子结构的稳定性，进而预言分子的磁性。采用启发式教学法，不仅调动了学生的主观能动性，增强了学习的动力，同时也使学生的归纳总结能力得以提升。

六、教学设计思路

教学设计以问题为主线，注重课堂导向问题的设置，发散思维。从解决问题入手，提出解决问题的思路，然后阐述理论，由理论解决问题。结合原有的理论知识发展新理论，来解决原有理论所不能解决的问题。

本节课程注重培养由提出"问题"，到掌握新"理论"的学习习惯。同时对学生进行循序渐进的启发，让学生跟随教师的思路一步一步进行自主探究，培养学生自身主动学

习的能力与习惯。

以学生为主体，充分调动学生的积极性。设计实例具体分析，紧密联系实际，兼顾教材内容，拓宽视野。总设计思路见图 15-3。

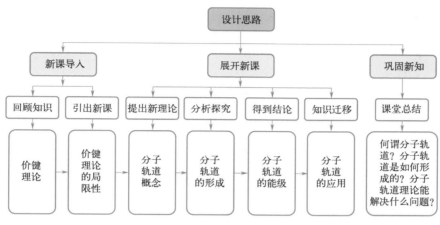

图 15-3　设计思路图

七、教学安排

教学环节	教师活动/学生活动设计	设计意图
回顾旧知导入新课	【回顾旧知】回顾价键理论 【引导】价键理论的局限性：不能解释部分分子的结构和性质。例如，根据价键理论，氧分子中有一个 s 键和一个 p 键，其电子全部成对，但经磁性和光谱实验测定，氧分子有两个不成对的电子，自旋平行，表现出顺磁性。同样，价键理论在解释氢气分子离子 H_2^+ 稳定性时也存类似问题。 【提出问题】这是为什么呢？那我们应该如何解释这一情况呢？ 【导入新课】要想解开谜团，需要用到新的理论，引出分子轨道理论。1932 年美国化学家马列肯（R. S. Mulliken）及德国化学家（F. Hund）提出。	应用回顾旧知识法提出问题，激发学生思考，引出新课。
探索新知	【讲解】1. 分子轨道理论基本要点 （1）把分子作为一个整体，电子在整个分子中运动。分子中的每个电子都处在一定的分子轨道上，具有一定的能量。 （2）分子轨道由原子轨道组合而成，有几条原子轨道参加，就能形成几条分子轨道，其中一半为成键轨道，一半为反键轨道。	引出分子轨道理论，并加深学生对概念的理解。

（3）根据线性组合方式的不同，分子轨道可以分为σ分子轨道和π分子轨道。σ分子轨道是由原子轨道以"头碰头"的方式形成的，π分子轨道是由原子轨道以"肩并肩"的方式形成的。

（4）分子轨道中电子的分布和在原子中分布相同：遵守泡利原理、能量最低原理和洪德规则。电子进入分子轨道后，若体系能量降低，即能成键。

（5）原子轨道线性组合成分子轨道遵循三原则：

①对称性匹配原则　决定是否能成键

②能量近似原则
　　　　　　　　　　决定成键的效率
③最大重叠原则

【讨论】学生思考讨论，吸收知识。

【讲解】2. 分子轨道的形成

s-s原子轨道的组合

s-p原子轨道的组合

p-p原子轨道的组合

3. 分子轨道的能级

探索新知

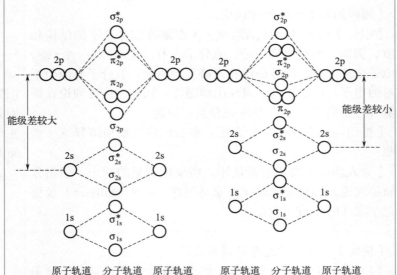

原子轨道　分子轨道　原子轨道
(a)

原子轨道　分子轨道　原子轨道
(b)

【引导】每种分子的每个分子轨道都有确定的能量，不同种分子的分子轨道能量是不同的，可通过光谱实验确定。

【举例】以N_2为例进行说明

通过实验现象与分子轨道之间关系的学习，帮助学生形成现象与本质的联系观。

通过实验例子，培养学生尊重事实的科学观。

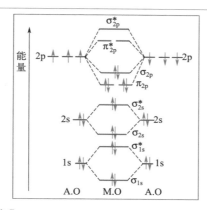

【知识迁移】

4. 分子轨道的应用

【课件演示 + 讲述】

（1）推测分子的存在和阐明分子的结构。

（2）描述分子的结构稳定性。

键级——分子中净成键电子数的一半。

分子	He_2	H_2^+	H_2	N_2
键级	0	1/2	1	3
键能/$kJ \cdot mol^{-1}$	0	256	436	946

　　【分析】一般来说,键级越大,键能越大,分子越稳定。

　　【注意】键级只能粗略估计分子稳定性的相对大小,实际上键级相同的分子稳定性也有差别。

　　【讲解】5. 预测分子的磁性

　　顺磁性——有未成对电子的分子,在磁场中顺磁场方向排列的性质。具有此性质的物质——顺磁性物质。

　　反磁性——无未成对电子的分子,在磁场中无顺磁场方向排列的性质。具有此性质的物质——反磁性物质。

　　顺磁性:以 O_2 为例

通过现实情况与估计情况之间的误差,帮助学生认识到物质是不以人的意志为转移的。

引导学生自主分析得出结论。

理论联系实际,说明分子轨道的应用。

探索新知

探索新知	反磁性：以N_2为例 能量 σ_{2p}^* π_{2p}^* 2p　　　　　　　　2p σ_{2p} π_{2p} 2s　　　σ_{2s}^*　　　2s 　　　σ_{2s} 1s　　　σ_{1s}^*　　　1s 　　　σ_{1s} A.O　　M.O　　A.O	
小结	【小结】 分子轨道理论应用于： ① 推测分子是否存在； ② 阐明分子结构； ③ 描述分子结构的稳定性； ④ 预测分子磁性。 教学视频 分子轨道理论 与应用	帮助学生对所学知识进行加工处理，使之结构化、条理化，培养学生对知识的归纳总结能力。
课堂练习	【巩固提高】 利用所学知识，独立完成练习题。 1.解释为什么O_2是顺磁性物质，N_2是反磁性物质。并从键级大小方面比较两者的稳定性。 2.试由下列物质的沸点推断其分子间作用力大小，并按照分子间作用力大小进行排序。这一顺序与分子量的大小有何关系？ $Cl_2(-34.1℃)$、$O_2(-183℃)$、$N_2(-198.0℃)$、$H_2(-252.8℃)$、$I_2(-181.2℃)$、$Br_2(-58.8℃)$。	培养学生融会贯通和综合分析能力。
预习新课	【结束】下一节将讲授分子的极性及变形性，请预习教材相关内容，查阅资料，相互交流。	引出下节课堂学习内容，让学生做好准备。

八、教学特色及评价

本设计采用综合讲授法、启发式教学法等，通过回顾分子结构与性质中价键理论的局限性，引出分子轨道的概念，阐述分子轨道理论的实质以及分子轨道理论是如何解决价键理论所不能解决的问题的。

教学设计以解决问题为主线，结合学生已学过的价键理论、杂化轨道理论和价层电子对互斥理论，采用回顾、类比的方法，在学生对分子轨道及相关知识有一定认识的基础上，进

一步强化分子轨道理论的知识。结合教师富有感染力的语言讲解，启发学生思考并自主探究，完成学生头脑中思维导图的建构，加深学生对知识的理解。

在教学目标达成方面，通过原有的分子结构与性质的知识来扩展分子轨道理论新知识及其应用。培养学生自主探究的能力和归纳、总结能力，养成科学严谨的治学态度；通过本节课的学习将引导学生建立"有因得果"的分析和解决问题的能力。

九、思维导图

思维导图见图15-4。

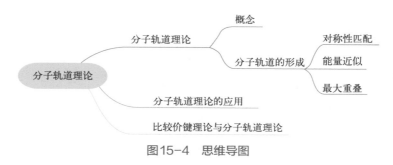

图15-4 思维导图

十、教学课件

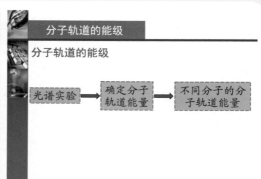

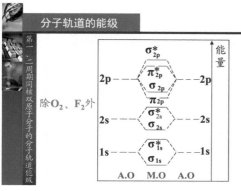

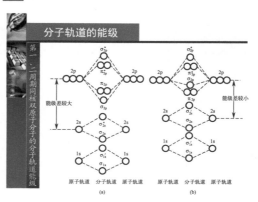

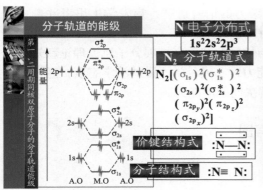

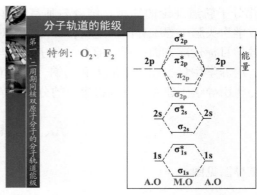

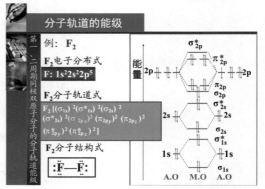

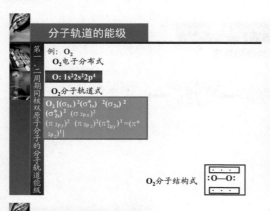

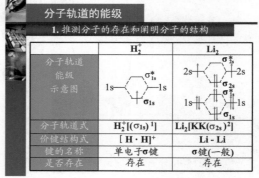

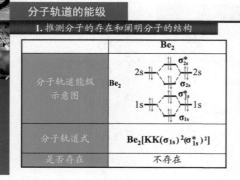

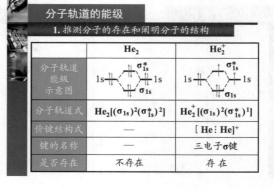

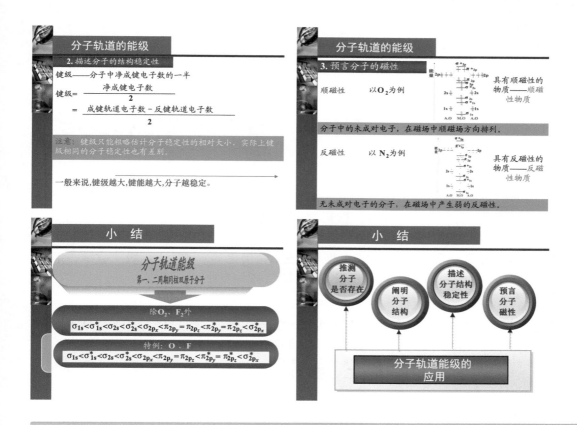

分子轨道的能级

2. 描述分子的结构稳定性

键级——分子中净成键电子数的一半

$$键级 = \frac{净成键电子数}{2}$$

$$= \frac{成键轨道电子数 - 反键轨道电子数}{2}$$

注意：键级只能粗略估计分子稳定性的相对大小，实际上键级相同的分子稳定性也有差别。

一般来说，键级越大，键能越大，分子越稳定。

分子轨道的能级

3. 预言分子的磁性

顺磁性　　　以 O_2 为例　　　具有顺磁性的物质——顺磁性物质

分子中的未成对电子，在磁场中顺磁场方向排列。

反磁性　　　以 N_2 为例　　　具有反磁性的物质——反磁性物质

无未成对电子的分子，在磁场中产生弱的反磁性。

小　结

分子轨道能级

第一、二周期同核双原子分子

除 O_2、F_2 外

$$\sigma_{1s} < \sigma_{1s}^* < \sigma_{2s} < \sigma_{2s}^* < \sigma_{2p_x} < \pi_{2p_y} = \pi_{2p_z} < \pi_{2p_y}^* = \pi_{2p_z}^* < \sigma_{2p_x}^*$$

特例：O、F

$$\sigma_{1s} < \sigma_{1s}^* < \sigma_{2s} < \sigma_{2s}^* < \sigma_{2p_x} < \pi_{2p_y} = \pi_{2p_z} < \pi_{2p_y}^* = \pi_{2p_z}^* < \sigma_{2p_x}^*$$

小　结

推测分子是否存在　　阐明分子结构　　描述分子结构稳定性　　预言分子磁性

分子轨道能级的应用

十一、课程资源

［1］李冰. 无机化学［M］. 北京：化学工业出版社，2021.

［2］天津大学无机化学教研室. 无机化学［M］. 北京：高等教育出版社，2010.

［3］宋天佑. 简明无机化学［M］. 北京：高等教育出版社，2013.

［4］周祖新. 无机化学［M］. 北京：化学工业出版社，2013.

［5］廖强强，杨延，孙丽梅，等. 分子轨道理论在无机化学中的案例教学［J］. 考试周刊，2016(42): 139-140.

［6］王笃年. 轨道杂化的有关问题释疑［J］. 高中数理化，2022(6): 43-44.

［7］周玉芬，杨艳菊，滕波涛. 计算化学在分子轨道教学中的应用［J］. 大学化学，2017, 32(10): 61-66.

［8］许薇，许家喜. 几种经典有机反应的分子轨道描述［J］. 大学化学，2016, 31(8): 60-65.

［9］王伟建，胡新鹤，刘子杰. 科教融合在无机化学分子结构教学中的探索应用［J］. 广东化工，2022, 49(9): 199-200+205.

［10］孟祥军，石瑾，王秀阁. 结构化学教学资源开发——以突破分子轨道理论教学障碍点的资源为例［J］. 化学教育（中英文），2021, 42(10): 29-34.

［11］王渭娜，刘峰毅，王文亮. 结构化学课程教学中融入思政元素的探索［J］. 大学化学，2022, 37(1): 89-94.

第16讲　分子的极性和变形性

一、课程及章节名称

课程名称	无机化学	适用专业	化学工程与工艺、应用化学、材料化学、制药工程等专业	年级	大学一年级

教材及章节：

　　李冰主编《无机化学》，化学工业出版社2021年出版。选自第8章第8节分子间作用力和氢键中8.8.1分子的极性和8.8.2分子的变形性。

二、教学目标

1. 知识目标

（1）理解分子极性产生原因、大小及度量方式；

（2）掌握分子变形性及诱导偶极产生的原因；

（3）理解分子极性和变形性对分子微观结构和宏观物理性质的影响。

2. 能力目标

（1）提升学生对极化的认识，能够从物理及化学的角度理解极化对多原子分子极性的影响，提升思维能力；

（2）将理论中的极化与变形延伸到科研领域，提升学生理论结合实际的能力。

3. 素养目标

（1）通过学习分子极性产生的原因及其结构之间的关系，使学生从微观分子内部电荷层次认识极性分子宏观物质的多样性，并对其进行分类。

（2）能从分子极性的角度解释其性质的特殊现象。让学生形成"物质结构决定其性质"的观念，能从宏观的物质和微观的原子、分子的视角分析和解决实际问题。

4. 思政育人目标

（1）通过分子的极性与变形性对物质宏观性质进行解释，帮助学生建立现象与本质的联系观；

（2）通过对分子的极性和变形性的分析，引导学生主动探索，培养学生精益求精的科学探索精神。

三、教学思想

在宏观与微观相结合的层面，用图片和视频展示的方式使学生积极参加、乐于领会、全面掌握，使新课内容得到较好的落实。通过案例式教学和启发式教学激发学生愿学、乐学的化学兴趣，以此向学生介绍影响分子聚集状态的重要因素——分子的极性和变形性。

四、教学分析

1. 教材结构分析

本节内容选自第 8 章"分子结构"第 8 节"分子间作用力和氢键"。本部分内容是在中学化学"物质结构"的基础上，对分子聚集状态及其产生原因的进一步深入学习。具体教材结构见图 16-1。

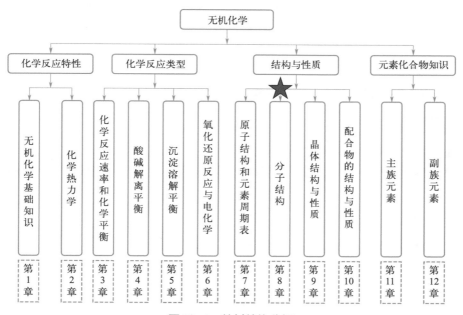

图 16-1　教材结构分析

2. 内容分析

本节内容以分子中电荷分布情况为引导，介绍分子极性的产生原因、分类及其物理意义，并以此为基础介绍分子极性的度量方法和标准，进而讲授分子变形性的概念以及分子变形性同分子极性之间的关系。通过本节内容的学习，学生从新的层面理解分子的宏观聚集状态的成因及其对分子物理、化学性质的影响，为进一步学习分子的性质奠定基础。

本节内容分析如图16-2所示。

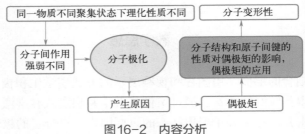

图16-2　内容分析

3. 学情分析

（1）知识基础

在知识基础方面，学生在中学初步学习了物质结构，并在本章学习分子轨道理论等。学生对物质的结构与物理性质和化学性质之间的关系有基本了解，为本节课的学习奠定基础。

（2）能力基础

在学习了分子轨道理论及应用的内容后，学生已经能够利用分子轨道理论来解释化合物的形成的过程，并具有一定的逻辑推理能力。同时，学生的思维能力有了很大的提升，能较好地理解和接受本节课要学习的知识内容。并且学生现阶段已具备一定的抽象思维能力，能更好地理解与掌握分子的化学性质。

4. 重点难点（包括突出重点、突破难点的方法）

教学重点

分子极性的产生、大小和种类；分子变形性。

通过事实举例以及多媒体展示，直观地为学生呈现不同原子与相同原子组成的分子的极化情况。

教学难点

分子极性的大小及其度量；不同情况下的分子变形。

结合课堂练习与课后习题，加强练习，突破难点。

五、教学方法和策略

1. 案例教学法

整节课的教学都始终围绕着案例展开，通过比较元素原子、分子和固液气三态下物质不同的物理和化学性质，提出问题，初步分析物质的不同性质内因。在问题的引导下，引出新知识，展开新内容的学习。通过对案例的解答，学生的思维也在潜移默化中得到不断的锻炼与提升，帮助学生更好地理解新知识。

2. PBL 教学法

在教学过程中，通过实验演示带电玻璃棒靠近水柱和 CCl_4 柱的流向，提出为何产生这种实验现象，以及学生如何度量键的极性等问题。以问题为主线，激发学生探究知识的欲望，发散思维；在解决问题的过程中，达到学习目标并培养学生提出问题、探究学习的能力。

3. 启发式教学法

在教学过程中通过学生熟知的"几何重心和电荷中心"两心基本理论启发他们利用已知去探索未知，能够达到更好地理解知识的目标。教师根据教学任务和学习的客观规律，从学生的实际出发，以启发学生的思维为核心，调动学生的学习主动性和积极性，促使他们生动活泼地学习，并引导学生对所学知识分子的极性知识点进行加工处理，使之结构化、条理化，培养学生积极提出问题并逐步分析解决的能力，提高学生对知识的归纳总结能力，加深对所学知识的理解。

六、教学设计思路

教学设计以问题为主线，注重课堂导向问题的设置，发散思维。从同种元素不同状态下具有不同的物理和化学性质入手，在学生对分子中电荷分布并非均匀有一定认识的基础上，引出"分子极性"的概念。结合教材内容，强化分子极性的产生原因和大小度量的理解，最后介绍分子的变形性，并回答课堂开始时提出的问题，进一步加深对分子极性和分子变形性的印象。

本节课以学生为主体，考虑实际情况，多方面入手启发学生，充分调动学生的积极性，并注重案例分析，借助对比相同元素和分子在不同聚集状态下所具有的不同物理和化学性质，启发学生思辨探讨其原因，激发学生的学习热情，并在教师的引导下实现自主探究。设计思路见图16-3。

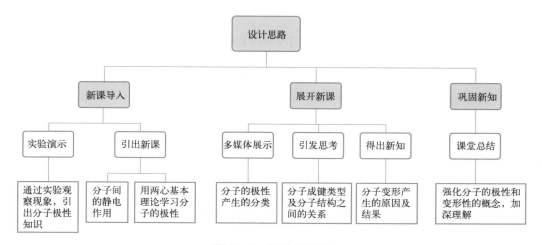

图 16-3　设计思路图

七、教学安排

教学环节	教师活动/学生活动设计	设计意图
举例比较引出新课	【实验演示】将带电玻璃棒分别靠近下流的水柱和CCl_4液柱，水柱的流向会转，而CCl_4液柱流向则不会改变。 【提问】你知道这是为什么吗？ 【引导】要回答这个问题，需要用到分子的极性相关知识！	通过具体的实验例子，引出分子极性的相关知识。
分子间静电作用的产生和结果	【导入新课】每个分子都由带正电的原子核和带负电的电子构成，正负电荷数量相等，整个分子是电中性的。 【新知讲解】以学生熟知的基本理论展开新内容 　1. 分子"两心"——几何重心与电荷中心 　就像任何物体的质量可以集中在其几何重心上，假设每一种电荷（正电荷或负电荷）都集中在某一点上，这一点就叫作"电荷中心"。 　2. 两心分离的结果——分子极化 　如果分子的正电荷中心和负电荷中心不重合在同一点上，那么分子就具有极性。	以学生熟悉的理论展开学习，有利于巩固原有知识并提高学生学习新知识的积极性。
分子极性产生的分类与分子间成键类型和分子结构之间的关系	【讲解】同核双原子分子极化情况 　两个相同原子组成的分子，正、负电荷中心重合，不具有极性，为非极性分子。 【多媒体展示】 【举例】以简单的氢气为例说明，并引导学生再举几个例子。 　1. 异核双原子分子极化情况 【分析现象】两个不同原子组成的分子，正、负电荷中心不重合，具有极性，为极性分子。 【探究原因】不同原子组成的分子，负电荷中心比正电荷中心更偏向电负性大的原子，正、负电荷中心不重合,分子有极性。	图片展示、直观形象。

分子极性产生的分类与分子间成键类型和分子结构之间的关系	【小结】即双原子分子的极性取决于键的极性：含有极性键的分子不一定是极性分子，极性分子一定含有极性键。 2.多原子分子的极性与化学键极性的关系 多原子分子 分子的极性 $\Longrightarrow$ 键的极性 分子的几何构型 【举例】以 CO_2、BF_3、CCl_4、PCl_5、SF_6 为例说明极性键组成的分子不一定是极性分子。 3.分子极性同原子间键的类型和分子结构之间的关系 【结论】键的极性取决于成键两原子共用电子对的偏离，而分子的极性取决于分子中正、负电荷中心是否重合，即"合力是否为0"。	回答开篇所提出问题答案的本质，并引出分子极性的度量。
分子极性的度量	【提出问题】化学键极性的大小如何度量？ 【引发讨论】积极引导学生开动脑筋，主动学习。 【讲授】分子中电荷中心的电荷量(q)与正、负电荷中心距离(d)的乘积。 偶极矩的定义与数学表达式：$\mu = q \cdot d$ 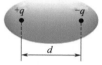 【总结】$\mu = 0$　非极性分子 　　　　$\mu \neq 0$　极性分子，μ 越大，分子极性越强 【分析】 1.偶极矩的大小同分子极性之间的关系 偶极矩越大，分子极性越强。 表格见下 2.偶极矩的应用——推断分子结构 表格见下	通过对分子极性的定量度量引出分子变形性的概念。 通过偶极矩与分子极性的关系，帮助学生树立现象与本质的联系观。
分子变形性	【引出新知】非极性分子在电场作用下，电子云与核发生相对位移，分子变形，出现偶极，这种偶极称为诱导偶极。 【讲解】分子的形状发生变化，分子的这种性质叫变形性。这一变化过程叫分子极化。	将宏观辨识和微观探析巧妙结合。

HX	HF	HCl	HBr	HI
偶极矩/10^{-30}C·m	6.40	3.61	2.63	1.27
分子极性	依次减弱			

分子	CO_2	CS_2	NH_3	SO_2
偶极矩/10^{-30}C·m	0	0	4.33	5.33
几何构型	直线形	直线形	三角锥形	V字形

分子变形性	【提问】分子变形的发生条件是什么？当外界电场撤去，诱导偶极如何变化？ 【引导】引导学生发散思维，得到正解。 【问题】诱导偶极和什么有关系？ 【引导】通过观察上图，引导学生从两方面得出结论。 【结论】 $$\mu（诱导）＝\alpha E$$ 式中　E——电场强度； 　　　α——极化率（分子本身的变形性）。	
小结	【发散思维】考虑问题要从多方面入手，不要只看到外界因素，而忽视内部原因。 【讲授】极性分子本身是个微电场，因而，极性分子与极性分子之间、极性分子与非极性分子之间也会发生极化作用。 定向极化　　　　　　　变形极化 【结论】极性分子的偶极＝固有偶极＋诱导偶极 1．分子极性的产生根源及其结果； 2．分子极性的度量和应用； 3．分子变形性及其发生条件和结果。	归纳总结，强化概念，加深对分子极性和分子变形性的理解。
课堂练习	【巩固提高】 利用所学知识，独立完成课后作业。 1.下列每对分子中，哪个分子的极性较强？试简单说明理由。 （1）HCl和HBr；（2）H_2O和H_2S；（3）NH_3和PH_3； （4）CH_4和CCl_4；（5）CH_4和CH_3Cl；（6）BF_3和NF_3。 2.判断下列分子之间存在何种形式的分子间作用力。 （1）CS_2和CCl_4；（2）H_2O和N_2；（3）H_2O和NH_3	培养学生的融会贯通和综合分析能力。
预习新课	【结束】下一节将讲授氢键，请预习教材相关内容，查阅资料，相互交流。	引出下节课堂学习内容，让学生提前做好准备。

八、教学特色及评价

本设计以实验和设问导入教学，让学生通过思考、讨论、质疑的方式，在教学任务和活

动中不断实践。这提升了学生综合分析和解决各种复杂问题的能力，同时还促进了师生感情的升华和提升了教学效果，将理论与实践有效地相结合。

通过对比相同分子在不同聚集状态下物理性质的不同，提出问题完成设计。设计中突出分子极化对化合物理化性质的影响，引出新知识，展开新内容的学习。

通过"以学生为中心"的理念去优化传统教育中的被动学习模式，激发学生的创造力和潜能，让学生从被动学习转变为主动学习。PBL 教学法以建构主义学习理论为基础，有助于发挥学生的主体作用，培养学生发现问题、解决问题的能力。以解决问题为主线，注重课堂导向问题的设置，发散思维。

最后，通过描述分子极化、偶极矩和分子变形性的内涵，并回答课堂开始时提出的问题，进一步加深学生对知识点的理解，有效掌握分子极化、偶极矩分子变形性的物理含义和应用。使学生在学习过程中明白科学精神的真谛，促进其在今后的学习中有意识地培养自己独立思考的能力，顺利达成教学目标。

九、思维导图　

思维导图见图 16-4。

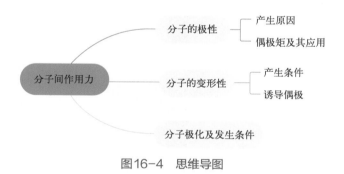

图 16-4　思维导图

十、教学课件　

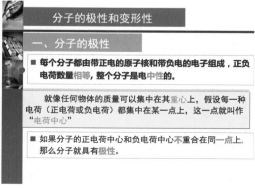

一、分子的极性

同核双原子分子

两个相同原子组成的分子，正、负电荷中心重合，不具有极性，为非极性分子。

例：H_2

一、分子的极性

异核双原子分子

两个不同原子组成的分子，正、负电荷中心不重合，不具有极性，为非极性分子。

极性分子：不同原子组成的分子，负电荷中心比正电荷中心更偏向电负性大的原子，正、负电荷中心不重合，分子有极性。

即双原子分子的极性取决于键的极性：含有极性键的分子不一定是极性分子，极性分子一定含有极性键。

一、分子的极性

多原子分子分子的极性 → 键的极性 / 分子的几何构型

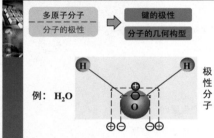

例：H_2O 极性分子

一、分子的极性

键的极性
□ 取决于成键两原子共用电子对的偏离

分子的极性
□ 取决于分子中正、负电荷中心是否重合

一、分子的极性

分子类型

 离子型　 极性　 非极性

分子	Br_2	NO	H_2S	CS_2	BF_3	$CHCl_3$
键的极性	非极性	极性	极性	极性	极性	极性
几何构型	直线	直线	V形	直线	正三角形	四面体
分子极性	非极性	极性	极性	非极性	非极性	极性

一、分子的极性

偶极矩 (μ)：分子中电荷中心的电荷量(q)与正、负电荷中心距离(d)的乘积。

$\mu = qd$

μ 的单位：库·米(C·m)

$\mu = 0$ 非极性分子

$\mu \neq 0$ 极性分子，μ 越大，分子极性越强

一、分子的极性

● 偶极矩(μ)

μ 越大，分子极性越强。

HX	HF	HCl	HBr	HI
$\mu/10^{-30}$C·m	6.40	3.61	2.63	1.27
分子极性	依次减弱			

根据 μ 可以推断某些分子的几何构型

分子	CO_2	CS_2	NH_3	SO_2
$\mu/10^{-30}$C·m	0	0	4.33	5.33
几何构型	直线形	直线形	三角锥形	V字形

二、分子的变形性

诱导偶极 [μ(诱导)]：非极性分子在电场作用下，电子云与核发生相对位移，分子变形，出现偶极，这种偶极称为诱导偶极。

分子的形状发生变化，分子的这种性质叫变形性。这一变化过程叫分子极化。

当外界电场撤去，诱导偶极自行消失，分子重新复原为非极性分子。

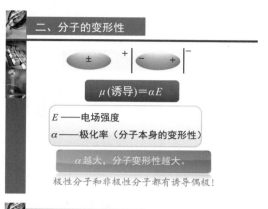

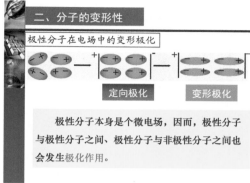

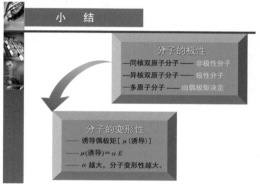

十一、课程资源

［1］李冰.无机化学［M］.北京：化学工业出版社，2021.

［2］张淑民.基础无机化学［M］.兰州：兰州大学出版社，2012.

［3］宋天佑.简明无机化学［M］.北京：高等教育出版社，2013.

［4］周祖新.无机化学［M］.北京：化学工业出版社，2013.

［5］王元兰.无机化学［M］.北京：化学工业出版社，2011.

［6］宋其圣.无机化学［M］.北京：化学工业出版社，2008.

［7］马海华.分子极性、分子对称性及其之间的关系［J］.太原城市职业技术学院学报，2012, 10: 60-62.

［8］陈嘉勤，岳文博.师范专业认证背景下无机化学课程教学改革探索［J］.化学教育（中英文），2022, 43(16):11-15.

［9］宋天佑，王莉，张丽荣，等.无机化学教材建设的传承、发展与创新［J］.化学教育（中英文），2022, 43(14):100-104.

［10］王义.分子有无极性的判断方法和技巧［J］.化学教学，2012(9):70-72.

［11］郑军.宏观与微观结合的化学教学实践——以"认识化学键的极性和分子的极性"为例［J］.化学教育（中英文），2020, 41(21):22-27.

［12］http://www.icourses.cn/sCourse/course_3396.html.吉林大学《无机化学》精品在线课程网.

第 17 讲　**氢键**

一、课程及章节名称

课程名称	无机化学	适用专业	化学工程与工艺、应用化学、材料化学、制药工程等专业	年级	大学一年级

教材及章节：

　　李冰主编《无机化学》，化学工业出版社 2021 年出版。选自第 8 章分子结构中 8.8.4 氢键。

二、教学目标

1.　知识目标

　　（1）掌握氢键的特点及氢键对物质理化性质的影响；

　　（2）从微观的角度认识氢键的形成过程及作用机理；

　　（3）了解氢键在超分子化合物中的应用。

2.　能力目标

　　（1）采用比较逻辑的方法，培养学生自主探究能力和归纳、总结能力；

　　（2）引导学生了解自己的专业并思考相关的实际问题，鼓励学生去探索未知的化学事物，培养学生的创新能力。

3.　素养目标

　　（1）学会从化学视角去观察生活和生产中有关氢键的问题，培养学生积极探索的科学精神以及学习化学的兴趣；

　　（2）通过列举物质熔（沸）点的例子和氢键的基本理论，使学生能直观地感受到氢键的奇妙之处，做到学以致用。

4.　思政育人目标

　　（1）通过元素周期表、含氢物质的熔（沸）点等理化参数，证明氢键对物质理化性质的影响，引导学生深入理解"结构决定性质"，树立起实事求是、辩证地看待事物的唯物主义观点。

（2）通过对氢键理论深入地学习，培养学生辩证认识问题及应具备的创新意识能力，从而提高学生的创新能力，弘扬时代精神与诚实守信的科学求真精神。借用水和冰的例子，培养学生养成深入生活、关注现实的习惯。

三、教学思想

化学来源于生活并且服务于生活，通过水和DNA的例子将化学理论知识联系学生现实生活，总结出化学知识的要点，有效培养学生的解题能力。让学生细心观察生活，从生活中发现问题，从而增强学生自己动手解决实际问题的能力，学生通过借助mercury等软件比较、分析，认识到事物变化的不同，了解化学与其他知识之间的联系，并把化学理论应用到实践之中，以此增强学生的成就感。

四、教学分析

1. 教材结构分析

本节内容选自第8章"分子结构"第8节"分子间作用力和氢键"。在知识储备上，学生在高中初步认识了氢键，利用本章前几节课已掌握了分子间力——色散力、诱导力和取向力，这为本节课的探究奠定了一定的知识基础。但是学生还不能对"含氢物质的熔沸点为何未按照周期数呈现规律性变化"等反常现象做出合理的解释。本节内容抽象、理论性强，要求学生从宏观性质出发转入对物质微观结构的探索，这是教学的难点。因此，寻求用比较逻辑方法进行教学，可降低学生对"氢键"这一抽象知识理解的难度，促进学生对氢键的认识和理解。将比较逻辑应用于教学设计中主要基于两点考虑，一是是否存在氢键会导致物质在某些性质上表现出较大差异，通过区别比较找出氢键的关键特征；二是用比较法辨析氢键与化学键的形成及其对物质性质的影响，突破学生学习的难点。

具体教材结构见图17-1。

2. 内容分析

高中化学课程中已初步介绍了氢键，但缺乏深入的理解。而大学化学，尤其是无机化学，主要讲述元素及其化合物的结构与性质，应使学生深刻认识"结构决定性质"。因此，在教学中先让学生观察典型氢化物的熔沸点数据表，然后引导学生探究讨论其性质反常原因，引出氢键的概念。由形成氢键的条件—氢键的表示形式—氢键的类型—氢键的特点—氢键对物质性质的影响等循序渐进地展开教学。最后画龙点睛地指明氢键是一种特殊的分子间作用力，并以DNA双螺旋链强化氢键的概念。教学中借助课件图表不断营造"不和谐"之音，如同主族氢化物H_2O、HF、NH_3的沸点的反常；N和Cl的电负性接近，为什么氯原子较难形成氢键，把学生的注意力引入矛盾之中，掀起思维波澜，强化学生对氢键形成的理解和应用。

本节内容分析如图17-2所示。

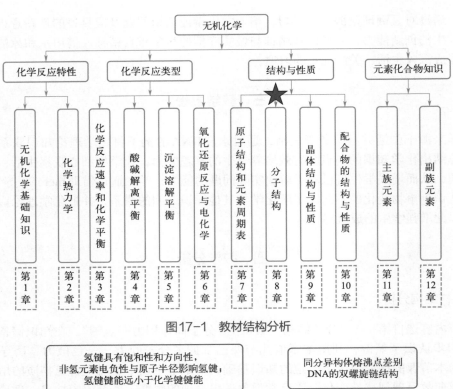

图17-1　教材结构分析

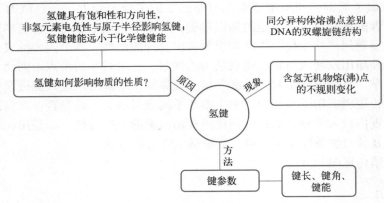

图17-2　内容分析

3. 学情分析

（1）知识基础

在中学阶段学生接触过氢键，了解氢键也是一种分子间作用力，并且在本节课之前，学生已学习过分子间作用力——范德华力的分类和成因，奠定了一些知识基础。

通过本节课程的学习，使学生对氢键的特点、氢键形成的条件以及氢键对物质性质的影响有较深入的了解，需要解释一些特殊的性质。

（2）能力基础

大学一年级是学生思想逐渐形成的关键时期，思想积极、进取、乐观。学生也正在慢慢接受从高中老师的推进式的学习到自律的主动学习的模式，逐渐养成自觉观察和主动分析问题的良好习惯，可以更好地去学习并理解氢键的存在及对物质性质的影响机制。前期已学习

化学键、分子的空间构型、分子间力等知识点，能够为本节课的学习奠定良好的基础。采用比较逻辑的方法，将培养学生自主探究能力和归纳、总结能力，养成科学严谨的治学态度。在心理特征上，该阶段学生具有较强的探索知识的好奇心，对反常现象、规律的破与立有较大兴趣，通过本节"氢键"内容的学习，引导学生了解自己的专业并思考有关的实际问题，有助于培养学生的创新思维，激励学生去探索未知的化学事物。

4. 重点难点（包括突出重点、突破难点的方法）

教学重点

（1）从微观的角度理解氢键的形成过程及作用机理

在讲授过程中，借助 mercury 软件、配合物晶体结构的例子，使学生能从多方面深入地理解氢键的形成及对物质性质的影响。

（2）理解氢键在超分子化合物中的应用

以配合物 [Zn(3,4-Hbpt)$_2$H$_2$O] 中的氢键为例，解释氢键形成的条件，尤其是分析其形成的角度和距离，使学生掌握氢键的特点并理解氢键在超分子化合物中的应用。

教学难点

（1）氢键形成的条件

利用配合物晶体结构的实例解释氢键形成的微观原因，从机理的角度说明氢键形成的过程与条件，从微观上加深学生对氢键概念的理解。

（2）氢键对物质性质的影响

从熔沸点、溶解度、黏度、密度等因素出发，通过举例揭示氢键对物质物理性质和化学性质的影响，使学生从直观的角度理解氢键的重要作用。

五、教学方法和策略

1. 问题导向教学法

本节课从回顾高中化学中关于氢键的内容出发，结合含氢物质熔沸点不按周期数规律变化的反常现象，在问题的一步步引导下完成设计。设计中突出氢键为什么会影响物质的熔沸点、氢键的化学本质是什么、非氢元素电负性与原子半径对氢键的影响，从而引出新知识，展开新内容的学习。学生的思维也在潜移默化中得到不断的锻炼与提升，帮助学生更好地理解新知识。

2. 案例教学法

在整节课的教学中，引入大量的案例，以学生生活中熟悉的实例展示氢键对物质性质的影响。通过不同案例的讲解与讨论，使学生在不同实例中理解氢键这种分子间作用力的微观存在及对物质宏观性质的影响，引导学生理解氢键的形成条件与特点，加深学生对氢键的印象，对学生进行循序渐进的启发引导，帮助学生更好地理解知识，激发学生学习的热情。

六、教学设计思路

本节课程注重案例分析与问题导向教学。从实际化学现象入手，在学生对分子间作用力有初步认识的基础上，强化学生对"氢键"的认识与理解。在问题的驱动下，引导学生思考含氢物质熔沸点非规律性变化的原因，从而引出"氢键"的存在，讲解氢键形成的条件、类型、特点，最后总结氢键对物质性质的影响，并回答课堂教学中提出的问题，进一步加深对氢键的理解。通过列举大量的实例，使学生在不同实例中理解氢键这种分子间作用力的微观存在及对物质宏观性质的影响。对学生进行循序渐进的启发，让学生跟随教师的思路一步一步进行自主探究。

以学生为主体，充分调动学生的积极性。设计案例分析具体的现象，紧密联系实际，兼顾教材内容，拓宽视野。总设计思路见图17-3。

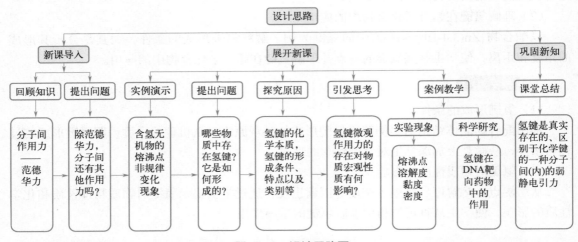

图17-3 设计思路图

七、教学安排

教学环节	教师活动/学生活动设计	设计意图
回顾旧知导入新课	【回顾旧知】 分子间作用力——范德华力的分类和成因 ★色散力的成因及影响 ★诱导力的成因及影响 ★取向力的成因及影响 【设问】分子间作用力还有别的类型吗？它是如何在分子之间作用的？这种分子间作用力会对物质的性质产生怎样的影响？ 【导入新课】以氢化物性质的异常变化引出氢键	回顾旧知识，达到巩固作用。 通过设问激发学生思考的欲望，并回顾高中知识。

回顾旧知 导入新课	【图片展示】 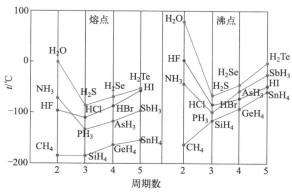 【分析】以图片的形式展示 H_2O、HF、NH_3 的分子量在各族氢化物中最小，熔沸点反而最高的事实，说明除了常规的范德华力以外，还存在着其他类型的分子间力。而只有 H_2O、HF、NH_3 存在氢键，CH_4 却没有，说明不是所有元素都可以形成氢键。 【设问】氢键是如何形成的，哪些物质中存在氢键，它是一种化学键吗？		以事实为依据，理解"结构决定性质"，树立实事求是、辩证看待事物的唯物主义观点。 应用比较逻辑方法提出问题，激发学生思考，引出新课。 让学生带着问题继续学习。
探索新知	【讲解】引出氢键形成的条件并进行解析 以HF为例具体说明氢键形成的过程，揭示氢键形成的条件及实质。 形成氢键的条件： 1. 分子中必须有氢原子。 2. 与氢相连的原子必须电负性大，半径小。 3. 在合适的距离和方向上才能产生氢键。 【强调】氢键的实质：具有饱和性和方向性的静电作用力！ 【设问】不同分子之间能不能产生氢键？同一分子内能不能产生氢键？ 【举例】对氢键进行分类 1. 同分子间氢键 2. 不同分子间氢键		通过举例说明氢键的形成过程及实质，加深学生对概念的理解。

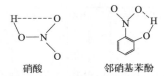

3.分子内氢键

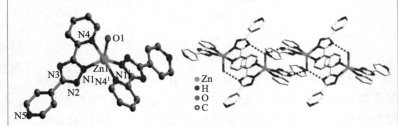

硝酸　　　　　　　　邻硝基苯酚

【举例】展示研究论文中的氢键，证实氢键的存在，以及氢键将0维的分子链接为多维的超分子结构。

总结几种氢键的相同点，从而引出氢键的特点。

【讲解】氢键的特点

1.氢键具有饱和性和方向性。

2.氢键的强弱与形成氢键的非氢原子的电负性及原子半径有关。

3.通常氢键的键能较小，一般<42kJ·mol^{-1}，远小于正常共价键键能，与分子间力差不多。

【举例】如 H_2O　　O—H键能为463kJ·mol^{-1}

氢键键能为18.83kJ·mol^{-1}

分子间力 47.2kJ·mol^{-1}

【分析】熔（沸）点

由于氢键的存在，使得硝基酚3种同分异构体的熔点差别较大。

同分异构体	氢键	熔点／℃
邻硝基苯酚	分子内	45
间硝基苯酚	分子间	96
对硝基苯酚	分子间	114

以具体实例说明分子内氢键与分子间氢键的区别。

【总结规律】得到结论：分子内氢键使熔、沸点降低！

【思考】课后思考：为什么分子内氢键和分子间氢键对熔沸点的影响不同？

【分析】溶解度

探索新知

讲授课题组发表的论文，科研反哺教学，让大一学生感受到所学知识的用武之地。

让学生更好地掌握多种氢键，激发学生思考。

通过氢键的相同点引出氢键所具有的特点，使知识具有逻辑性。

引导学生用比较逻辑的方法学习，让学生通过对比、分析得出结论。

氢键对物质溶解度的影响：

物质	在水中的溶解性
NH_3	1 ∶ 700
H_2S	1 ∶ 2.6

通过对比 NH_3 和 H_2S 在水中溶解度的差异，说明氢键在物质溶解度中的作用。

【总结规律】由此得出结论：在极性溶剂中，若溶质和溶剂间存在氢键，则会使溶质的溶解度增大！

【举例】黏度

以生活中的化妆品为例，说明化妆品中为了增加黏度都会添加丙三醇，丙三醇中存在氢键，而使得物质的黏度增大。

得到结论：氢键形成可增加物质的黏度！

【举例】密度

分析水在 0℃ 和 4℃ 中氢键的不同，说明氢键对密度的影响。

4℃ 时，水的密度最大。

0℃ 后，水变成冰，氢键使分子产生定向有序排列，分子间的空隙增大，密度减小。

【延伸】科研中的氢键

1. 特殊的氢键——"隔山打牛"

HCF_3（三氟甲烷）H 原子与 C 原子相连，C 原子虽然不具备电负性大、体积小的特点，但 F 原子的电负性太大，通过改变 C 原子的电子云分布，使得 C—H 之间的共用电子对发生偏移，产生氢键。

2. DNA 双螺旋链中的氢键

探索新知

注重锻炼学生具体问题具体分析的能力，要求能够分析原因，而不是知道结论就行，杜绝"知其然不知其所以然"。

拓展知识，引起学生对科研的热爱。

203

探索新知	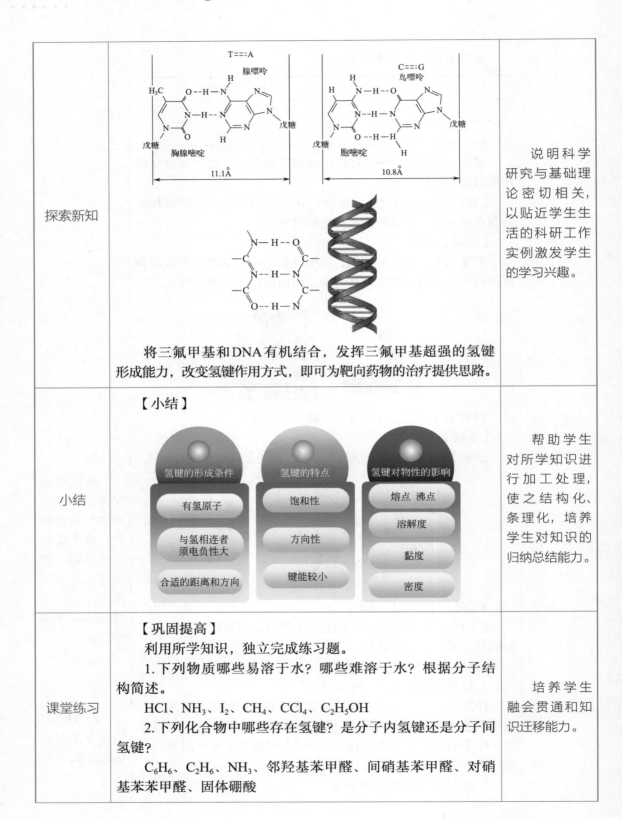 将三氟甲基和DNA有机结合，发挥三氟甲基超强的氢键形成能力，改变氢键作用方式，即可为靶向药物的治疗提供思路。	说明科学研究与基础理论密切相关，以贴近学生生活的科研工作实例激发学生的学习兴趣。
小结	【小结】 氢键的形成条件　氢键的特点　氢键对物性的影响 有氢原子　　饱和性　　熔点 沸点 与氢相连者须电负性大　方向性　溶解度 合适的距离和方向　键能较小　黏度 密度	帮助学生对所学知识进行加工处理，使之结构化、条理化，培养学生对知识的归纳总结能力。
课堂练习	【巩固提高】 利用所学知识，独立完成练习题。 　1.下列物质哪些易溶于水？哪些难溶于水？根据分子结构简述。 　HCl、NH_3、I_2、CH_4、CCl_4、C_2H_5OH 　2.下列化合物中哪些存在氢键？是分子内氢键还是分子间氢键？ 　C_6H_6、C_2H_6、NH_3、邻羟基苯甲醛、间硝基苯甲醛、对硝基苯甲醛、固体硼酸	培养学生融会贯通和知识迁移能力。

预习新课	【结束】布置课后任务，预习晶体的结构与性质，提前查阅资料，相互交流。	引出下节课堂学习内容，让学生做好准备。

八、教学特色及评价

　　本节课采用问题导向教学法与案例教学法。通过回顾分子间作用力——范德华力，引出氢键，提出问题，完成设计。教学中涉及问题：哪些物质中存在氢键？氢键形成的条件？氢键的特点及类型？通过一系列的问题引出新知识。结合大量的实例，展开新内容的学习，使学生紧密联系实际，深刻理解本节知识，拓宽学生视野。

　　教学设计以问题为主线，注重课堂导向问题的设置，发散思维。从氢化物的熔沸点突变入手，说明氢化物分子之间除了常规的范德华力以外，还存在别的分子间作用力。以 HF 为例说明氢键的形成过程及条件，最后通过一系列数据说明氢键对物质性质的影响，并回答课堂开始时提出的三个问题，进一步加深对氢键的印象。

　　教学设计中的知识框架、设计思路、教学目标、教学过程、板书设计等多处运用了图示和软件展示，使整个教学设计在外观上给学生一种赏心悦目的感觉，将教师要表达的内容和思想清楚明了地呈现出来，实现了教学设计过程可视化，教学设计成果可视化。在具体课堂教学中，体现出了实践教学的指导意义，帮助教师理顺教学思路，教学目标更加明确，教学内容更加具体，整个教学过程顺利完成。

　　通过软件演示及数据分析揭示氢键形成的条件、特点与分类以及对物质性质的影响，培养学生"前沿科学来源于基础知识"的科学素养，提高创新意识，教学目标可顺利达成，学生可有效掌握氢键的基础内容。将氢键对物质物理性质的影响衍生到对化学性质的影响，使学生在学习过程中感觉到所学知识的实用性，改变以往课堂重原理、轻实践的弊端，培养学生的科研应用能力。

九、思维导图

本节课的思维导图如图 17-4 所示。

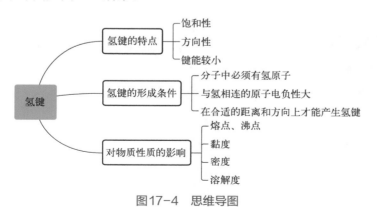

图 17-4　思维导图

十、教学课件

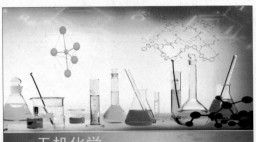

无机化学
Inorganic Chemistry
——第17讲 氢键

回顾复习

分子间力

范德华力
- ★ 色散力
- ★ 诱导力
- ★ 取向力

 分子间作用力还有别的类型吗？
它是如何在分子之间作用的？ ┐— 重点
这种分子间作用力有什么用？ ┘

 氢键

高中了解过氢键

元 素 周 期 表

 氢键

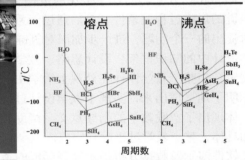

熔点　沸点

周期数

相同分子之间产生氢键

H₂O、HF、NH₃的分子量在各族氢化物中最小，熔沸点反而最高！为何？

163pm
180°　255pm

氢键是一种静电吸引力！

形成氢键的条件：
1. 分子中必须有氢原子
2. 与氢相连的原子必须电负性大。N、O、F原子
3. 在合适的距离和方向上才能产生氢键

常见氢键的键能和键长数据

氢　键	键能/kJ·mol⁻¹	键长/pm	代表性化合物
F—H···F	28.1	255	（HF）ₙ
O—H···O	25.9	266	甲醇、乙醇
N—H···F	20.9	268	NH₄F
N—H···O	20.9	286	CH₃CONH₂
N—H···N	5.4	338	NH₃

不同分子之间能不能产生氢键？

不同分子间的氢键

H—N—H----H—O　或　H—N—H----O—H

通式：X—H--Y

不同分子之间能不能产生氢键？

分子内的氢键

硝酸

邻硝基苯酚

分子内氢键由于受环状结构的限制，
X—H----Y往往不在同一直线上

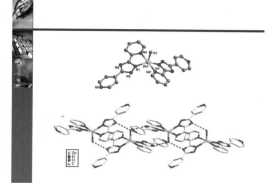

氢键的特点

1. 氢键具有饱和性和方向性！　　　X—H---Y

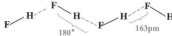

2. 氢键的强弱与形成氢键的非氢原子的电负性及原子半径有关。

3. 通常氢键的键能较小，一般<42kJ·mol⁻¹，远小于正常共价键能，与分子间力差不多。

如：H_2O	O—H键能为463kJ·mol⁻¹
	氢键键能为18.83kJ·mol⁻¹
	分子间力 47.2kJ·mol⁻¹

氢键对物质性质的影响

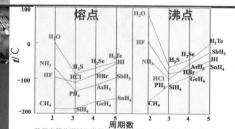

除了克服化学键和常规分子间力以外，还要额外破坏氢键，需要的能量高！

结论1：分子间的氢键使熔、沸点升高！

氢键对物质性质的影响

分子内氢键使熔、沸点如何变化？

	氢键	熔点 / ℃
邻硝基苯酚	分子内	45
间位硝基苯酚	分子间	96
对位硝基苯酚	分子间	114

结论2：分子内的氢键存在使熔、沸点降低！

原因？（作业）

氢键对物质性质的影响

2. 溶解度

物质	在水中的溶解性
NH_3	1：700
H_2S	1：2.6

如 HF、NH_3 在H_2O中的溶解度大

结论3：在极性溶剂中，若溶质和溶剂间存在氢键，则会使溶质的溶解度增大！

氢键对物质性质的影响

3. 黏度

如甘油、磷酸、浓硫酸均因分子间氢键的存在，为黏稠状液体

结论4：氢键可增加物质的黏度！

氢键可改变物质的密度

4℃时，水的密度最大。

0℃后，水变成冰，氢键使分子产生定向有序排列，分子间的空隙增大，密度减小。

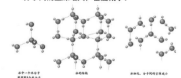

结论5：氢键形成可改变物质的密度！

延　伸

特殊的氢键——"隔山打牛"

HCF_3

H原子与C原子相连，C原子虽然不具备电负性大、体积小的特点，但F原子的电负性很大，通过改变C原子的电子云分布，使C-H之间的共用电子对发生偏移，产生氢键。

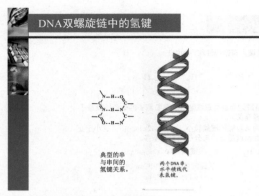

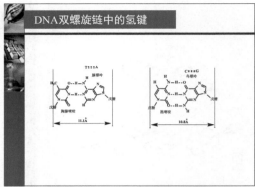

十一、课程资源

［1］李冰.无机化学［M］.北京：化学工业出版社，2021.

［2］天津大学无机化学教研室编.无机化学［M］.北京：高等教育出版社，2010.

［3］宋天佑.简明无机化学［M］.北京：高等教育出版社，2013.

［4］周祖新.无机化学［M］.北京：化学工业出版社，2013.

［5］王元兰.无机化学［M］.北京：化学工业出版社，2011.

［6］宋其圣.无机化学［M］.北京：化学工业出版社，2008.

［7］韩晓霞，杨文远，倪刚.无机化学实验［M］.天津：天津大学出版社，2017.

［8］李淑妮，翟全国，蒋育澄，等.原子间的另一种作用力——氢键［J］.化学教育（中英文），2019，40(22):15-20.

［9］黄丽琴，李根薰.融合真实问题情境的高三深度复习教学——以"氢键的再认知"为例［J］.中小学教学研究，2022，23(3):62-69.

［10］吴萍萍，宋磊，殷长龙，等."看见"氢键：低共熔溶剂体系的建立与应用综合型教学实验设计与实践［J］.化学教育（中英文），2022，43(4):75-80.

［11］武泽臣，程沧，张扬会.过渡金属催化的碳氢键与一氧化碳的反应［J］.有机化学，2021，41(6): 2155-2174.

［12］李荣香，赵燕飞，刘志敏.离子液体反应体系的氢键作用［J］.中国科学：化学，2022，52(5): 655-667.

［13］李冰，倪刚.Mercury软件在配位化学教学中的应用［J］.化学教育（中英文），2022，41(24): 98-101.

第18讲　配合物的基本概念

一、课程及章节名称

课程名称	无机化学	适用专业	化学工程与工艺、应用化学、材料化学、制药工程等专业	年级	大学一年级
教材及章节： 　　李冰主编《无机化学》，化学工业出版社2021年出版。选自第10章配合物的结构与性质中10.1配合物的基本概念。					

二、教学目标

1.　知识目标

（1）掌握配位键的形成要素；

（2）掌握配合物的组成及影响配位数大小的因素；

（3）配位键理论与无机化学实验相结合，了解配合物的制备方法。

2.　能力目标

（1）培养学生提出问题、分析问题以及解决问题的能力；

（2）注重对学生自学能力的培养，使学生在潜移默化中领会化学思维模式。

3.　素养目标

（1）学会从化学视角去观察生活、生产和社会中有关配合物制备的问题。培养学生积极探索的科学精神以及学习化学的兴趣。

（2）通过举例说明配合物的制备过程以及如何将自组装改变为定向组装，使学生能直观地感到所学到的知识可用来服务生活，达到学以致用的效果。

4.　思政育人目标

通过实验证明配合物的组成及配位数的影响因素，通过实验事实，明确实践是检验真理的唯一标准。

三、教学思想

在化学教学中，引导学生不断通过实验事实来积累感性知识，逐步上升至理性知识，并能通过微观的角度来解释宏观现象，从而体会理论和实际的联系，培养学生在实验中不断探究的精神、敢于质疑的品质和解决问题的能力。教学内容从实验入手，在学生对配合物的制备有一定认识的基础上，引入配合物的概念，并通过举例说明影响配位数大小的因素；通过教给学生比较、分类、归纳、概括等方法，使学生能对实验事实和获得的证据进行加工整理，进而得出结论，在实验中要倡导多样化的学习方式，形成合作和交流的意识，通过互动让学生多体会、多感受、多表达与自我激励，体会成功的快乐。

四、教学分析

1. 教材结构分析

本节内容选自第10章"配合物的结构与性质"第1节"配合物的基本概念"。在知识储备上，学生已在无机化学实验中做过实验$[Cu(NH_3)_4]SO_4$的制备，这为本节课的探究奠定了一定的知识基础。但学生还未掌握配合物的组成及影响配位数大小的因素，因此，本节课将通过列举多种配合物使学生理解配合物的形成及影响配位数大小的因素。

具体教材结构见图18-1。

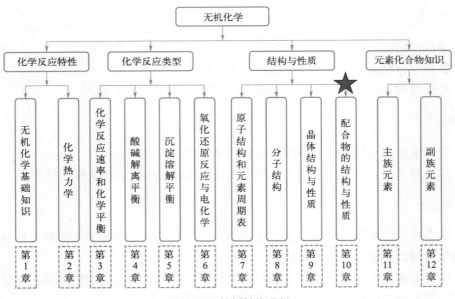

图18-1 教材结构分析

2. 内容分析

通过深入学习配合物相关内容，学生可以较好地将中学化学和大学化学有效地衔接起来，将知识融会贯通。教学内容从实验入手，引入配合物的概念，并通过举例说明影

响配位数大小的因素。

本节内容分析如图18-2所示。

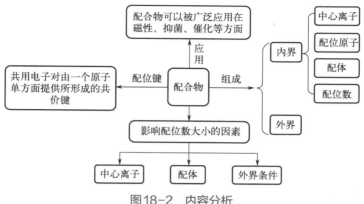

图18-2　内容分析

3. 学情分析

（1）知识基础

在本节课之前，学生对配合物的概念有了基本的认识，学生在高中初步学习了 $[Cu(NH_3)_4]SO_4$ 和 $[Ag(NH_3)_2]_2SO_4$ 等配合物，并且学生在无机化学实验中做过实验 $[Cu(NH_3)_4]SO_4$ 配合物的制备，大致了解配合物的制备过程。

通过本门课程的学习，使学生对配合物的结构、物理性质和化学性质有进一步的了解，为后续课程的学习奠定基础。

（2）能力基础

优化设计教学过程，使学生循序渐进、前后衔接式地学习，达到更好地接受并内化知识的目的。学生已有了一定的无机化学实验技能，结合配合物基础理论知识，强化逻辑思维能力的培养。另外，教师在课堂上可进一步强调化学实验操作规范，借助综合性实验训练学生的知识综合运用能力。

4. 重点难点（包括突出重点、突破难点的方法）

教学重点

（1）配合物的制备过程

在讲授过程中，借助综合化学实验中的例子和科研中的配合物的单晶结构，使学生能从定性的角度理解配合物的制备过程，培养科学研究的意识。

（2）配位数的影响因素

从形成体、配体以及外界条件三个方面加深学生对配位数的认识，通过举例引导学生掌握配位数的影响因素。

教学难点

（1）配位键的形成过程

借助于"灰姑娘和王子"的故事，说明和共价键不同（共价键为双方各出一个电子，形

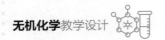

成共价键），配位键在形成的过程中，一个原子提供孤电子对，而另外一个原子只提供空轨道即可，加深学生对配位键形成的理解。

（2）影响配合物配位数的因素

从形成体的角度、配体的角度以及外界条件等三个方面加深学生对配位数的认识，理解这三者之间的相互制约关系。

五、教学方法和策略

1. 案例教学法

本节课通过列举多种配合物引导学生理解配合物的基本概念以及影响配位数大小的因素，使学生从中受到启发，紧紧跟随教学环节设计思路积极主动地探索新知。学生的思维也在潜移默化中得到不断的锻炼与提升，帮助学生更好地理解新知识。

2. 实验教学法

在教学中通过设置与教学内容相关的科学实验引出问题，展开教学，能够引发学生思索，使学生从实验中抽提相关知识，掌握科学方法。本节课结合学生在无机化学实验中 $[Cu(NH_3)_4]SO_4$ 的制备过程引出问题，引发学生思考，进而展开新内容的学习。

六、教学设计思路

本节课以 CO 为例导入新课，引出配位键形成的两个条件，引导学生学习配位键和配合物的区别。结合无机化学实验内容，引入配合物组成的基本概念，并通过举例说明影响配位数大小的因素，最后强调配合物的基本概念，并回答课堂开始时提出的问题，进一步加深对配合物基本概念的掌握。课堂的最后通过课堂总结达到巩固新知的作用。通过列举多种配合

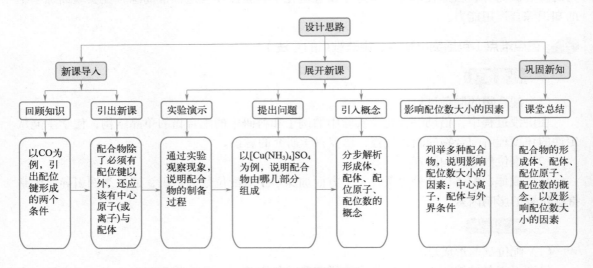

图18-3　设计思路图

物引导学生理解配合物的基本概念以及影响配位数大小因素，使学生从中受到启发，跟随教师的教学设计思路积极主动地探索新知。

把学生放在教学的主体地位，充分发挥学生的主观能动性，在课堂中通过案例以及问题激发学生的学习兴趣、调动学生学习的积极性。通过各个环节的衔接完善整个教学设计流程。总设计思路如图18-3所示。

七、教学安排

教学环节	教师活动/学生活动设计	设计意图
回顾旧知 导入新课	【回顾旧知】 　以CO为例，引出配位键形成的两个条件，引导学生认识配位键和配合物。 　形成条件： 　★ 一个原子价层有孤电子对(电子给予体)； 　★ 另一个原子价层有空轨道(电子接受体)。 【设问】有配位键的化合物都是配合物吗？（激发学生思考的欲望） 【实验导入】以学生在无机化学实验中做过的实验 $[Cu(NH_3)_4]SO_4$ 的制备为例，说明配合物的制备过程。 【实验演示】 　以 $[Cu(NH_3)_4]SO_4$ 为例，通过演示实验录像，得到"配合物的制备过程"。 　并借这个机会，将配离子和配合物做区分。 【分析】除了加入配体和金属离子以外，还要考虑到溶剂效应，否则得到的只是配离子，而不是配合物。 【设问】配合物由哪几部分组成？	回顾旧知识，达到巩固作用。让学生带着问题继续学习。 应用回顾旧知识法提出问题，激发学生思考，引出新课内容。 通过实验事实，使学生明确实践是检验真理的唯一标准。
探索新知	【讲解】以 $[Cu(NH_3)_4]SO_4$ 为例，让学生仔细区分配合物和常见无机物的区别。 　区别1：中括号[　]，发生配位的部分要写在中括号里面，表示为内界。 　区别2：中括号[　]外面还有离子，称之为"抗衡离子"，主要的作用是中和电荷。 　重点讲解内界，也就是配合物的核心部分，由形成体、配位原子、配体、配位数等几个核心部分组成。 【设问】"是不是所有的配合物都有外界抗衡离子"，引导学生思考。	通过举例说明配合物的组成，加深学生对概念的理解。

	【举例】以"[Fe(CO)₅]"为例说明形成体可以是金属离子，也可以为金属原子。这样配体为中性分子的话，就没有中和电荷的抗衡离子存在的必要，引导学生思考问题，解决问题。 【分析】分步解析形成体、配体、配位原子、配位数的概念。 　1. 形成体：具有能接受孤电子对的空轨道的原子或离子。 　金属大多有空轨道，所以绝大多数金属原子和离子可作为形成体。引导学生复习元素周期表，回顾金属所在的位置及数量，对知识融会贯通。 　2. 配体：能提供孤电子对的分子或离子。 　非金属的电子多，容易形成孤电子对，可作为配体。 　引导学生思考，哪些非金属最容易做配位原子？ 　N、O、S、卤素原子等。 【设问】C原子能不能做配位原子？ 【引导】引导学生思考CO和CN做配体时，到底是C配位还是O和N配位？ 　为后期的内轨型配合物和外轨型配合物的学习打基础。 【讲解】由一个配体中配位原子的个数引出"单齿配体"和"多齿配体"的概念。并重点讲解几类常见的多齿配体。 【随机提问】[Co(en)₃]SO₄的配位数为多少？ 【总结】配体为单齿，配位数＝配体的总数 　配体为多齿，配位数≠配体的数目 【讲解】影响配位数大小的因素 　1. 中心离子 电荷——离子电荷越高，配位数越大。 　如　　配离子　　　[PtCl₄]²⁻　　　[PtCl₆]²⁻ 　　　中心离子　　　Pt²⁺　　　　　Pt⁴⁺ 　　　配位数　　　　4　　　　　　6 　以实际的例子说明电荷对配位数的影响。并结合科研中的例子进一步证明。 【总结】半径——中心分子半径越大，其周围可容纳的配体越多，配位越大。 【设问】中心分子半径非常大，配位数也一定非常大吗？ 【引导】引导学生思考物极必反的道理。 　但半径过大，中心离子对配体的引力减弱，反而会使配位数减小。 　如：配离子　　　[CdCl₆]⁴⁻　　　[HgCl₄]²⁻ 　　　配位数　　　　6　　　　　　4	进一步引导学生学习配合物的形成体、配体、配位原子、配位数的概念。 引发学生思考，养成学中思、思中学的习惯。 通过举例引导学生掌握配位数的概念。

探索新知

探索新知	【讲解】 2. 配体的影响 对于配体的影响，要求学生和其形成相对照，自己形成答案，培养创新意识。 电荷——电荷越多，配体间斥力越大，配位数越小。 半径——半径越大，中心离子所能容纳配体数越少，配位数越小。 3. 外界条件 从配体浓度和反应温度的方面去理解。 借助"坐公交车""看演唱会"的例子，说明增大配体浓度，降低反应温度，有利于形成高配位数的配合物。	通过举例引导学生掌握配位数的概念。
小结	【小结】重点掌握配合物的基本概念，以及影响配位数大小的因素。 （1）形成体：具有能接受孤电子对的空轨道的原子或离子。 （2）配体：能提供孤电子对的分子或离子。 影响配位数大小的因素：中心离子、配体及外界条件。	帮助学生对所学知识进行加工处理，使之结构化、条理化，培养学生对知识的归纳总结能力。
课堂练习	【巩固提高】 利用所学知识，独立完成练习题。 1. 以 $[Cr(en)_2Cl_2]NO_3$ 为例，解释下列名词。 （1）内界、外界和配位单元；（2）配位体、配位原子和配位数；（3）单齿配体和多齿配体。 2. 命名下列配合物，指出中心离子的氧化态和配位数。 $K_2[PtCl_6]$、$[Ag(NH_3)_2]Cl$、$[Cu(NH_3)_4]SO_4$、$K_2Na[Co(ONO)_6]$、$[Ni(CO)_4]$、$K_2[ZnY]$	培养学生融会贯通和知识迁移能力。
预习新课	【结束】布置课后任务，预习价键理论，提前查阅资料，相互交流。	引出下节课堂学习内容，让学生做好准备。

八、教学特色及评价

　　根据学生已有知识举例进入课堂，并针对所学内容提出问题，引发学生积极思考，从而展开新知识的学习。通过引入案例为学生营造一个学习场景，有助于学生从理论联系实际，加强师生间的互动，提高学生学习的积极性，从而提高学生的自主学习能力。

　　同时，在教学中利用实验可以让学生直观地看到物质的化学反应，使深奥、枯燥的化学

知识变得易于理解、感受真切、记忆深刻，不仅有利于提高学生学习化学的热情，激发学生的学习兴趣，还可以培养学生的动手操作能力和实践能力。以学生在无机化学实验中做过的实验[Cu(NH$_3$)$_4$]SO$_4$的制备说明配合物的制备过程，让学生仔细区分配合物和常见无机物，从而引出配合物的基本概念，展开新内容的学习。充分体现了从理论知识到实验实践中的以学生为主体，"从做中学，从学中做"的特点。

以举例说明、实验证明的方式，加深学生对配合物的理解。转换思维方式，培养学生多角度思考问题，勇于探索知识的科学精神，以及知识迁移运用的能力。

九、思维导图

本节课的思维导图如图18-4所示。

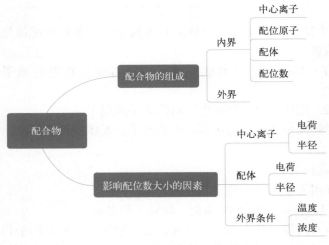

图18-4　思维导图

十、教学课件

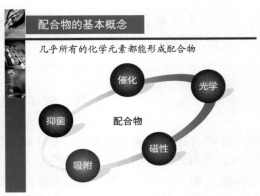

配位键

共用电子对由一个原子单方面提供所形成的共价键

形成条件

1. 一个原子价层有孤电子对(电子给予体)

2. 另一个原子价层有空轨道(电子接受体)

配位键

例　CO

$$:C\!::\!O:\qquad C\equiv O$$

电子式　　分子结构式

CO是不是配合物?

配位化学的起源

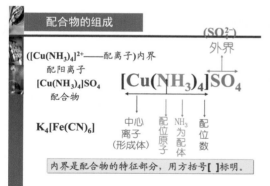

普鲁士蓝 $(K[Fe^{II}Fe^{III}(CN)_6]\cdot H_2O)$

配位化学的起源

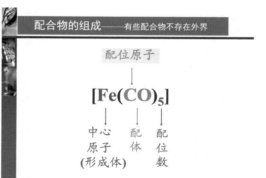

普鲁士蓝的染布

配合物的组成

$([Cu(NH_3)_4]^{2+}$——配离子)内界
　配阳离子
$[Cu(NH_3)_4]SO_4$
　配合物

$$\underbrace{[Cu(NH_3)_4]}_{内界}\overbrace{SO_4}^{(SO_4^{2-})\ 外界}$$

$K_4[Fe(CN)_6]$

中心离子(形成体)　配位原子　NH_3为配体　配位数

内界是配合物的特征部分,用方括号[ ]标明。

配合物的组成——有些配合物不存在外界

配位原子

$$[Fe(CO)_5]$$

中心原子(形成体)　配体　配位数

配合物的组成

形成体(中心离子或中心原子)

配位体(简称配体)

配位原子

具有能接受孤电子对的空轨道的原子或离子

● 绝大多数为金属离子

如 Fe^{3+}、Cu^{2+}、Co^{2+}、Ni^{2+}、Ag^+

● 少数金属原子

如 Ni: $[Ni(CO)_4]$、Fe: $[Fe(CO)_5]$

配合物的组成

配体　能提供孤电子对的分子或离子

如:　$[Cu(NH_3)_4]^{2+}$　　$[Fe(CO)_5]$
配体　　NH_3　　　　　CO

常见的配体:
阴离子:X^-、OH^-、CN^-
中性分子:NH_3、H_2O、CO、RNH_2(胺)

配合物的组成

 配位原子 配体中提供孤电子对与形成体形成配位键的原子

常见的配位原子：N、O、S、卤素原子

如 $[Cu(NH_3)_4]^{2+}$ $[Fe(CO)_5]$
配体 NH_3 CO
配位原子   N   C

根据一个配体中所含配位原子个数，配体分为单齿配体和多齿配体

配合物的组成

 配位原子 配体中提供孤电子对与形成体形成配位键的原子

常见的配位原子：N、O、S、卤素原子

	单齿配体	多齿配体
一个配体所含配位原子个数	1	2个或2个以上
举例	NH_3、X^-	$H_2NCH_2CH_2NH_2$

常见多齿配体

结 构	名 称	缩写符号
	草酸根	(OX)
H_2C　CH_2　H_2N:　:NH_2	乙二胺	(en)
	邻菲咯啉	(o-phen)
	联吡啶	(bpy)
HÖOCCH$_2$　CH$_2$COOH　:NCH$_2$CH$_2$N:　HÖOCCH$_2$　CH$_2$COOH	乙二胺四乙酸	(H$_4$edta)

配合物的组成

影响配位数大小的因素

因素

- A ·中心离子
- B ·配体
- C ·外界条件

配合物的组成

 配位数 与一个形成体形成配位键的配位原子总数

配体为单齿，配位数=配体的总数
配体为多齿，配位数≠配体的数目

配位个体	配位体		配位原子	配位数
$[Cu(NH_3)_4]^{2+}$	NH_3	单齿	N	4
$[CoCl_3(NH_3)_3]$	Cl^-　NH_3	单齿	Cl　N	6
$[Cu(en)_2]^{2+}$	en	双齿	N	4

影响配位数大小的因素

常见金属离子(M^{m+})的配位数(n)

M^+	n	M^{2+}	n	M^{3+}	n	M^{4+}	n
Cu^+	2、4	Cu^{2+}	4、6	Fe^{3+}	6	Pt^{4+}	6
Ag^+	2	Zn^{2+}	4、6	Cr^{3+}	6		
Au^+	2、4	Co^{2+}	4、6	Co^{3+}	6		
		Pt^{2+}	4	Sc^{3+}	6		
		Hg^{2+}	2、4	Au^{3+}	4		
		Ni^{2+}	4、6	Al^{3+}	4、6		

影响配位数大小的因素

 中心离子 ＿＿＿
电荷——离子电荷越高，配位数越大   **1**

● 半径——半径越大，其周围可容纳的配体越多，配位数大

如   配离子 $[AlF_6]^{3-}$ $[BF_4]^-$
半径 $r(Al^{3+})$ > $r(B^{3+})$
配位数   6   4

影响配位数大小的因素

 中心离子 ＿＿＿
电荷——离子电荷越高，配位数越大   **1**

但半径过大，中心离子对配体的引力减弱，反而会使配位数减小。

如：配离子 $[CdCl_6]^{4-}$ $[HgCl_4]^{2-}$

配位数   6   4

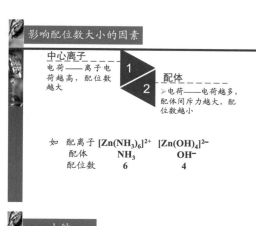

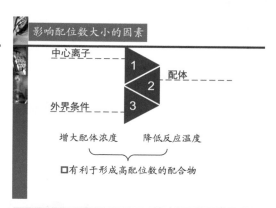

十一、课程资源

[1] 李冰.无机化学[M].北京：化学工业出版社，2021.

[2] 天津大学无机化学教研室编.无机化学[M].北京：高等教育出版社，2010.

[3] 宋天佑.简明无机化学[M].北京：高等教育出版社，2013.

[4] 周祖新.无机化学[M].北京：化学工业出版社，2013.

[5] 王元兰.无机化学[M].北京：化学工业出版社，2011.

[6] 宋其圣.无机化学[M].北京：化学工业出版社，2008.

[7] 宋天佑，程鹏，徐家宁，等.无机化学[M].北京：高等教育出版社，2015.

[8] 谌冰洁.化学学科核心素养指引下的"配合物"教学探讨[J].化学教育（中英文），2020,41(21): 42-48.

[9] 杨艳华，王宝玲，李艳妮，等.无机化学课程思政探索——以"配位化学基础"中部分内容的教学设计为例[J].大学化学，2021,36(3): 49-58.

[10] 陈晓姣.高职专业课的课程思政教学探索与实践——以"配位化合物"的思政教学为例[J].化学教育（中英文），2020,41(8): 77-81.

[11] 祁轩，韩晓丽，万早雁，等.含能配位化合物的研究进展及其应用[J].含能材料,2022,30(3): 276-288.

第19讲　配合物的价键理论

一、课程及章节名称

课程名称	无机化学	适用专业	化学工程与工艺、应用化学、材料化学、制药工程等专业	年级	大学一年级

教材及章节：

　　李冰主编《无机化学》，化学工业出版社2021年出版。选自第10章配合物的结构与性质中10.2.1价键理论。

二、教学目标

1.　知识目标

（1）掌握配合物的几何构型和配位键键型的关系；

（2）理解轨道杂化类型与配位个体几何构型的关系；

（3）掌握两种配位键类型及影响因素。

2.　能力目标

（1）通过对价键理论的学习，激发对物质微观结构的空间想象能力；

（2）逐渐养成科学的、辩证的思维方法，认识科学理论产生与发展的本质特征。

3.　素养目标

通过对配合物空间构型的学习，深化宏观辨识和微观探析的能力。

4.　思政育人目标

培养学生勇于思考、敢于创新的科学精神。通过配合物构型与杂化轨道之间的关系，感受辩证唯物主义论和科学认识论与理论发展的紧密联系。

三、教学思想

配位化学是在无机化学基础上发展起来的一门热门学科，它涉及的内容已经超出经典无

机化学的范围，故本课时教学设计借鉴"5E"教学模式，通过展示当今科学研究中常用的配合物空间构型启发学生，从结构决定性质的角度引导学生思考，提出问题，创设问题情境，进而引出新课的学习目标。在新课传授的设计中，始终围绕"探究——解释——迁移——评价"的步骤展开，层层递进地展开相关问题的探究，并最终获取答案。以"5E"教学模式展开设计，可以将简单枯燥的理论知识进行拆解，从而进一步加深学生对配位化学的认识。此外，本篇教学设计中还暗含了思政育人的教学理念，以求达到课程思政的教学目标，并以此吸引越来越多的年轻人走进配位化学的研究中。

四、教学分析

1. 教材结构分析

本节内容选自第10章"配合物的结构与性质"第2节"配合物的化学键理论"。在知识储备上，学生已经掌握了原子、分子、晶体的结构与性质，为本节课的学习打下扎实的基础。通过本节内容的学习，既可以帮助理解前面所学的理论知识，又可以帮助学生更全面地认识配合物，掌握配合物的概念、形成条件、命名等知识，并利用价键理论对配合物的配键类型及配合物几何构型进行分析，实现对知识的应用和拓展。此外，本节课的内容是学生学习配合物专业知识的基本工具，因而本节内容至关重要。

具体教材结构见图19-1。

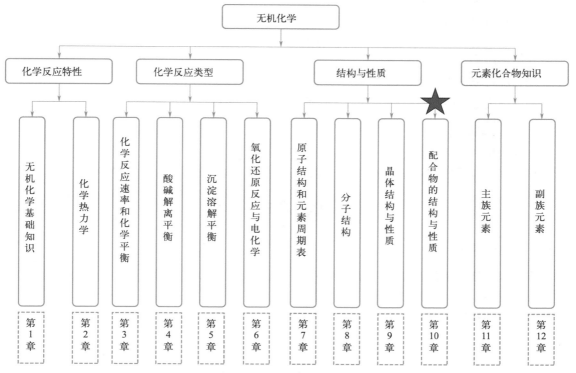

图19-1　教材结构分析

2. 内容分析

价键理论是学习配位化学的基础，是理解配合物微观结构的有效工具，尤其是在解释离子的几何构型、稳定性、某些化学性质和磁性方面具有不可替代的作用。本节课主要介绍配合物几种常见的几何构型和两种类型的配位键，以及形成体杂化轨道方式与配合物几何构型和配位键类型间的关系等内容。

3. 学情分析

（1）知识基础

在学习本节课之前，学生已经学习过了分子的价键理论、杂化轨道理论，也基本掌握了配合物的基本概念、组成和命名，配位键的形成要素、影响配位数大小的因素等内容。在此基础上学习本节课——价键理论，会使学生更容易理解知识。

（2）能力基础

通过上节课的学习，学生能够通过配合物的化学式简单推测配合物中心原子（或离子）的杂化轨道方式，并且具有一定的独立思考和自主探究能力。在心理特征上，该阶段学生具有较强的求知欲和较成熟的逻辑思维能力，配合物结构的展示会引起学生对配合物形成过程的好奇，有助于学生更好地完成本节课内容的学习。

4. 重点难点（包括突出重点、突破难点的方法）

教学重点

（1）从轨道杂化类型角度理解配位个体对几何构型的影响

在讲授过程中，借助图例和杂化轨道的排布，使学生能从多方面深入地理解杂化轨道类型对几何构型的影响。

（2）配位键类型的影响因素

从结构决定性质和性质反馈结构的角度说明如何通过稳定性和磁性去判断配位键的类型。

教学难点

空间构型的空间想象力。

借助多媒体手段来讲述各种构型，辅助板书画图和多媒体软件，加深学生的理解。

五、教学方法和策略

1. 任务驱动教学法

本节课围绕任务展开学习，在探究配合物的几何构型和配位键键型的关系、配位键的类型等任务的驱动下，学生展开猜想，带着疑问进入学习。在完成任务的过程中，学生不断收获新知识与新技能，并进一步提升自主探究能力。

2. 启发式教学法

教师在教学中要根据教学任务，从学生实际出发，采用多种方式，调动学生学习的主动性。

本节课通过展示一些配合物的结构图，启发学生思考配合物构型多样性的原因，并通过分析配合物的构型、配位键键型，得出构型和键型的关系，再利用杂化轨道理论分析配合物中心原子（或离子）的杂化轨道类型，进而掌握形成体杂化轨道类型与配合物几何构型的关系。教师采取启发式教学法，不仅提高了学生的学习兴趣，同时也使学生的分析能力和探究能力得到提升。

六、教学设计思路

本节课从回顾旧知入手，在学生已有的知识基础上引出配合物的构型，又进一步学习配合物构型的相关知识，采取探究的方法学习配合物的结构性质，并利用杂化轨道理论推断配合物的构型与配位键键型的关系。教师通过列举生活中可以依据衣服、发型和五官去推测男女等生活化的例子吸引学生，引导通过性质去推测键型，然后再利用稳定性、磁性来判断键型。在课堂教学中，教师通过任务驱动教学法和启发式教学法，使学生在已有知识的基础上不断收获新知识、新技能。学生通过归纳总结，将知识不断内化。整个教学过程结构紧密，环环相扣，充分考虑学生的认知发展水平，在学生已有的认知基础上步步引导，循序渐进地完成本节课的教学过程。

总设计思路如图19-2所示。

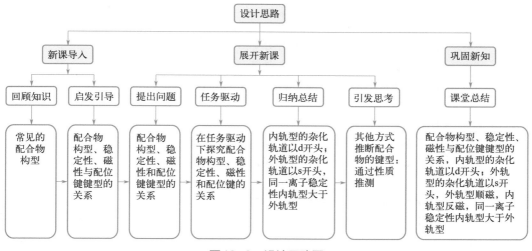

图19-2　设计思路图

七、教学安排

教学环节	教师活动/学生活动设计	设计意图
回顾旧知 导入新课	【回顾旧知】配合物的构型 【引入】大家已经知道的配合物的构型有哪些？ 【媒体展示】常见的配合物构型	

回顾旧知 导入新课	 【迁移】配合物的不同构型由哪些因素决定? 【讲解】金属中心的杂化轨道具有一定的伸展方向 【过渡】配合物的构型与杂化类型有怎样的关系?	展示科研中用到的配合物空间构型,使学生感受现代科学技术为科研工作带来的极大贡献,培养学生勇于探索的科学精神和专业自豪感,激发学生学习的欲望,引出新课。
探索新知	【探究】价键理论 【任务一】探究配合物的几何构型和配位键键型的关系 【解释】1. 以 $[Ni(NH_3)_4]^{2+}$ 为例说明 sp^3 杂化类型。 2. 以 $[NI(CN)_4]^{2-}$ 为例说明 dsp^2 杂化类型。 	通过举例说明配合物的几何构型和配位键键型的关系,加深学生的理解。

3. 以 $[Fe(CO)_5]$ 为例说明 dsp^3 杂化类型。

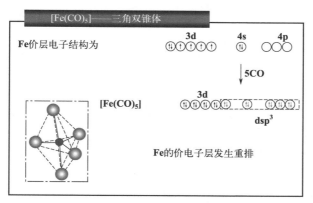

4. 以 $[CoF_6]^{3-}$ 为例说明 sp^3d^2 杂化类型。

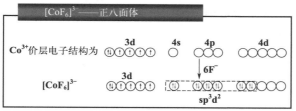

【总结】轨道杂化类型与配合物的几何构型：

配位数	杂化类型	几何构型	实例
4	sp^3	正四面体	$[Ni(NH_3)_4]^{2+}$
	dsp^2	正方形	$[Ni(CN)_4]^{2-}$
5	dsp^3	三角双锥形	$[Fe(CO)_5]$
6	sp^3d^2	正八面体形	$[CoF_6]^{3-}$
	d^2sp^3		$[Co(CN)_6]^{3-}$

【任务二】探究配位键的类型

【分析】内轨配键：由次外层 $(n-1)d$ 与最外层 ns、np 轨道杂化所形成的配位键（价电子层发生重排）。

【举例】由内轨配键形成的配合物——内轨型配合物：$[Fe(CN)_6]^{3-}$、$[Fe(CO)_5]$、$[Ni(CN)_4]^{2-}$

【分析】外轨配键：全部由最外层 ns、np、nd 轨道杂化所形成的配位键（价电子层未发生重排，孤对电子直接填入空轨道）。

【举例】由外轨配键形成的配合物——外轨型配合物：$[FeF_6]^{3-}$、$[Co(NH_3)_6]^{2+}$、$[Ni(NH_3)_4]^{2+}$

【引导】内轨型和外轨型从杂化轨道类型上看有什么区别？

探索新知

通过对配合物空间结构的探究，感受配位化学的独特魅力，以及配位化学在科技领域的突出作用，增强学生的专业认同感，激发学生的家国情怀。

由简到繁，层层递进。

归纳、总结，帮助学生系统地掌握知识。

杂化类型	几何构型	实例	配位键类型
sp^3	正四面体形	$[Ni(NH_3)_4]^{2+}$	外轨型
dsp^2	正方形	$[Ni(CN)_4]^{2-}$	内轨型
dsp^3	三角双锥形	$[Fe(CO)_5]$	内轨型
sp^3d^2	正八面体形	$[CoF_6]^{3-}$	外轨型
d^2sp^3		$[Co(CN)_6]^{3-}$	内轨型

【学生评价】内轨型的杂化轨道以d开头；外轨型的杂化轨道以s开头。

【任务三】探究配合物中内轨型、外轨型谁是主要取决因素

【举例】1.中心离子的电子构型：具有d^{10}构型的离子，只能用外层轨道形成外轨型配合物；具有d^8构型的离子如Ni^{2+}、Pt^{2+}、Pd^{2+}等，在大多数情况下形成内轨型配合物；具有$d^4 \sim d^7$构型的离子，既可形成内轨型，也可形成外轨型。

离子的电子构型	形成配合物类型	实例
d^{10}	外轨型	Cu^+、Ag^+、Zn^{2+}
d^8	大多数为内轨型	Ni^{2+}、Pt^{2+}、Pd^{2+}
$d^4 \sim d^7$	内轨型、外轨型	Fe^{3+}、Co^{2+}

2.中心离子的电荷：电荷增多，对配位原子的孤对电子的吸引力增强，有利于其内层（$n-1$）d参与成键，即易形成内轨型配合物。

$[Co(NH_3)_6]^{2+}$　　外轨型配合物

$[Co(NH_3)_6]^{3+}$　　内轨型配合物

3.配位原子电负性：电负性大的原子如F、O等，与电负性较小的C原子比较，通常不易提供孤电子对，作为配位原子，中心离子以外层轨道与之成键，因而，形成外轨型配合物。C原子作为配位原子时（如在CN^-中），则常形成内轨型配合物。

电负性	易形成配合物类型	实例
大	外轨型	F、Cl、O
小	内轨型	C(CN^-、CO)

【设问】还有没有别的方式推断配合物的键型呢？

【引导】可以通过衣服、发型和五官去推测男女，可以通过性质去推测键型。

【任务四】探究配合物的稳定性、磁性与键型的关系

【举例】稳定性和配合物键型的关系

探索新知

通过讲解、分析，加强学生的理解。

归纳总结，将知识系统化、简单化，便于学生掌握。

举例讲解便于理解，表格清晰明了，便于记忆。

配合物	$[FeF_6]^{3-}$	$[Fe(CN)_6]^{3-}$	$[Ni(NH_3)_4]^{2+}$	$[Ni(CN)_4]^{2-}$
杂化轨道	sp^3d^2	d^2sp^3	sp^3	dsp^2
配键类型	外轨型	内轨型	外轨型	内轨型
$K_f^{\ominus}$	10^{14}	10^{42}	$10^{7.96}$	$10^{31.3}$

以实例证明结论，加强理解。

同一中心离子形成相同配位数的配离子，稳定性：内轨型＞外轨型。

【分析】磁性和配合物键型的关系：

配合物	$[Ni(NH_3)_4]^{2+}$	$[Ni(CN)_4]^{2-}$
Ni^{2+} 的 d 电子构型	d^8	
杂化轨道	sp^3	dsp^2
配键类型	外轨型	内轨型
未成对电子数	2	0
磁性	顺磁性	反磁性
μ/B.M.	2.83	0

增强分析能力，学会总结归纳知识。

【总结】磁矩和未成对电子数的关系：

$$\mu=\sqrt{n(n+2)}$$

n（未成对电子数）	0	1	2	3	4	5
μ（理）/B.M.	0	1.73	2.83	3.87	4.90	5.92

通过实例得到结论，并学会从现象反推其构型。

【举例】

配合物	$[FeF_6]^{3-}$	$[Fe(CN)_6]^{3-}$
μ/B.M.	5.90	2.0
n（未成对电子数）	5	1
Fe^{3+} 的 d 电子构型	d^5	
杂化轨道	sp^3d^2	d^2sp^3
配键类型	外轨型	内轨型

【总结】
配合物的几何构型和配位键键型：

杂化类型	几何构型	实例	配位键类型
sp^3	正四面体形	$[Ni(NH_3)_4]^{2+}$	外轨型
dsp^2	正方形	$[Ni(CN)_4]^{2-}$	内轨型
dsp^3	三角双锥形	$[Fe(CO)_5]$	内轨型
sp^3d^2	正八面体形	$[CoF_6]^{3-}$	外轨型
d^2sp^3		$[Co(CN)_6]^{3-}$	内轨型

帮助学生对所学知识进行加工处理，使之结构化、条理化，培养学生对知识的归纳总结能力。

探索新知

总结

总结	1. 内轨配键：价电子层发生重排 2. 外轨配键：价电子层未发生重排，孤对电子直接填入空轨道 影响配合物类型的因素： 1. 中心离子的电子构型 2. 中心离子的电荷 3. 配位原子电负性 配合物的稳定性、磁性与键型关系： 1. 稳定性和配合物键型的关系 2. 磁性和配合物键型的关系	
课堂练习	【巩固提高】 利用所学知识，独立完成练习题。 1. 已知下列配合物的磁矩，根据价键理论指出各形成体的价层电子排布、轨道杂化类型、配离子空间构型，并指出配合物属于内轨型还是外轨型。 （1）$[Mn(CN)_6]^{3-}$（磁矩=2.8B.M.）；（2）$[Co(H_2O)_6]^{2+}$（磁矩=3.88B.M.）；（3）$[Cd(CN)_4]^{2-}$（磁矩=0） 2. 为什么$[NiCl_4]^{2-}$是顺磁性物质，而$[Ni(CN)_4]^{2-}$是抗磁性物质？指出它们的几何构型。	帮助学生巩固课堂知识，提高学生运用理论知识分析和解决问题的能力。
预习新课	【结束】布置课后任务，预习晶体场理论，提前查阅资料，相互交流。	引出下节课堂学习内容，让学生做好准备。

八、教学特色及评价

    教学设计采取"5E"教学模式，充分尊重学生的主体地位，以学生为课堂活动的中心，教师则扮演指导者和帮助者的角色，并且强调教师行为和学生行为的协调一致，力求在二者的合作探究中完成课堂内容的学习。另外，本节课采取任务驱动教学法和启发式教学法，在对形成体杂化轨道方式和配合物空间构型与配位键键型的关系的讲解中，两种方法相互配合，充分调动了学生的学习积极性，使更多的学生参与其中，同时在探索过程中也潜移默化地提高了学生独立思考的能力，锻炼了学生解决问题的能力。

九、思维导图

    本节课的思维导图如图19-3所示。

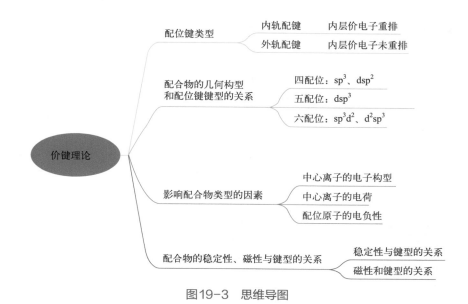

配位键类型　　内轨配键　　内层价电子重排
　　　　　　　外轨配键　　内层价电子未重排

配合物的几何构型　　四配位：sp^3、dsp^2
和配位键键型的关系　五配位：dsp^3
　　　　　　　　　　六配位：sp^3d^2、d^2sp^3

价键理论

影响配合物类型的因素　　中心离子的电子构型
　　　　　　　　　　　　中心离子的电荷
　　　　　　　　　　　　配位原子的电负性

配合物的稳定性、磁性与键型的关系　　稳定性与键型的关系
　　　　　　　　　　　　　　　　　　磁性和键型的关系

图19-3　思维导图

十、教学课件

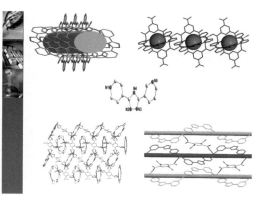

配位数	杂化类型	几何构型	实例
4	sp^3	正四面体形	$[Ni(NH_3)_4]^{2+}$
5			
6			

价键理论

$[Ni(NH_3)_4]^{2+}$ —— 正四面体

Ni^{2+}价层电子结构为

3d　4s　4p

$[Ni(NH_3)_4]^{2+}$

$4NH_3$
sp^3

3d

价键理论

轨道杂化类型与配合物的几何构型

配位数	杂化类型	几何构型	实 例
4	sp^3	正四面体形	$[Ni(NH_3)_4]^{2+}$
	dsp^2	正方形	$[Ni(CN)_4]^{2-}$
5			
6			

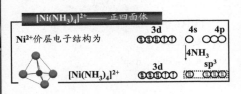

价键理论

$[Ni(NH_3)_4]^{2+}$ —— 正四面体

Ni^{2+}价层电子结构为

3d　4s　4p

$[Ni(NH_3)_4]^{2+}$

$4NH_3$
sp^3

3d

$[Ni(CN)_4]^{2-}$ —— 正方形

Ni^{2+}价层电子结构为

3d　4s　4p

$[Ni(CN)_4]^{2-}$

$4CN^-$

3d
dsp^2

价键理论

轨道杂化类型与配合物的几何构型

配位数	杂化类型	几何构型	实 例
4	sp^3	正四面体	$[Ni(NH_3)_4]^{2+}$
	dsp^2	正方形	$[Ni(CN)_4]^{2-}$
5	dsp^3	三角双锥形	$[Fe(CO)_5]$
6			

价键理论

$[Fe(CO)_5]$ —— 三角双锥体

Fe价层电子结构为

3d　4s　4p

$[Fe(CO)_5]$

$5CO$

3d
dsp^3

Fe的价电子层发生重排

价键理论

轨道杂化类型与配合物的几何构型

配位数	杂化类型	几何构型	实 例
4	sp^3	正四面体	$[Ni(NH_3)_4]^{2+}$
	dsp^2	正方形	$[Ni(CN)_4]^{2-}$
5	dsp^3	三角双锥形	$[Fe(CO)_5]$
6	sp^3d^2	正八面体形	$[CoF_6]^{3-}$

价键理论

$[CoF_6]^{3-}$ —— 正八面体

Co^{3+}价层电子结构为

3d　4s　4p　4d

$[CoF_6]^{3-}$

$6F^-$
sp^3d^2

3d

$[Co(CN)_6]^{3-}$ —— 正八面体

3d
d^2sp^3

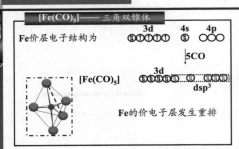

价键理论

轨道杂化类型与配合物的几何构型

配位数	杂化类型	几何构型	实 例
4	sp^3	正四面体	$[Ni(NH_3)_4]^{2+}$
	dsp^2	正方形	$[Ni(CN)_4]^{2-}$
5	dsp^3	三角双锥形	$[Fe(CO)_5]$
6	sp^3d^2	正八面体形	$[CoF_6]^{3-}$
	d^2sp^3		$[Co(CN)_6]^{3-}$

价键理论

[CoF₆]³⁻ —— 正八面体

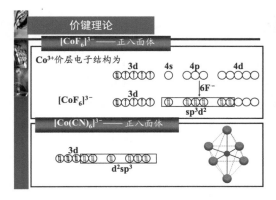

Co³⁺价层电子结构为

3d   4s   4p   4d

[CoF₆]³⁻

3d

sp³d²

6F⁻

[Co(CN)₆]³⁻ —— 正八面体

3d

d²sp³

价键理论

杂化类型	几何构型	实例	配位键类型
sp³	正四面体形	[Ni(NH₃)₄]²⁺	外轨型
dsp²	正方形	[Ni(CN)₄]²⁻	内轨型
dsp³	三角双锥形	[Fe(CO)₅]	内轨型
sp³d²	正八面体形	[CoF₆]³⁻	外轨型
d²sp³		[Co(CN)₆]³⁻	内轨型

价键理论

配位键类型——内轨配键、外轨配键

● 内轨配键：由次外层$(n-1)$d与最外层ns、
np轨道杂化所形成的配位键
(价电子层发生重排)
由内轨配键形成的配合物——内轨型配合物
如 [Fe(CN)₆]³⁻、[Fe(CO)₅]、[Ni(CN)₄]²⁻

● 外轨配键：全部由最外层ns、np、nd轨道
杂化所形成的配位键
(价电子层未发生重排，孤对电子直接填入空轨道)
由外轨配键形成的配合物——外轨型配合物
如 [FeF₆]³⁻、[Co(NH₃)₆]²⁺、[Ni(NH₃)₄]²⁺

价键理论

配位键类型——内轨配键、外轨配键

影响因素：中心离子的电子构型

离子的电子构型	形成配合物类型	实例
d¹⁰	外轨型	Cu⁺、Ag⁺、Zn²⁺
d⁸	大多数为内轨型	Ni²⁺、Pt²⁺、Pd²⁺
d⁴~d⁷	内轨型、外轨型	Fe³⁺、Co²⁺

价键理论

配位键类型——内轨配键、外轨配键

影响因素：

● 中心离子的电子构型

● 中心离子的电荷

电荷增多，对配位原子的孤对电子的吸引力增强，有利于其内层$(n-1)$d参与成键，即易形成内轨型配合物。

[Co(NH₃)₆]²⁺ 外轨型配合物
[Co(NH₃)₆]³⁺ 内轨型配合物

价键理论

配位键类型——内轨配键、外轨配键

影响因素：

● 中心离子的电子构型

● 中心离子的电荷

● 配位原子电负性

电负性	易形成配合物类型	实例
大	外轨型	F、Cl、O
小	内轨型	C(CN⁻、CO)

价键理论

2. 配合物的稳定性、磁性与键型的关系

稳定性

同一中心离子形成相同配位数的配离子。

稳定性：内轨型 > 外轨型

	[FeF₆]³⁻	[Fe(CN)₆]³⁻	[Ni(NH₃)₄]²⁺	[Ni(CN)₄]²⁻
杂化轨道	sp³d²	d²sp³	sp³	dsp²
配键类型	外轨型	内轨型	外轨型	内轨型
$K_f^{\ominus}$	10¹⁴	10⁴²	10⁷·⁹⁶	10³¹·³

价键理论

磁性	[Ni(NH₃)₄]²⁺	[Ni(CN)₄]²⁻
Ni²⁺的d电子构型	d⁸	
杂化轨道	sp³	dsp²
配键类型	外轨型	内轨型
未成对电子数	2	0
磁性	顺磁性	反磁性
μ/B.M.	2.83	0

μ —— 磁矩，单位为波尔磁子，符号 B.M.

$$\mu = \sqrt{n(n+2)}$$ n —— 未成对电子数

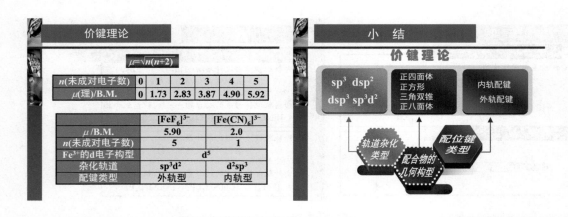

十一、课程资源

［1］李冰.无机化学［M］.北京：化学工业出版社，2021.

［2］宋天佑.简明无机化学［M］.北京：高等教育出版社，2013.

［3］周祖新.无机化学［M］.北京：化学工业出版社，2013.

［4］Li Bing, Chen Sanping, Gao Shengli. Synthesis, crystal structure and thermodynamics of an energetic complex Co(2, 3′-bpt)$_3$·H$_2$O［J］. Journal of Chemical & Engineering Data，2011, 56(7): 3043-3046.

［5］吴玮，郑培锟.从头算价键理论的研究进展［J］.厦门大学学报(自然科学版)，2021, 60(2): 160-168.

［6］赵海燕，于涛，孙华.基于学习通和钉钉直播的线上混合教学的探索与实践——以"配合物的价键理论"为例［J］.大学化学，2020, 35(5): 152-157.

［7］祁轩，韩晓丽，万早雁，等.含能配位化合物的研究进展及其应用［J］.含能材料，2022, 30(3): 276-288.

［8］董雪，曹鸿，徐雷，等.镎和钚与环境中无机阴离子的配位化学研究进展［J］.化学学报，2021, 79(12): 1415-1424.

［9］谢嘉恩，罗雨珩，张黔玲，等.金属配合物在双光子荧光探针中的应用研究［J］.化学进展，2021, 33(1): 111-123.

［10］陈荣三，杨震.戴安邦先生的化学教育思想［J］.中国大学教学，2018(6): 44-46+70.

［11］刘永红，段丽君，李慧慧，等.SPOC教学模式下课程思政教学设计与实践——以无机及分析化学课程思政教学改革为例［J］.化学教育（中英文），2021, 42(20): 35-40.

［12］杨国栋，马晓雪.新文科视域下课程思政与知识传授融合的基本逻辑与实现路径［J］.高校教育管理，2022, 16(5):96-105.

第20讲　配合物的类型及应用

一、课程及章节名称

课程名称	无机化学	适用专业	化学工程与工艺、应用化学、材料化学、制药工程等专业	年级	大学一年级

教材及章节：

　　李冰主编《无机化学》，化学工业出版社2021年出版。选自第10章配合物的结构与性质中10.4配合物的类型及应用。

二、教学目标

1.　知识目标

（1）掌握配合物的多种类型；

（2）了解配位化学在催化、冶金、电镀、生物及医药学方面的应用。

2.　能力目标

（1）通过对科学研究前沿内容的自主查询和了解，培养多渠道获取化学新知识的能力；

（2）深刻理解各学科知识间交叉互融的特点，培养融会贯通的思维能力和多视角分析问题的处理能力。

3.　素养目标

通过感知当代配位化学的发展现状以及生产生活中应用到的配合物的空间结构示意图，逐步养成从微观角度把握物质结构与性质关系的思维习惯。

4.　思政育人目标

（1）通过对配位化学前沿地位的了解，强化科技报国的理念，增强民族自豪感和国家荣誉感。

（2）配位化合物广泛应用于工业、农业、医药、国防和航天等领域。通过学习配位化合物在工业、农业、医药、国防和航天等领域的应用，培养学生一丝不苟的工作态度，增强社会责任感和民族自豪感。

三、教学思想

将配位化学的研究内容和手段融于教学中，使学生了解配位化学的研究现状，激发学生的学习热情。本设计以建构主义理论作为指导，通过自主、合作、探究学习，将本课时学习的新知识容纳到原有的知识体系中，旨在让学生认识到配合物的重要性，明白配位化学在现代科学中的重要地位，激发学习化学的兴趣。此外，通过将思政元素与专业基础知识有机统一，真正将"国家意识、科学精神、专业素质、人文情怀、国际视野"的育人理念落实到课堂中。

四、教学分析

1. 教材结构分析

本节课内容选自第10章"配合物的结构与性质"第4节"配合物的类型及应用"。教材可划分为化学反应特性、化学反应类型、结构与性质、元素化合物知识四部分，以物质结构和能量变化为主线，以化学平衡理论为依托，以元素化合物的性质及其在近代科学技术中的应用为基本内容展开，在能源、材料、信息、生命科学和环境科学等领域延伸和扩展。各部分相互依存，相互关联，构成一个逻辑缜密的知识系统。在知识储备上，学生已定性地掌握了配位化合物的基本概念及配位化合物的价键理论，为本节课的探究奠定了一定的知识基础。但是学生对配位化合物的类型及结构特点还不了解，对配位化学的应用前景还未形成准确的认识。本节课内容与当前配位化学的研究热点息息相关，理解和掌握本节课内容可以进一步开阔学生视野，激发学生的学习和科研热情。具体教材结构如图20-1所示。

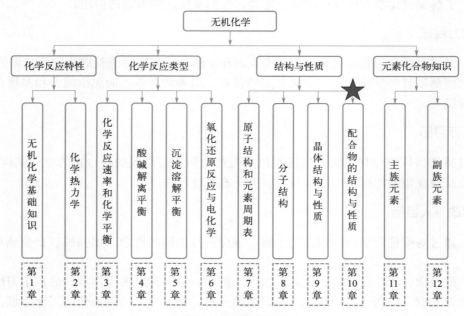

图20-1　教材结构分析

2. 内容分析

教学内容从当前的配位化合物的分类入手，在学生对配位化合物的基本概念有定性认识的基础上，引入几类典型的配位化合物，结合实验内容讲解配位化合物在化学分析上的应用，并结合当前配位化学的研究热点介绍配位化学的应用。

教材内容分析如图20-2所示。

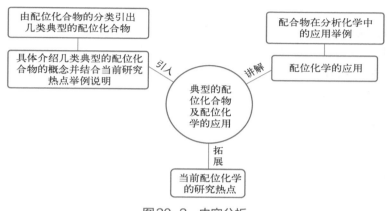

图20-2　内容分析

3. 学情分析

（1）知识基础

学生已经掌握了配位键的基本概念，掌握了配合物的几何构型与配位键键型之间的关系，掌握了内配位和外配位两种配位键类型，在此基础上学生能够通过所学知识了解配合物的类型，学习配合物在分析化学及医药、生命科学等方面的应用实例。

（2）能力基础

学生通过前几章的学习，对杂化轨道理论、价键理论、晶体场理论已经有了一定的掌握，为本节课的学习奠定了一定的知识基础，且通过对配合物结构与性质的学习，对配合物的实际应用具有一定的探究能力。通过本节课的学习，可以进一步加深学生对配位化学的了解，对所学知识进行反馈、消化，从而达到能力提升的目的。

4. 重点难点（包括突出重点、突破难点的方法）

教学重点

几类典型的配位化合物的概念及结构特点。

通过回顾本章前面学过的配合物的化学键理论，结合目前各类配合物的研究实例，使学生能深入地从多角度理解几类典型的配位化合物。

教学难点

配位化合物在化学分析中的应用。

在讲授过程中，借助回顾具体的无机实验的内容，使学生理解配位化合物在分析化学中的实际应用。

五、教学方法和策略

1. 情境教学法

"配位化合物"是无机化学课的重要内容，学生们初学要了解配位化合物的结构特点、配位键的形成理论及配合物的应用。本节内容以事实性知识为主，若采取传统的讲授方式，难以提起学生的兴趣。但若列举现实生活中新型材料，如生物体内的配合物，医药中用于抗炎、抗病毒及抗肿瘤的配合物，医学检测方面所需要的配合物等作为情境引出新课，会给本来枯燥无味的理论学习带来趣味性，从而激起学生的学习兴趣。因此在进行"配位化合物"的教学时，以"配合物在医药学中的应用"为主题给学生分组随机预留了学习任务，引导学生利用各种资源去学习和了解配合物，更有助于学生完成本节课的学习。

2. 发现教学法

本节课通过列举多种典型的配合物实例，引导学生自主发现、探索配合物的特点。通过讲述配合物在新型材料和生命科学领域的应用，使学生认识到配位化合物在分析化学及催化、冶金、材料、生命化学等领域的作用，引导学生讨论，拓宽学生视野。学生从教师的引导中受到启发，教师从学生的课堂表现中获得反馈，二者相互配合，在轻松愉快的课堂氛围中结束本节课的学习。与此同时，学生的探究性思维也在潜移默化中得到锻炼与提升。

六、教学设计思路

本节教学内容从当前配位化合物的分类入手，在学生对配位化合物的基本概念有定性认识的基础上，引入几类典型的配位化合物，结合实验的内容和当前配位化学的研究热点举例配位化学的应用。

整个教学过程通过呈现情境，引入案例，逐步引发学生发现，使学生发散思维并逐渐掌握配位化学在生产生活中的应用。总设计思路如图20-3所示。

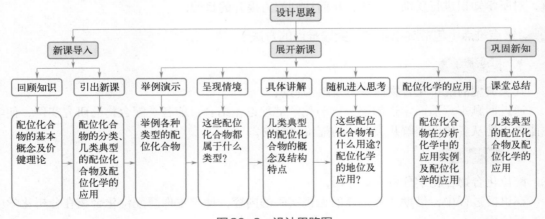

图20-3　设计思路图

七、教学安排

教学环节	教师活动/学生活动设计	设计意图
回顾旧知 导入新课	【回顾旧知】 　　配位化合物的结构丰富多彩，配合物的类型自然不会单一。 　　以各种类型配合物的实例引出配合物多样的结构类型。 　　【设问】配位化学发展至今，配位化合物种类繁杂，大家能举出几种类型的配位化合物？	应用回顾旧知识法提出问题，激发学生思考，引出新课。同时，强化学生的专业认同感和家国情怀。
探索新知	【导入新课】配位化合物的分类及几类典型配位化合物 　　【举例】 　　举例讲解典型的配位化合物：简单配合物、螯合物、羰基化合物、大环配合物及夹心型配合物。 　　讲解杂多酸型配合物时可以结合化学专业软件向学生展示近几年该领域的最新研究成果。	结合当今配位化学的研究前沿，利用直观多彩的配位化合物结构图片展示，激励学生的学习兴趣。

【引导】螯合物的特点主要看什么?

引导学生观察螯合键。

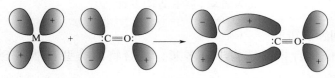

M→C的反馈π键——CO分子提供空的π_{2p}^*反键轨道,金属原子提供d轨道上的孤电子对。

【讲述】有效原子序数规则

配合物的形成体(过渡金属)与一定数目配体结合,以使其周围的电子数等于同周期稀有气体元素的电子数(即有效原子序数)。

【举例】以$[Mn(CO)_6]^+$和$[Cr(CO)_6]$为例说明有效原子序数规则,加以练习,使学生完全掌握。

原子簇化合物(簇合物)

探索新知

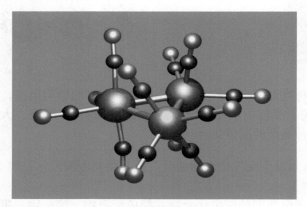

以$Rh_2Fe(CO)_{12}$为例说明团簇的形成。

【提问】原子簇化合物和螯合物的区别?

引导学生对知识内容融会贯通。

【讲述】加入大环化合物的概念。

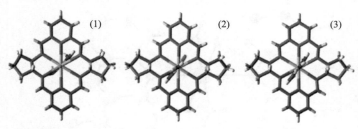

【举例】夹心化合物

通过举例讲解几类典型的配位化合物,加深学生对其特点的理解。

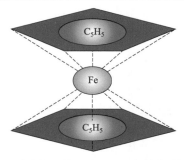

　　以"奥利奥"为例，说明夹心配合物的特点，激发学生的学习兴趣。

　　【设问】配位化合物有哪些用途？

　　【举例】通过结合无机实验的内容及实际生活中的实例讲解配位化合物在分析化学及催化、冶金、材料、生命化学中的应用。

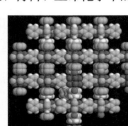

配合物的应用 {分析化学、配位催化、冶金工业、新型材料、生命中的配合物

　　【讲解】（1）离子鉴定

形成有色配离子

$$Cu^{2+}+4NH_3 === [Cu(NH_3)_4]^{2+}　深蓝色$$

$$Fe^{3+}+nSCN^- === [Fe(NCS)_n]^{3-n}　血红色$$

形成难溶有色配合物

$$Ni^{2+}+丁二肟 \longrightarrow 二丁二肟合镍(II)　鲜红色$$

（2）离子的分类

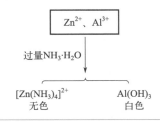

Zn^{2+}、Al^{3+}

过量$NH_3·H_2O$

$[Zn(NH_3)_4]^{2+}$　　　$Al(OH)_3$
　　无色　　　　　　　　　白色

提出配位化合物用途的问题，激发学生思考，引出新课。

让学生带着问题继续学习！

结合当前配位化学的研究热点激发学生的学习和科研热情，为以后的创新实验设计做准备。

探索新知

239

探索新知	【课堂翻转】由各组学生说明配合物在新型材料和生命科学领域的应用，激发学生的科研兴趣。 	使学生了解配合物在新型材料和生命科学领域的应用，以真实的科学案例激发学生积极探索的科学精神。
小结	【小结】 （1）几类典型的配位化合物 简单配位化合物、螯合物、羰基化合物、杂多酸配位化合物、大环配合物、夹心型配合物。 （2）配位化学的应用 在分析化学、催化、冶金、材料、生命化学中的应用。	帮助学生对所学知识进行加工处理，使之结构化、条理化，培养学生对知识的归纳总结能力。
课后作业	【巩固提高】 思考题：查阅资料，请说说配合物在荧光以及催化方面有哪些具体的应用，写一份调查报告。	培养学生融会贯通和综合分析能力。
预习新课	【结束】布置课后任务，预习氢和稀有气体晶体场理论，提前查阅资料，相互交流。	引出下节课堂学习内容，让学生做好准备。

八、教学特色及评价

本设计采用情境教学法、发现教学法，通过回顾配位化合物的基本概念及配位化合物的化学键理论，设置情境与案例引导学生主动发现，积极探索。在进行本节课的教学内容前，以"配合物在现代新材料开发中的应用"为主题给学生随机预留学习任务。引导学生利用各种资源去学习和了解配合物。

此外，教学设计结合当前配位化学研究领域的热点问题，使学生了解配合物在新型材料、生命科学领域的突出贡献，润物细无声地增强了学生的学科成就感，进而激发出学生的科学探究意识。在教学用具方面，利用计算机多媒体技术及化学专业软件绘制美轮美奂的各种类型配合物的三维结构以及人脑对形象空间的先天融合性，让学生轻松而又印象深刻地掌握了各种类型配位化合物的结构特点。在教学过程中，通过介绍自己的持续学习及科研经历，向学生展示当前配合物的最新发展动态，将磁性功能材料、细胞色素氧化酶、生物解毒剂等与配合物相关的内容介绍给学生，不但可以提高学生学习配位化学的兴趣，还能培养学生的科研素养。

九、思维导图

本节课的思维导图如图20-4所示。

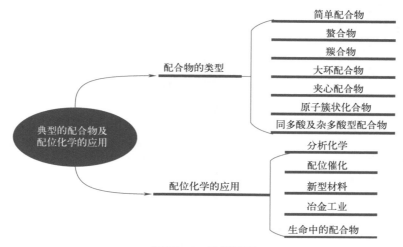

图20-4 思维导图

十、教学课件

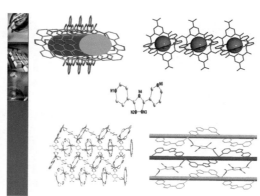

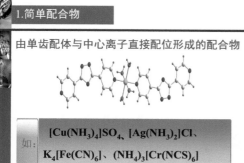

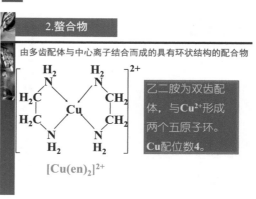

2.螯合物

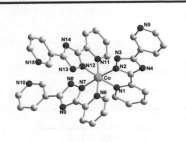

2.螯合物

特性:特殊的稳定性

螯合物	$K_f^{\ominus}$	一般配合物	$K_f^{\ominus}$
$[Cu(en)_2]^{2+}$	1.0×10^{20}	$[Cu(NH_3)_4]^{2+}$	2.09×10^{13}
$[Zn(en)_2]^{2+}$	6.8×10^{10}	$[Zn(NH_3)_4]^{2+}$	2.88×10^9
$[Co(en)_2]^{2+}$	6.6×10^{13}	$[Co(NH_3)_4]^{2+}$	1.29×10^5
$[Ni(en)_2]^{2+}$	2.1×10^{18}	$[Ni(NH_3)_4]^{2+}$	5.50×10^8

螯合物比非螯合物稳定

3. 羰基配合物

含有CO为配体的配合物

羰基配合物的成键特点

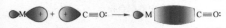

M←C间的σ键:

C原子提供孤电子对
中心金属原子提供空杂化轨道

3. 羰基配合物

含有CO为配体的配合物

羰基配合物的成键特点

M→C的反馈π键:

CO分子提供空的π_{2p}^*反键轨道
金属原子提供d轨道上的孤电子对

3. 羰基配合物

有效原子序数规则

配合物的形成体(过渡金属)与一定数目配体结合,以使其周围的电子数等于同周期稀有气体元素的电子数 (即有效原子序数)。

3. 羰基配合物

如:$[Cr(CO)_6]$

6个CO提供12个电子

Cr原子序数为24,核外电子数为24

Cr周围共有电子(24+12)个=36个

相当于同周期Kr(氪)的电子数(36)

$[Cr(CO)_6]$可稳定存在

3. 羰基配合物

如:$[Mn(CO)_6]^+$

6个CO提供12个电子

Mn原子序数为25,核外电子数为25

Mn周围共有电子(25+12−1)个=36个

相当于同周期Kr(氪)的电子数(36)

$[Mn(CO)_6]^+$可稳定存在

4. 原子簇化合物(簇合物)

两个或两个以上金属原子以金属-金属键 (M-M键) 直接结合而形成的化合物。

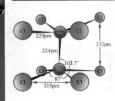

如 $[Re_2Cl_8]^{2-}$有24个电子成键,其中:16个形成Re—Cl键;8个形成Re—Re四重键,即填充在一个σ轨道、两个π轨道、一个δ轨道。

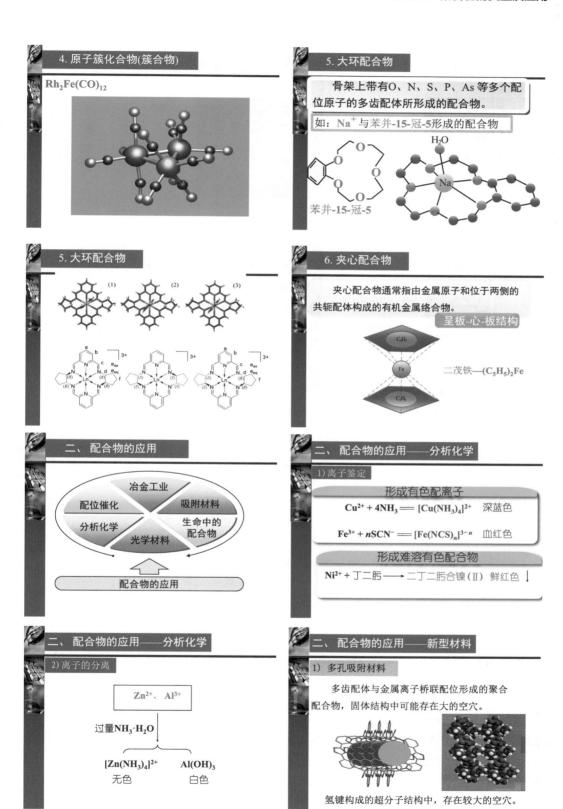

4. 原子簇化合物(簇合物)

$Rh_2Fe(CO)_{12}$

5. 大环配合物

骨架上带有O、N、S、P、As等多个配位原子的多齿配体所形成的配合物。

如：Na^+与苯并-15-冠-5形成的配合物

H_2O

Na

苯并-15-冠-5

5. 大环配合物

(1)　(2)　(3)

6. 夹心配合物

夹心配合物通常指由金属原子和位于两侧的共轭配体构成的有机金属络合物。

呈板-心-板结构

C_5H_5

Fe

C_5H_5

二茂铁——$(C_5H_5)_2Fe$

二、配合物的应用

冶金工业

配位催化　　　吸附材料

分析化学　　　生命中的配合物

光学材料

配合物的应用

二、配合物的应用——分析化学

1) 离子鉴定

形成有色配离子

$Cu^{2+} + 4NH_3 \rightleftharpoons [Cu(NH_3)_4]^{2+}$ 深蓝色

$Fe^{3+} + nSCN^- \rightleftharpoons [Fe(NCS)_n]^{3-n}$ 血红色

形成难溶有色配合物

$Ni^{2+} + $ 丁二肟 $\longrightarrow$ 二丁二肟合镍(Ⅱ) 鲜红色↓

二、配合物的应用——分析化学

2) 离子的分离

Zn^{2+}、Al^{3+}

过量$NH_3 \cdot H_2O$

$[Zn(NH_3)_4]^{2+}$　　$Al(OH)_3$
无色　　　　　　　白色

二、配合物的应用——新型材料

1) 多孔吸附材料

多齿配体与金属离子桥联配位形成的聚合配合物，固体结构中可能存在大的空穴。

氢键构成的超分子结构中，存在较大的空穴。

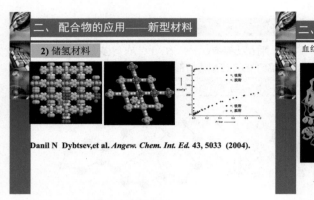

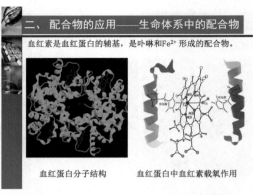

血红蛋白分子结构　　　血红蛋白中血红素载氧作用

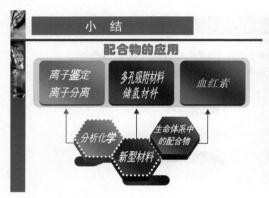

十一、课程资源

[1] 李冰.无机化学 [M].北京：化学工业出版社，2021.

[2] 宋天佑，程鹏，徐家宁，等.无机化学 [M].北京：高等教育出版社，2019.

[3] 王元兰.无机化学 [M].北京：化学工业出版社，2011.

[4] 宋其圣.无机化学 [M].北京：化学工业出版社，2008.

[5] 韩晓霞，杨文远，倪刚.无机化学实验 [M].天津：天津大学出版社，2017.

[6] http://www.icourses.cn/sCourse/course_3396.html.吉林大学《无机化学》精品在线课程网.

[7] 徐惠.基于CASES-T模型构建有效课堂发展学生化学核心素养——以"配合物的形成与应用"教学为例 [J].化学教与学，2021(15): 27-32.

[8] 谢嘉恩，罗雨珩，张黔玲，等.金属配合物在双光子荧光探针中的应用研究 [J].化学进展，2021，33(1): 111-123.

[9] 赵海燕，于涛，孙华.基于学习通和钉钉直播的线上混合教学的探索与实践——以"配合物的价键理论"为例 [J].大学化学，2020, 35(5): 152-157.

[10] 温永红，刘永军.专业选修课"配位化学"中课程思政的探索与实践 [J].化学教育（中英文），2021, 42(16): 17-21.

[11] 马亚鲁，马骁飞，田昀，等.价值引领融入"无机化学与化学分析"的课程思政建设 [J].大学化学，2020, 35(8): 48-53.